博士论文
出版项目

空间规划有效性评价：
理论、方法与案例

Evaluation of Planning Effectiveness:
Theory, Method and Case

沈孝强 著

中国社会科学出版社

图书在版编目(CIP)数据

空间规划有效性评价：理论、方法与案例 / 沈孝强著. —北京：中国社会科学出版社，2020.9

ISBN 978-7-5203-6627-4

Ⅰ.①空… Ⅱ.①沈… Ⅲ.①城市规划—空间规划—研究 Ⅳ.①TU984.11

中国版本图书馆 CIP 数据核字(2020)第 096431 号

出 版 人　赵剑英
责任编辑　谢欣露
责任校对　张依婧
责任印制　王　超

出　　版　中国社会科学出版社
社　　址　北京鼓楼西大街甲 158 号
邮　　编　100720
网　　址　http://www.csspw.cn
发 行 部　010-84083685
门 市 部　010-84029450
经　　销　新华书店及其他书店

印　　刷　北京君升印刷有限公司
装　　订　廊坊市广阳区广增装订厂
版　　次　2020 年 9 月第 1 版
印　　次　2020 年 9 月第 1 次印刷

开　　本　710×1000　1/16
印　　张　19.75
字　　数　275 千字
定　　价　118.00 元

出 版 说 明

为进一步加大对哲学社会科学领域青年人才扶持力度，促进优秀青年学者更快更好成长，国家社科基金设立博士论文出版项目，重点资助学术基础扎实、具有创新意识和发展潜力的青年学者。2019 年经组织申报、专家评审、社会公示，评选出首批博士论文项目。按照“统一标识、统一封面、统一版式、统一标准”的总体要求，现予出版，以飨读者。

全国哲学社会科学工作办公室

2020 年 7 月

序　言

沈孝强博士撰写的第一本专著就要出版了，我为此感到十分高兴，欣然接受为这部新书作序的邀请。

沈孝强博士是我 2012 年在浙江大学公共管理学院招收和指导的土地资源管理专业博士研究生之一，于 2017 年夏天获得博士学位后到兰州大学管理学院工作。攻读博士学位期间，他参与了多项不同目标导向和空间尺度的土地利用总体规划实施评价研究课题，逐渐对空间规划实施评价产生了浓厚的研究兴趣，用心阅读、钻研了大量该领域的中外文献。目前，他在国内外核心期刊上已发表多篇有关规划实施评价的学术论文，在这一领域获得了两个国家级科研课题的立项资助；选题为“空间规划实施有效性测度的理论与方法研究”的博士学位论文获得 2017 年浙江大学和浙江省优秀博士学位论文提名论文。现在出版的这本书，正是他在博士学位论文的基础上综合部分已发表的学术论文后整理、修改而成的一项学术研究成果。

规划实施评价是对规划实施情况进行评估、了解、检讨和总结的过程，也是对规划本身进行反思、再认识的过程，服务于规划和规划绩效的动态优化，在我国早已成为规划实施管理的法定程序，其重要性不言而喻。然而，如何识别和评估空间规划的实际影响与作用，规划究竟是否有效？对于理论研究和实务工作来讲，这并非一个简单的问题。理论上的难点主要集中表现于从何种视角与维度、用什么指标去评估和反映规划的实际影响与作用。实践中规划实施评价存在着偏重结果评估、缺乏“规划实施—决策行为—执行结果—规划有效性”之间的因果关联和偏重规划控制指标执行情况的评估、评价内容较为片面等不足。实践的不足与理论的困惑不无关系。这本书直面规划实施评价的这一理论难题。通过本书可以看得出来，作者对此做了比较深入的思考，提出了一些新的理论与方法解决方案。总的来说，书中有以下三个方面值得特别关注。

第一，在整合和拓展一致性理论和规划效能理论的基础上建立了空间规划实施有效性的综合性分析框架。这一理论框架的评价对象包括后续决策行为、规划实施结果和结果的事后效益，能够较为全面地反映规划的实际影响与作用。此外，这一框架能够反映规划所发挥实际作用与影响的差异，也能在一定程度上提示规划有效性可能问题的原因所在。

第二，针对所建立的规划有效性分析框架的构成要件，提出了新的或改进了已有的具体分析方法。结合我国空间规划的特点，本书建议从数量、空间等多个维度评价结果与规划的一致性；在土地利用与规划空间一致性的评价方面，提出了空间吻合度数量指标、地类演化一致性、空间形态一致性等相结合的评价方法。在解构规划效能内涵、定义和区分规划目标与规划方案的基础上，作者提出了新的规划效能评价方法，有助于较为客观地分析规划在土地开发利用等相关决策中所扮演的角色。

第三，运用所建立的规划有效性分析框架做了一个比较深入的案例研究，较为系统地展示了案例城市土地利用总体规划在保护耕地和管控城镇用地扩张中所发挥的作用和影响，有利于揭示我国土地利用总体规划实施的成效与问题及其影响因素。

整体而言，这本书的研究是比较系统和规范的，遵循了“发现问题—提出理论—改进方法—案例应用—理论与方法的再评估”的逻辑主线。当然，书中仍有不少地方值得商榷，一些值得探讨的问题尚未得到关切与解决。

我希望沈孝强博士能够将这本书作为起点，继续向前探索，努力在有关领域做出更加出色的研究成果。

吴次芳

（浙江大学公共管理学院教授，

浙江大学土地与国家发展研究院院长）

2020年2月于杭州

摘　要

空间规划有效性评价是一个评估、认知、学习、反省、提高的过程，重在评价规划所产生的实际影响与作用，为规划动态管理提供依据，最终服务于提升规划绩效。因此，空间规划有效性评价的意义不言而喻。然而，空间规划有效性研究仍是滞后的，其面临的核心难题是在理论上对空间规划有效性的概念和内涵进行定义，并据此开发空间规划有效性的分析框架与具体评价方法。理论研究的滞后在一定程度上造成了空间规划有效性评价缺乏全面性、客观性和评价指标与规划作用之间关系模糊等实践问题。

本书致力于空间规划有效性评价理论与方法研究。一致性理论和规划效能理论是当前最具影响、最为常用的空间规划有效性评价标准，分别以规划对结果的控制力和规划对决策的影响力作为空间规划有效性的评判依据，各有价值和局限。本书通过整合和拓展一致性理论和规划效能理论，建立了综合性的空间规划有效性分析框架。这一框架包含了“过程—结果—事后效益”的评价，并以此检讨规划质量，实现了“规划—行为—结果—有效性”之间的因果关联。在此框架内，定义和解构了规划效能的理论内涵，建立了规划方案对决策约束力和规划目标对决策引导力的两个层面的规划效能评价方法；另外，从“数量—空间—时间”三个维度建立了结果与规划一致性的评价指标体系。将所建立的空间规划有效性分析框架及其具体评价方法应用于案例研究，一方面，验证了理论与方法创新的意义和可行性；另一方面，为对中国空间规划有效性的广泛质疑提供了一个地方性的答案，阐释了地方政府、开发商和集体土地产权人等关键主体在规划实施与土地开发中的行为逻辑。

本书的具体章节安排为：第一章是绪论部分，介绍本书的研究背景、意义，主要研究内容、思路和方法，对案例地区和案例研究内容及相关数据来源做了说明；第二章综述了有关空间规划有效性评价所面临的难题、评价理论与方法和空间规划有效性影响因素等方面的国内外研究成果；第三章通过整合一致性、规划效能和规划实施事后效益评价，建立了新的空间规划有效性分析框架，并对具体评价方法进行了改进；第四章、第五章和第六章根据空间规划有效性分析框架内部构成的逻辑顺序依次展开案例区土地利用总体规划在保护耕地和管控城镇用地扩张中的有效性评价，这三章合起来构成一个空间规划有效性分析框架应用的完整案例研究；第七章分析了案例区空间规划有效性的影响因素，提出了以提升空间规划有效性为导向的政策建议；第八章比较了现有的和本书所提出的空间规划有效性评价理论、框架与方法；第九章总结了全书的主要研究结论。

关键词：空间规划；有效性；评价理论；评价方法；案例研究

Abstract

The planning effectiveness evaluation is a process of assessment, cognition, learning, introspection and improvement, the purpose of which is to learn the actual effect of the plan, provide a reference for dynamic plan management, and ultimately serve to improve the plan performance. Therefore, the importance of planning effectiveness evaluation is self-evident. However, studies on planning effectiveness are still lagging behind, faced with the key challenge that how to theoretically define planning effectiveness and then develop framework and method for effectiveness evaluation accordingly. The stagnation of theoretical development have caused dilemmas in practice, such as the lack of comprehensiveness and objectivity in planning effectiveness evaluation and the obscure causal relationship between the evaluation indicators and the influence of the plan.

This book focuses on the study of the theory of planning effectiveness evaluation and its measurement methods. The current debate over this issue focuses on whether the conformance or the performance criteria should be adopted as the standard for planning effectiveness, which takes the consistency between the outcomes and the plan and the influence of the plan on decision-making as the indicator of planning effectiveness respectively. Different theories have their own merits and limits. This book builds a comprehensive framework through integrating and expanding the conformance and the performance theories, which includes the evaluation of "process—outcome—impacts" and hence highlights the correlation between "plan—action—result—effectiveness". Within this framework, the influence of the plan on decision-making is divided into the control over decision-making by the planning content and the guidance of the planning goal on decision-making based on redefining and deconstructing the performance theory. The methods used for conformance evaluation are also improved by building a multi-indicator evaluation system. The case study demonstrates the theoretical value and operability of the framework and the methods, and provides a response to the debate on the effectiveness of spatial plans in China and also explains the roles of the local governments, the developers and the property owners of rural land in plan implementation and urban land development.

The chapters of this book are arranged as follows: Chapter 1 is the introduction, introducing the background and significance of the research, setting forth the main content, ideas and methods of the research, and explaining the case area, case study content and relevant data sources. Chapter 2 is the part of literature review, which summarizes the problems faced by planning effectiveness evaluation, theories and methods for planning effectiveness evaluation, and factors affecting planning effectiveness. Chapter 3 establishes a new framework for assessing the effectiveness of spatial planning through the integration of conformance, performance and ex post impact evaluation, and improves the specific evaluation methods. Chapter 4, Chapter 5 and Chapter 6 carry out the effectiveness analysis of the overall land use planning in farmland protection and urban growth management in the case area in accordance with the logical order within the framework. Therefore, the three chapters together constitute a total case study based on the complete application of the effectiveness analysis framework. Chapter 7 analyzes the factors influencing the effectiveness of the planning implementation in the case area and puts forward the policy enlightenment. Chapter 8 proceeds a comparative study on the existing evaluation theories and methods and the framework and methods proposed in this book. And Chapter 9 concludes.

Keywords: spatial planning; effectiveness; evaluation theory; evaluation method; case study

目　　录

第一章　绪论 ………………………………………………………………………… (1)
　第一节　研究背景 ……………………………………………………………… (1)
　第二节　研究意义 ……………………………………………………………… (5)
　第三节　研究内容、方法与技术路线 ………………………………………… (7)
　第四节　研究案例与数据来源………………………………………………… (13)
　第五节　本章小结………………………………………………………………… (17)

第二章　国内外研究进展……………………………………………………… (19)
　第一节　空间规划有效性研究的主要难点…………………………………… (20)
　第二节　空间规划有效性的衡量标准………………………………………… (25)
　第三节　空间规划有效性的评价方法………………………………………… (36)
　第四节　空间规划有效性的影响因素………………………………………… (43)
　第五节　已有研究述评………………………………………………………… (50)
　第六节　本章小结………………………………………………………………… (53)

第三章　空间规划有效性研究的理论分析框架……………………………… (55)
　第一节　对空间规划功能定位的再认识……………………………………… (56)
　第二节　一致性测度方法的优化……………………………………………… (60)
　第三节　规划效能的评价思路………………………………………………… (66)
　第四节　一致性理论与规划效能理论的内在联系…………………………… (79)
　第五节　空间规划有效性分析框架…………………………………………… (82)

第六节 本章小结…………………………………………（86）

第四章 结果与规划一致性的测度…………………………（88）
第一节 规划控制指标的落实度…………………………（88）
第二节 用于一致性评价的规划图层选取………………（92）
第三节 土地利用与规划的空间吻合度…………………（95）
第四节 地类演化角度的规划有效性测度 ……………（100）
第五节 空间形态角度的规划有效性测度 ……………（111）
第六节 本章小结 ………………………………………（123）

第五章 规划对决策影响力的评价 ……………………（124）
第一节 后续决策与规划方案的符合度 ………………（125）
第二节 不一致情形中决策对规划目标的作用关系 ……（141）
第三节 与规划目标相冲突情形下决策违背规划的
原因分析 ……………………………………（151）
第四节 本章小结 ………………………………………（158）

**第六章 规划对改善决策作用的分析：基于事后效益的
视角** ……………………………………………（160）
第一节 耕地保护的总体实施绩效 ……………………（162）
第二节 与规划方案不一致的占补耕地行为对耕地保护
绩效的影响 ……………………………………（171）
第三节 城镇用地扩张管控成效 ………………………（174）
第四节 违规城镇用地开发利用的事后效益 …………（181）
第五节 本章小结 ………………………………………（186）

第七章 空间规划有效性的影响因素与治理策略 ………（187）
第一节 对案例区空间规划有效性影响因素的一般性
检讨 …………………………………………（188）

第二节　从决策行为的角度解释新增违规城镇用地扩张现象 …………………………（197）
第三节　案例研究的主要政策启示 ……………………（219）
第四节　本章小结 ……………………………………（224）

第八章　空间规划有效性评价理论与方法的比较研究 ………（226）
第一节　一致性的评价方法 ……………………………（226）
第二节　规划效能评价方法 ……………………………（229）
第三节　空间规划有效性评价理论与框架 ……………（231）
第四节　本章小结 ……………………………………（234）

第九章　结论与讨论 ……………………………………（236）
第一节　主要研究结论 …………………………………（236）
第二节　研究的创新之处 ………………………………（240）
第三节　研究展望 ……………………………………（242）
第四节　本章小结 ……………………………………（243）

参考文献 ………………………………………………（244）

索　引 …………………………………………………（280）

后　记 …………………………………………………（285）

Contents

Chapter 1 Introduction ······ (1)

Section 1 Research background ······ (1)

Section 2 Research significance ······ (5)

Section 3 Research design ······ (7)

Section 4 Research case and data source ······ (13)

Section 5 Summary ······ (17)

Chapter 2 Literature review ······ (19)

Section 1 Key problems in planning effectiveness research ······ (20)

Section 2 Theories of planning effectiveness evaluation ······ (25)

Section 3 Methods for planning effectiveness evaluation ······ (36)

Section 4 Factors influencing planning effectiveness ······ (43)

Section 5 Comment on prior research ······ (50)

Section 6 Summary ······ (53)

Chapter 3 A new framework for planning effectiveness evaluation ······ (55)

Section 1 Fundamental intents of spatial plans ······ (56)

Section 2 Improvement of methods for conformance evaluation ······ (60)

Section 3 New approaches for performance evaluation ······ (66)

Section 4 The connection between the conformance and the performance theories …… (79)
Section 5 A comprehensive framework for planning effectiveness evaluation …… (82)
Section 6 Summary …… (86)

Chapter 4 Conformance evaluation …… (88)
Section 1 The implementation of quantitative targets …… (88)
Section 2 The zoning map used for conformance evaluation …… (92)
Section 3 Spatial conformance between the land use and the zoning map …… (95)
Section 4 Conformance between the land-use change and the zoning map …… (100)
Section 5 The location relationship between the land use and the zoning map …… (111)
Section 6 Summary …… (123)

Chapter 5 Evaluation of the influence of the plan on decision-making …… (124)
Section 1 Consistency between the decisions and the plan …… (125)
Section 2 The relationship between the non-conforming decisions and the planning goals …… (141)
Section 3 Interpretation of the decisions violating both the planning contents and goals …… (151)
Section 4 Summary …… (158)

Chapter 6 The role of the plan in improving decision-making …… (160)
Section 1 Improvement of farmland protection …… (162)

Section 2 Impacts of non-conforming farmland conversion and replenishment on farmland protection …………… (171)
Section 3 Improvement of urban growth management ……… (174)
Section 4 Costs and benefits of non-conforming urban land development ……………………………………… (181)
Section 5 Summary ………………………………………… (186)

Chapter 7 Factors influencing planning effectiveness and policy implications ……………………………… (187)
Section 1 Factors influencing planning effectiveness ………… (188)
Section 2 Interpreting non-conforming urban land development from the perspective of decision-making behavior ……… …………………………………………………… (197)
Section 3 Policy implications of the case study ……………… (219)
Section 4 Summary ………………………………………… (224)

Chapter 8 Comparison of evaluation theories and methods ……………………………………………… (226)
Section 1 Methods for conformance evaluation ……………… (226)
Section 2 Methods for performance evaluation ……………… (229)
Section 3 Theories and frameworks of planning effectiveness evaluation ……………………………………………… (231)
Section 4 Summary ………………………………………… (234)

Chapter 9 Conclusion and discussion ……………………… (236)
Section 1 Conclusion ……………………………………… (236)
Section 2 Theoretical and methodological innovation ……… (240)
Section 3 Suggestions for future research …………………… (242)
Section 4 Summary ………………………………………… (243)

References ………………………………………………………… (244)

Indexes ……………………………………………………………… (280)

Postscript …………………………………………………………… (285)

表 目 录

表 1-1　2010 年 GC 市及所辖各区县基本情况统计 ……………（15）

表 2-1　荷兰的四级空间规划 ……………………………………（26）

表 4-1　GC 市及各区县耕地数量控制指标的实施情况 ………（89）

表 4-2　GC 市及各区县建设用地控制指标的实施情况 ………（91）

表 4-3　GC 市各区县耕地与规划的空间吻合度 ………………（97）

表 4-4　GC 市各区县城镇用地与规划的空间吻合度 …………（99）

表 4-5　GC 市用地演化角度耕地保护有效性统计 ……………（106）

表 4-6　GC 市新增耕地来源与合规性 …………………………（107）

表 4-7　GC 市用地演化角度规划调控城镇用地有效性
　　　　统计 ………………………………………………………（110）

表 4-8　GC 市空间形态角度新增耕地的规划有效性统计 ……（113）

表 4-9　GC 市空间形态角度转用耕地的规划有效性统计 ……（115）

表 4-10　空间形态视角下规划调控城镇用地各有效性
　　　　　等级面积 ………………………………………………（118）

表 5-1　区县土地利用总体规划对 GC 市级规划的
　　　　参考情况 …………………………………………………（126）

表 5-2　区县规划对表 5-1 中 GC 市级规划 23 项内容的
　　　　参考度统计 ………………………………………………（130）

表 5-3　政府和有关部门对 GC 市级土地利用总体规划的
　　　　参考情况 …………………………………………………（131）

表 5-4 样本地块的违规新增城镇用地情形 …………………… (139)
表 5-5 违背规划方案的决策与规划目标的兼容性 ………… (141)
表 5-6 各情形新增违规与转用合规耕地、城镇用地面积统计 ……………………………………………… (148)
表 5-7 情形①—⑤以外的新增违规城镇用地来源及所属用途分区 ……………………………………… (150)
表 5-8 与规划目标不相容的决策所对应规划目标的合理性 ………………………………………………… (152)
表 5-9 规划目标合理情况下决策违背规划目标的原因分析 ……………………………………………… (156)
表 6-1 GC 市占补耕地主要质量评价因子各等级比重……… (163)
表 6-2 2006—2013 年 GC 市新增耕地来源结构统计 ……… (165)
表 6-3 不一致情形下补充和占用耕地的质量状况 ………… (171)
表 6-4 新增违规耕地和新增合规耕地的来源对比 ………… (173)
表 6-5 GC 市城镇用地集约度评价…………………………… (175)
表 6-6 各市二三产业增加值、城镇人口和建成区面积占 11 市比重……………………………………………… (178)
表 6-7 2006—2013 年 GC 市建设占用占耕地情况统计 …… (179)
表 6-8 样本地块实际利用情况 ……………………………… (182)
表 7-1 GC 市城镇用地扩张与规划的一致性和空间布局弹性的皮尔逊相关性 ………………………………… (192)
表 7-2 GC 市 2008—2013 年居住和工业用地出让面积统计 ……………………………………………… (193)
表 7-3 变量统计特征和逻辑斯蒂分析结果 ………………… (195)
表 7-4 BD 区新增违规城镇用地的具体使用方式…………… (204)
表 7-5 BD 区新增违规城镇用地的空间分布………………… (204)
表 7-6 BD 区开发区内产业用地的价格优惠政策…………… (209)

表 7-7　BD 区 2008—2014 年工业用地使用权出让情况统计 ………………………………………………（217）
表 8-1　已有研究中测度规划效能的具体方法与指标 ………（229）
表 8-2　空间规划有效性测度理论与分析框架的比较分析 ………………………………………………（232）

图目录

图 1-1　研究的技术路线 …………………………………………… (12)

图 2-1　一致性与规划效能、过程理性与结果理性的联系与差别 …………………………………………… (52)

图 3-1　基于地类历史演化角度的规划一致性效度等级 ……… (64)

图 3-2　基于空间形态的规划有效性等级划分 ………………… (66)

图 3-3　规划效能本质的两个层面及相互关系 ………………… (67)

图 3-4　不同决策下的规划目标实现程度 ……………………… (75)

图 3-5　一般情形下规划效能的分析框架 ……………………… (76)

图 3-6　决策违背规划方案情形下的规划效能等级划分 ……… (77)

图 3-7　一致性和第一层面规划效能关系的可能情形 ………… (80)

图 3-8　一致性和事后效益关系的可能情形 …………………… (81)

图 3-9　引入规划实施事后效益分析的逻辑示意图 …………… (83)

图 3-10　空间规划有效性分析框架 …………………………… (85)

图 4-1　2013 年 GC 市不同合规性耕地分布 …………………… (95)

图 4-2　2013 年 GC 市不同合规性城镇用地分布 ……………… (96)

图 4-3　强有效的两种情形 …………………………………… (101)

图 4-4　弱有效的情形 ………………………………………… (103)

图 4-5　强失效的两种情形 …………………………………… (103)

图 4-6　弱失效的两种情形 …………………………………… (104)

图 4-7　GC 市用地演化角度耕地保护有效性等级空间分布 …………………………………………… (105)

图 4-8 GC 市用地演化角度城镇用地合规性等级空间分布 ……………………………………………… (109)
图 4-9 空间形态视角下被转用耕地规划有效性等级划分 ……………………………………………… (112)
图 4-10 FX 县新增耕地与 010、020 空间位置关系 ………… (115)
图 4-11 GC 市局部被转用耕地规划有效性等级示意图 …… (117)
图 4-12 GC 市空间形态视角下基期各规划有效性等级城镇用地分布 ……………………………………… (120)
图 4-13 GC 市空间形态视角下现状各规划有效性等级城镇用地分布 ……………………………………… (121)
图 4-14 规划有效等级演变成规划次有效等级示意图 ……… (122)
图 5-1 BD 区城镇用地和调研样本地块分布 ………………… (138)
图 5-2 GC 市局部地区规划基本农田保护区分布 …………… (143)
图 5-3 BD 区新增违规与被转用合规耕地的分布情况 ……… (144)
图 5-4 BD 区新增违规与被转用合规城镇用地的分布情况 ……………………………………………… (145)
图 5-5 BD 区新增违规及转用合规耕地与规划目标的相容性 ……………………………………………… (146)
图 5-6 BD 区新增违规及转用合规城镇用地与规划目标的相容性 ………………………………………… (147)
图 5-7 HD 区允许和有条件建设区外基本农田保护区及其他耕地分布 ………………………………………… (154)
图 5-8 与规划目标不兼容的后续决策所对应规划目标的合理性 ……………………………………………… (155)
图 5-9 HD 区与允许和有条件建设区重叠的基本农田保护区 ……………………………………………… (158)
图 6-1 GC 市占补耕地质量对比 ……………………………… (162)
图 6-2 GC 市耕地数量和各农业产出指标重心分布 ………… (169)

图 6-3 2005—2013 年各市二三产业增加值、城镇常住人口和建成区面积年均增速 …………………………（177）
图 6-4 GC 市被转用成城镇用地的耕地和其他被占用耕地质量等级分布 ………………………………………（180）
图 6-5 BD 区城镇用地扩张对耕地布局的影响 ………………（182）
图 6-6 GC 市规划城镇建设区内外新增城镇用地占用耕地质量情况 ………………………………………（185）
图 7-1 GC 市优于 11 等地的耕地和基期城镇用地分布 ……（190）
图 7-2 新增违规城镇用地开发决策行为分析框架 …………（202）
图 7-3 BD 区新增违规城镇用地的空间分布 ………………（203）

第一章 绪论

第一节 研究背景

一 理论背景

(一) 传统规划范式正遭遇空前的正当性危机

后现代主义者正对以分区、图则、法律效力、刚性、指标为特点的传统规划[①]范式提出猛烈批评。他们认为，这种控制性规划是对民主、自由和市场的限制；规划过程虽然强调公众参与，一致意见是难以达成的，可能损害少数人和弱势群体的利益；且未来的不确定性一开始便注定规划失败的最终命运（Baer，1997；Alexander，2014）。他们倡导一种以指导性、愿景性、纲领性、灵活性和地方裁量权为特点的新的规划范式，为了保证灵活性和地方裁量权，规划可以而且应当被刻意保留某些方面和一定程度的模糊性（Altes，2006）。这种批判已从理论渗透至实务，如以色列正对该国《规划和建筑法》（*Israeli Planning & Building Law*）酝酿一场迎合后现代主义的激进改革。回应这种质疑，或者说进行这些改革前，至少要弄清楚传统范式下的规划是否真的缺乏实施成效；如果是，问题是否出于规划本身。但当前的

① “规划”即“空间规划”。为表述方便，本书中“空间规划”和“规划”不作统一。

规划实施评价尚不能给出明确的答案（Alfasi et al.，2012）。

（二）规划有效性研究滞后，与其重要性不符

规划有效性评价是一个评估、认知、学习、反省、提高的过程，目的在于了解规划实施进度与实际影响，发现问题及其原因，并据此采取措施，最终提高规划实施绩效（Morckel，2010）。但以往对规划有效性评价缺乏重视，一方面，将其视为纯粹的管理问题，与规划过程割裂；另一方面，由于数据的可获得性差、缺乏评价方法、规划实施成败衡量标准存在争议等问题，一些研究者对规划有效性研究望而却步（Brody & Highfield，2005；Laurian et al.，2010）。此外，空间规划评价与一般政策评价迥异，前者重视空间问题，缺乏横向可比性，规划对现实的影响机制十分复杂，使得现有政策评价成果难以为空间规划实施评价提供良好借鉴（Talen，1996）。受制于上述因素，规划有效性研究虽然在评价理论、指标、方法等方面取得了一定进展，但仍存在诸多不足有待突破，以致理论研究与实践的脱节现象严重（Nicola & Barry，2000；Mayne，2001；Oliveira & Pinho，2010）。规划有效性研究的滞后，不利于规划理论与实践的发展（Snyder & Coglianese，2005）。

（三）现有规划有效性主要评价理论各有优劣

以影响最广的两种规划有效性衡量理论——一致性理论和规划效能理论（Faludi，2000；Laurian et al.，2010；Oliveira & Pinho，2010；Hopkins，2012）为例。一致性理论强调规划的严格落实，如果实际偏离规划，就认为规划是无效的（Faludi，2000；Berke，2006；Laurian et al.，2004b；Alfasi et al.，2012）。常见的一致性衡量指标有比对规划允许建设区内外的土地开发状况（Chapin et al.，2008）、建设规划许可证发放情况（Brody & Highfield ，2005）等。这些评价方法具有客观、易操作的优点。规划效能理论承认规划编制人员的有限理性和未来的不确定性，认为实际偏离规划的现象总是存在的，侧重于分析这种偏离过程中规划是否为决策者所考虑并产生了指导作用，以及这种偏离的正当性（Alexander，2009）。规划效能体现在，一方面规划

被决策参考、为决策提供问题分析框架，即便实际与规划偏离，规划也是决策的一部分（Mastop & Faludi，1997）；另一方面规划帮助提高决策能力和问题解决能力（Faludi，2000）。

一致性理论的批判者认为：结果与规划的一致性几乎是不可能的；一致性不足以体现规划实施的实际影响；由于实际情况变化，即便实施结果与规划一致，结果也可能不是令人满意的，因此缺乏实际意义（Wildavsky，1987；Waterhout & Stead，2007；Oliveira & Pinho，2010）。另外，现状数据与规划成果的对比分析是当前一致性评价的主要方法，但这一方法过于简化、流于静态（岳文泽、张亮，2014），不能体现不同情形下的一致性差异和一致性变化的驱动力（沈孝强等，2015）。

规划效能理论的评价内容（如规划对提高决策能力的作用）十分"隐蔽"，缺少具体评价方法，且难以区分规划与规划外的影响因素，比如：包含效能评价的"政策—规划/项目—运行—过程"（PPIP）框架，至今未付诸实践（Alexander & Faludi，1989；Carmona & Sieh，2008；田莉等，2008）；由于对违背规划的决策的兼容，以及评价对象聚焦于相关后续决策，规划效能评价不能直接反映规划的整体落实度。

二　现实背景

（一）一种被称为"新规划综合征"的现象广泛蔓延

学者提出，规划界普遍存在"新规划综合征（New Plan Syndrome）"（Calkins，1979）：规划部门不关心前一个规划运行得怎么样，也不去了解规划目标是否实现，更不会费力去调查为什么有些规划看起来是成功的而另一些规划没有达到预期效果（Brody & Highfield，2005；Brody et al.，2006b）；规划部门只是一味地调整和修订规划，用新的规划代替旧的规划（Tian & Shen，2011）；在中国，每年制定数以万计的规划，可事后评价却极度缺乏（田莉等，2008）。以至于到现在，面对"规划在多大程度规制着城市和区域的发展"等重要问题，人们仍然束手无策（Alfasi et al.，2012）。毫无疑问，这种“新规划综合征”妨碍着人们制定更好的规划和更好地实施规划，最终妨碍了人们取得更好的规划效益。破除这种“新规划综合征”，需要从重视和推进规划有效性研究入手。

（二）面对针对我国空间规划效力的广泛质疑，需回答规划究竟发挥了怎样的实际作用

对我国空间规划有效性的质疑可概括为一句广为流传的顺口溜——“规划规划，纸上画画，墙上挂挂”（尹稚，2010；张鸿雁，2013）。很多人认为，我国的空间规划一制定出来就成了一纸空文，要么被地方政府无视，要么被随意修改（孟晓晨、赵星烁，2007；杜金锋、冯长春，2008）。但是，当前的质疑多是主观的、定性的，或是笼统的。对于我国的空间规划究竟发挥了怎样的实际作用，还有待于给出更为确切的答案。空间规划内容十分综合，涉及经济、社会、资源环境等方面，对于不同的规划内容，其有效性评价是否存在差异，也值得进一步探讨。

（三）如果空间规划失效，应进一步探究问题症结所在

规划有效性的影响因素比较广泛，除了未来的不确定性（Pearman，1985），规划本身的质量（如目标是否清晰、前后逻辑是否一致等）、规划职能部门的特点（如规划意识、职员能力等），以及经济、社会等背景条件均会影响规划的实施（Berke et al.，2006）。这一领域的文献综述发现，有利的外部环境、政策的一贯性、利益相关者的支持、强有力的领导、充足的资源保障、规划编制过程中的公众参与和广泛讨论协商、明确的分工和责任制、健全的动态监测管理、补偿规划负面影响、完善的配套制度体系等均有助于促进规划落实（Joseph et al.，2008）。不少研究指出，地方政府在规划实施中扮演着十分关键的作用（谭荣、曲福田，2006；Waldner，2008），而中央政府对地方政府进行直接指挥、过度控制会扼杀地方政府的积极性和创造性，不利于规划实施（Carmona & Sieh，2008）。但也有人认为，缺乏控制、考核和问责制度

会造成地方政府懈怠于实施规划（张庭伟，2003；刘琼等，2011）。如果我国的空间规划确实存在落实问题，根源在于何处？是规划本身的质量问题，规划实施管理问题，还是快速发展和经济社会转型的特殊历史时期突出的不确定性问题？国内对这些问题关注度并不高，但这些问题不解决，面对如何提高规划有效性的重要议题时就可能难以入手。

（四）规划实施评价已成为法定程序，但实践操作中仍有诸多不足

我国《城乡规划法》第四十六条规定，规划组织编制机关应当"组织有关部门和专家定期对规划实施情况进行评估""向本级人民代表大会常务委员会、镇人民代表大会和原审批机关提出评估报告并附具征求意见的情况"。规划实施评价已上升为法定程序，需充分重视加强规划实施评价研究与实践。

在住房和城乡建设部于2009年印发的《城市总体规划实施评估办法（试行）》中，指定的评估报告内容侧重于一致性评价，局限明显。当前，国内部分研究停滞于理论层面（孙施文，1997；张兵，2000）；实证研究局限于对比实际使用和规划之间的区别（田莉等，2008；岳文泽、张亮，2014），对如何系统地研究和评价空间规划的作用和影响，尚处于探索阶段（周国艳，2012；宋彦等，2014）。从地方少量已有尝试看，评价指标和方法差异较大，规范性不足，未建立起得到普遍认可的评价体系（李王鸣，2007；林立伟等，2010），不能满足法律对实践提出的新要求。

第二节 研究意义

一 建立新的空间规划有效性分析框架

有效性衡量标准是困扰空间规划有效性研究的核心理论难题（Long et al.，2012；Talen，1996a；1996b；1997）。一致性理论和规划效能理论是当前两种最具代表性、各有优劣的评价理论

（Oliveira & Pinho，2010；沈孝强等，2015）。前者将规划视为蓝图，认为规划应该保留必要的刚性和约束力，以确保其在维护公共利益、促进可持续发展等方面的目标得以实现（Lyles et al.，2016）；因此强调规划应被严格落实，将实际偏离规划等同于规划失效。一致性的评价方法具有客观、易操作的优点，可以很好地检验具有约束性的规划内容的落实度。后者适用于引导性规划，认为规划并非决策本身，而在于辅助决策，能够迎合有限理性和未来不确定性下后续决策违背规划时的客观需要。我国的空间规划具有控制性和引导性相结合的特点：在快速城市化和经济社会转型期，既需要保障空间规划在管控城市扩张、保护自然资源和生态环境中的强制性作用，又需要正视特定历史背景下更大的不确定性，以发挥规划在公共决策中的辅助作用。在改进、融合一致性理论和规划效能理论的基础上建立新的空间规划有效性分析框架，能够吸收各自优势，解决一致性评价对理性违背规划的决策行为不兼容的问题和弥补规划效能评价过于主观、不能直接反映规划落实度的缺陷，有助于全面了解规划所产生的实际作用和揭示规划失效的问题所在。

总之，作为运用最为广泛的空间规划有效性评价理论，一致性理论和规划效能理论各有优缺点，这是本书对两者进行融合的必要性所在；同时两者又存在内在联系（Alexander & Faludi，1989；Oliveira & Pinho，2010），是本书将两者融合的可行性所在。目前已有少数学者同时运用一致性理论和规划效能理论进行规划有效性研究（Oliveira & Pinho，2009；Zhong et al.，2014），但多是简单拼凑，难以实现优势互补。

二　回应对我国空间规划实施成效的质疑

我国空间规划的实际效力面临广泛质疑，很多人认为规划一旦被制定便被束之高阁，“不如领导一句话”。但这种质疑以定性和主观判断居多，对于规划究竟发挥了怎样的作用、现实在多大程度上按照规划的轨迹发展等基本问题，仍然缺少实地调查和深入分析。本书将运用所建立的融合一致性理论和规划效能理论的空间规划有效性分析框架进行案例研究，试图较为全面地揭示案例区土地利用总体规划的实际影响和落实程度，以为对我国空间规划实施过程中效力的质疑提供一个较为具体、确切的地方性答案。

三　为优化我国空间规划制度提供参考

本书在评价规划有效性的基础上，还将结合案例区研究结果进一步探讨影响规划有效性的作用因子。充实这方面的研究有助于了解规划有效性的内部和外部影响因素，识别我国空间规划编制和实施管理过程中的问题所在，增进对规划实施过程中政府、社会和市场关系与作用的认知。在此基础上，有利于对薄弱环节、问题症结和相关主体提出针对性的政策建议。因此，无论是对问题的客观反映，还是政策启示的归纳总结，都可能为优化我国空间规划编制和实施管理提供有价值的依据和参考，从而提高我国空间规划的有效性。

此外，我国正处于以“多规合一”为主要导向的空间规划制度重大变革过程中。当前，这一议程仍面临重重困难（陈雯等，2015）。改革应坚持问题导向①，规划有效性研究是解决空间规划制度改革所面临的难题的可能突破口。通过规划有效性研究，可以了解现行规划的作用与问题、优点与缺陷，以及规划实施成效的各类影响因素，为改革找准靶心、指明方向提供一定的参考。

第三节　研究内容、方法与技术路线

一　研究对象界定

规划评价可分为规划质量评价、规划实施评价、规划环境影响评价等（Talen，1996b；Long et al.，2012）。规划有效性研究属于规

① 习近平总书记在党的十八届三中全会、中央全面深化改革领导小组第十七次会议等一系列讲话中多次强调：深化改革特别需要坚持问题导向。

划实施评价的范畴，旨在探究规划在实施过程中产生的实际影响、发挥的实际作用和规划措施的实施程度、规划目标的实现程度。规划有效性评价的意义在于，通过跟踪监测和分析规划实施的过程、结果、影响等，评估规划实施成效、问题，辅助后续决策，以及展现规划的真实价值（Alexander，2009；Oliveira & Pinho，2010；Loh，2011）。规划有效性评价一般不直接评价规划质量，而是从有效性评价结果中探讨和反思规划是否存在质量问题，以及规划质量问题对规划有效性的可能影响，并最终为提升规划质量提供参考。

与一般的规划实施评价相比，规划有效性评价更加关注规划是否产生了实际作用、影响，并取得了相应结果，以及这些作用、影响、结果与规划本意、规划目标的契合度，以此展现规划是否有效和成功（Talen，1997；Zhong et al.，2014）。

二 主要研究内容

（一）改进一致性评价方法

分析建设规划许可证的发放情况与规划的空间吻合度是国外一致性评价的常用方法。通过对比规划允许建设区内外规划许可证的发放数量，可以体现规划在限制城市蔓延、保护自然资源与开放空间中的作用。在中国运用此方法，有三个明显不足：①数据可获得性较差（国外一般可以通过政府门户网站直接获取）；②未包含违章建筑；③许多土地可能是批而未建、长期闲置的。土地实际开发利用状况与规划吻合度对比是另外一种常用方法，能弥补上述不足，但大多研究仅静态对比规划与现状土地利用状况。鉴于此，本书将从土地利用的纵向动态演化、横向规划区内外比较和城市扩张的空间形态差异等角度改进一致性评价方法。

（二）优化规划效能的分析办法

基于效能的评价方法认为，规划为决策者提供了一种认识、分析和解决现实问题的指导性框架。因而，评价内容是后续决策过程是否参考了规划，规划是否为决策者提供了辅助作用，但并不介意决策者是否严格执行规划。效能评价很难操作，结论易受质疑，一些比较有影响的规划效能理论分析框架并不能够用于实践，加剧了理论与实践的脱节（Seasons，2003；田莉等，2008）。当前一些直接评价规划效能的研究主要是在与决策者访谈的基础上，考察已有决策是否参考规划，限于定性描述，且主观性很强（即使决策违背规划，决策者总能找到辩护理由，并声称已参考规划）。本书将从规划效能的本质出发，构建新的效能衡量指标，以提高规划效能评价方法的可操作性和客观性。

（三）提出一致性理论和规划效能理论的融合与拓展方案

前文已述及，一致性理论和规划效能理论各有优劣，通过相互融合可以取长补短；在中国语境下，两者结合能更好地展现空间规划的实际作用。但是在一定程度上，一致性理论和规划效能理论又是相互对立的。本书将在综述现有研究成果的基础上，从一致性理论和规划效能理论的各自优势和内在联系入手，寻求一个可行的有效融合方案，而不仅仅是简单的拼凑运用，以求综合反映空间规划所产生的实际价值。此外，现有一致性理论与规划效能理论都不足以充分回答规划目标的实现程度，也不能充分揭示结果与规划不一致情形下规划的实际作用与影响。有鉴于此，本书将在融合和拓展一致性理论与规划效能理论的基础上建立空间规划有效性的综合性分析框架。

（四）运用所建立的分析框架进行案例研究

本书将聚焦于土地利用总体规划的两个核心目标——耕地保护和建设用地管控。在改进一致性评价方法和规划效能评价方法的基础上，运用本书所构建的理论分析框架进行案例研究，考察案例区土地利用总体规划在耕地保护和建设用地管控中的有效性。案例研究既可以检验该理论框架的可行性，也可以为我国空间规划实施效果所面临的广泛质疑提供一个比较具体的地方性答案。

（五）分析规划有效性影响因素并总结政策启示

定量与定性相结合探讨空间规划有效性影响因素，以回答如果空间规划存在实施有效性不足的问题，问题究竟源于何处。在此基础上，根据我国空间规划有效性的问题表现和主要影响因素，总结提炼针对性的政策建议，为相关制度改良和创新提供参考，以期最终能够有助于提高我国空间规划的实施成效。

三 研究方法

（一）文献研究法

文献研究是认识现有研究进展、不足和发掘研究切入点的基本途径。通过文献研究发现，如何确定空间规划有效性的衡量标准是当前面临的主要难题之一，已有的评价依据主要是一致性理论和规划效能理论，它们各有优缺点，但缺乏有效融合。本书将在现有研究的基础上找出一致性理论和规划效能理论的内在联系，为构建全面的理论分析框架提供依据。本书还将在综述已有关于空间规划有效性影响因素的基础上，结合中国特色，发掘本土空间规划有效性的作用因子。

（二）比较研究法

对比研究一致性理论和规划效能理论，是在融合两者的基础上构建新的空间规划有效性分析框架的重要前提。在本书所选取的案例中，案例区内部各区县的经济社会发展水平、各项耕地与建设用地控制指标及自然资源禀赋等存在一定差异；通过比较研究，有助于探究空间规划有效性的影响因素。另外，经过案例研究的检验后，笔者还将通过与其他空间规划有效性评价理论、分析框架及其测度方法的对比，分析本书对一致性测度方法的优化、规划效能理论及测度方法的改进和新的分析框架构建的意义和价值所在。

（三）社会调查法

通过调研访谈获得两方面的资料：一是违规地块（主要是不在规划确定范围内的新增城镇建设用地）的具体用途、投资与效益等方面的数据；二是对于违反规划的有关重要项目和工程的决策，当事决策者是否了解和参考了规划并对规划落实的影响有所考虑，以及进行偏离规划的用地布局的原因或理由。

（四）空间分析法

利用ArcGIS软件中的“Clip”（裁剪）、“Erase”（擦除）、“Intersect”（相交）、“Eliminate”（消除）、“Merge”（合并）等工具分析实际物质空间现状、演化、形态与规划布局的一致性；利用“Mean Center”工具分析研究区耕地数量和主要农业指标（用于反映耕地保护效能）的空间重心分布格局及其转移轨迹；利用邻域分析工具计算地块的区位条件。

（五）案例分析法

选取特定案例，运用本书所建立的空间规划有效性分析方法，考察案例区土地利用总体规划在保护耕地和管控建设用地扩张中的有效性。案例研究的目的：一方面在于检验所建立的空间规划有效性分析框架的可操作性；另一方面在于为对我国空间规划所面临的广泛的效力质疑提供一个地方性的答案，并总结可能的政策启示。

（六）计量分析法

计量分析有助于定量揭示相关因素对规划有效性的影响。通过皮尔逊（Pearson）相关性检验分析部分因素之间是否存在简单线性相关关系，在此基础上进一步判断可能的因果关系；通过建立二元逻辑斯蒂（Logistic）模型分析以地块区位条件表征的市场机制对土地开发建设和规划实施的作用力。

四　技术路线

从研究的脉络和分析框架来看，本书采用的技术路线如图1-1所示。首先，改进一致性理论和规划效能理论的具体评价方法。其次，根据一致性和效能理论的内在联系构建规划有效性分析框架。再次，运用这一理论框架进行案例研究，并分析案例区规划有效性的主要影响因素，总结有关政策启示。最后，评价本书对一致性和规划效能评价方法的改进及融合两者的分析框架。

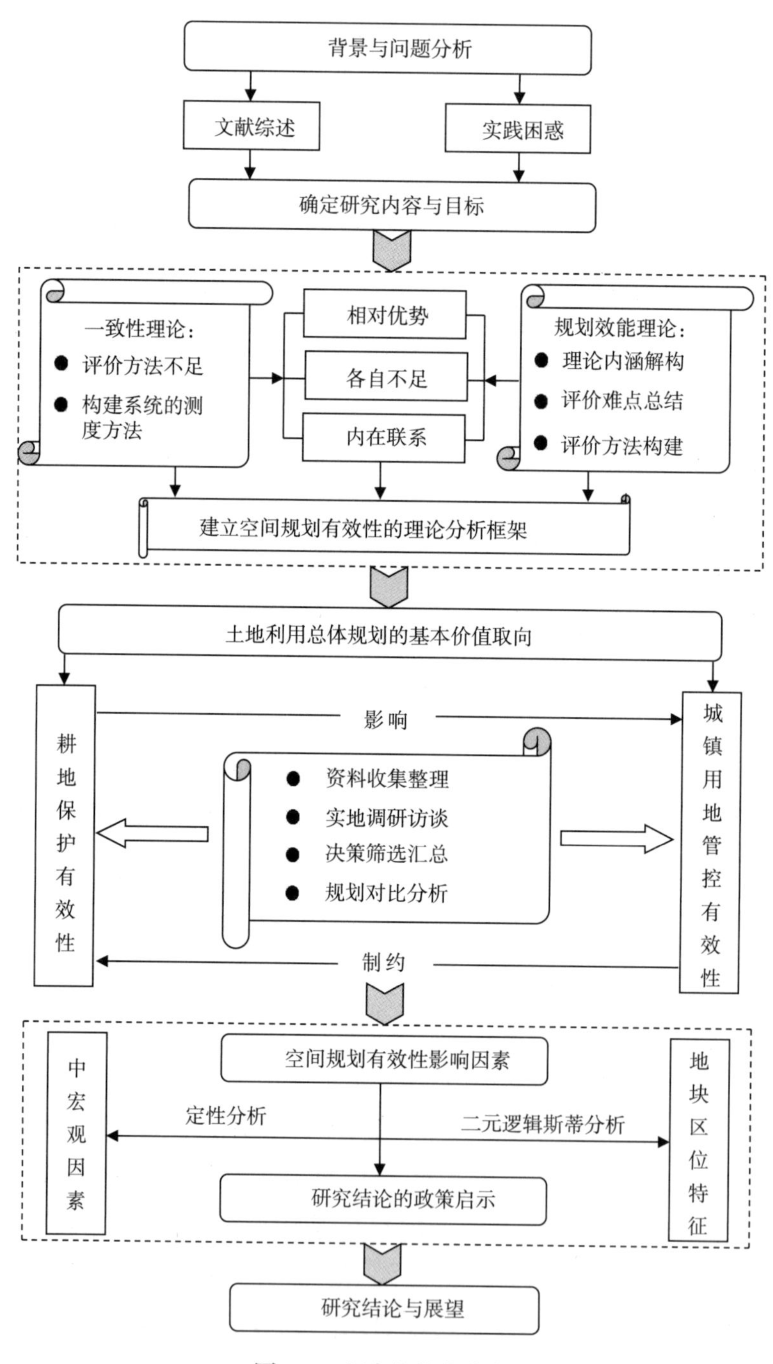

背景与问题分析
文献综述
实践困惑
确定研究内容与目标
一致性理论：
评价方法不足
构建系统的测度方法
相对优势
各自不足
内在联系
规划效能理论：
理论内涵解构
评价难点总结
评价方法构建
建立空间规划有效性的理论分析框架
土地利用总体规划的基本价值取向
耕地保护有效性
影响
城镇用地管控有效性
资料收集整理
实地调研访谈
决策筛选汇总
规划对比分析
制约
中宏观因素
空间规划有效性影响因素
定性分析
二元逻辑斯蒂分析
地块区位特征
研究结论的政策启示
研究结论与展望

图 1-1　研究的技术路线

第四节　研究案例与数据来源

一　案例研究的内容选择

空间规划的内涵十分丰富，已有的空间规划有效性研究已涉及城市规划、乡村规划、土地利用总体规划、综合规划、防灾减灾规划、住宅开发规划、自然资源和生态环境保护规划、公共设施发展规划、空间发展战略、以城市开发边界为代表的城市蔓延治理政策等。从目前的研究成果看，一致性理论和规划效能理论可以运用到不同领域的空间规划中。本书选择土地利用总体规划作为研究案例，主要有以下几方面考虑：①从国际发展趋势看，土地利用规划已成为空间规划体系中最为关键和核心的领域之一（Geneletti et al.，2007；龙花楼等，2014）；②土地利用总体规划体系完整、内容综合、运作成熟，在我国空间规划体系中地位比较突出，相较于一些专项性规划更具代表作用；③当前的这一轮土地利用总体规划基期为2005年，规划期为2006—2020年，目前已至规划中后期，进行有效性评估的时机较为恰当；④受数据可获得性的限制。

耕地保护是土地利用总体规划最重要的目标之一（汪晖、陶然，2009），评价其有效性必不可少。建设用地规模管控也是土地利用总体规划的基本目标（曲福田等，2005），同时也是贯彻落实土地利用总体规划，特别是耕地保护的主要压力源（Tan et al.，2005；肖琳等，2014；Wu et al.，2015）。建设用地的过度扩张，一方面会侵占耕地和生态用地（包括林地、草地、水域、滩涂等），增加完成这些用地规划目标的难度；另一方面会激化占补平衡压力，刺激地方政府将生态用地开垦为耕地（Yang & Li，2000；任丽燕等，2010）。本书将对建设用地中的城镇用地（包括城市和建制镇）予以重点关注，主要原因是研究区城镇用地相较于其他建设用地扩张更加显著；另外，土地利用规划成果数据库关于农村建设用地的基期图层和规划图层均不甚准确，与实际存在很大偏差，评价意义不大。

近几年，生态环境问题也越来越受重视，但研究区在近两年才开始考虑试点实施“生态红线”制度，尚不足以评价其实施成效。土地利用总体规划中有关生态环境保护内容也未如耕地保护和建设用地管控那样具体、明确。另外，耕地保护和城镇建设用地管控的有效性研究中将涉及生态环境问题。因此，本书未将生态环境议题单列，但会关注规划实施的生态环境效益。

综上，保护耕地和管控城镇扩张是我国土地利用总体规划的重要内容（顾京涛、尹强，2005；冯科等，2010）。而耕地保护与城镇用地扩张管控又是相辅相成、相互制约的（谈明洪、吕昌河，2005；Song et al.，2015）。基于此，本书主要考察土地利用总体规划对耕地保护和城镇建设用地调控的有效性。

二 研究案例与研究区概况

囿于土地利用总体规划有效性评价相关的数据可获得性，本书以GC市及其所辖区县的土地利用总体规划（2006—2020年）作为研究案例，规划有效性评价时间范围为2006—2013年。因此，相关规划数据（包括规划文本、规划指标、规划图件等）采用的是正式批准的第一版规划数据。另外，如无特别说明，有关土地利用的“现状数据”即为2013年末的数据。

GC市位于GP省中部，国土总面积为8043平方千米。研究期内，GC市在2009年和2012年经历了两次较为显著的行政区划调整。笔者以2010—2011年GC市行政区划为准，即采用2009年调整以后、2012年调整以前的行政区划为准。彼时，GC市共下辖十个区县（县级市），分别为ND区、YD区、XD区、HD区、WD区、BD区、XX县、KX县、FX县和QX市。其中，GC市主城区下辖六个区，分布于GC市的东南区域；其余四个县级行政区主要位于GC市的北部和西部地区，离GC市主城区距离相对较远，合计占GC市国土总面积的70.0%。案例研究中对其他年份所涉及的统计数据以

2010—2011 年版行政区划为准进行相应调整。

表 1-1 显示了 GC 市 2010 年各区县的基本情况。由此可知，总体而言，案例区区县级行政区的资源禀赋和发展水平存在较大不平衡性：所辖主城区六个区的城市化和经济发展水平显著领先，城镇用地总量较大；四个相对偏远的县市具有国土面积和耕地总量优势，而户籍人口只占 GC 市的 40.0%左右，人均土地资源相对丰富。根据市级土地利用总体规划成果，GC 市所辖六个区是全市允许建设区的集中布局区，而基本农田集中保护区和耕地保有量指标则主要划归四个县市。

表 1-1　　2010 年 GC 市及所辖各区县基本情况统计

地区	国土面积（公顷）	户籍人口（万人）	非农人口占比（%）	GDP（亿元）	人均 GDP（元）	城镇用地（公顷）	耕地（公顷）
GC 市	804337	373	49.7	1072	28728	21614	271607
ND 区	8906	56	89.8	227	40348	3829	603
YD 区	6613	65	92.8	306	47295	2609	621
XD 区	6296	16	82.2	59	36241	2173	1138
HD 区	96715	33	33.4	80	24465	2003	36999
WD 区	96190	32	40.4	100	31456	5151	27370
BD 区	26952	20	63.6	55	27107	2412	8344
XX 县	107147	31	13.2	46	15038	817	42342
KX 县	202332	43	15.5	62	14256	732	67836
FX 县	103653	26	12.7	44	17074	728	33024
QX 市	149532	51	20.8	93	18139	1159	53331

注：①土地数据来自土地变更调查，其他数据来自《GC 市领导干部手册（2011）》；城镇用地为土地利用变更调查数据中“城市”和“建制镇”占地规模之和。②因四舍五入，各区县数据之和与 GC 市数据存在误差，下同。

一方面，在西部大开发和沿海向内陆产业转移等刺激下，GC 市十多年来保持着显著快于全国平均水平的经济社会发展速度。当地统计年鉴显示：2013 年全市 GDP 总量为 2085 亿元，是 2005 年的四倍，年均增幅达 18.8%；全市城镇人口达 336 万人，城镇化率达 73.2%，较 2005 年提高十个百分点。与此同时，GC 市城市占地规模迅速扩张。根据《GC 市土地利用总体规划（2006—2020 年）》和土地变更调查数据，2005—2013 年，全市城镇工矿用地增加 12522 公顷，增幅达 61.8%。

另一方面，GP 省是我国贫困分布最集中、贫困程度最严重的省份之一（万广华、张茵，2008）。GC 市是该省中心城市，GDP 总量占全省 1/4 以上，保障该市的快速发展，对摆脱当地贫困落后面貌具有战略意义。此外，该市地处我国西南喀斯特地貌区，具有地形崎岖、土层薄、植被覆盖率低、生态环境脆弱等特点（苏维词，2000；Wang et al.，2004）。石漠化是这一区域最突出的生态环境问题（熊康宁等，2012）。《GC 市水土保持规划（2010—2030）》显示，全市国土总面积中，33.0%存在水土流失现象，28.0%遭受不同程度的石漠化。

因此，如何协调发展与保护之间的矛盾，不仅是当地政府无法回避的现实问题，也是当地规划实施所面临的两难困境。以 GC 市为例，可以有代表性地刻画在经济社会快速转型过程中和经济、社会、资源、环境压力下，我国土地利用总体规划的实施情况和不同规划目标的实现程度，以及政府、市场与社会等不同主体所扮演的角色。

三　相关数据的来源

本书搜集了 GC 市及所辖各区县的土地利用总体规划（2006—2020 年）、土地整治规划文本及数据库，2005—2008 年各类用地面积统计表，2009—2013 年土地变更调查数据统计表及数据库，农用地分等定级数据库，1999—2014 年土地开发整理项目清单，2008—2013 年国有土地使用权出让和划拨清单（包含各年度国有土地使用权出让/划拨的具体地块位置、用地性质、面积、出让方式、出让价格等信息），《GC 市城市建设用地集约利用潜力评价技术报告

（2013 年）》，《GC 市土地利用总体规划（2006—2020 年）中期评估报告》，地质灾害防治规划文本、石漠化防治规划文本、水土保持规划文本等资料。各类土地利用数据直接来自上述资料，或通过 ArcGIS 软件的空间分析功能由上述数据库中提取而来。

2006—2013 年 GC 市年度政府工作报告来自该市政府官网。DEM 高程数据下载自网站——地理空间数据云（网址：http：//www. gscloud. cn）。

GC 市及各所属区县的人口数据来自第五、第六次人口普查和各区县相应年份统计年鉴、领导干部手册；GDP、固定资产投资、税收、就业等区县层面及以上的主要经济、社会和环境数据来自 GC 市和各区县相应年份的统计年鉴、统计公报和领导干部手册。此外，部分数据来自网络资源。比如，有些年份统计年鉴资料缺乏，从网上搜集了相关数据。

违规地块项目尺度的具体利用状况数据来自笔者于 2016 年 10 月开展的实地调研，调研方式主要为对土地利用主体进行访谈，调研内容主要涉及违规用地项目的原用地类型、现状用地类型与项目性质、开发建设时间、占地面积、建筑面积、容积率、固定资产投入、年产值、土地使用权获取的方式与成本、项目开发选址原因等方面的信息。

第五节　本章小结

本章主要介绍了研究的缘起、主要研究内容与思路。本书认为，空间规划有效性研究具有重要的理论意义和实践价值。然而，这一领域的研究仍然是滞后的，研究的不足在一定程度上也造成了实务工作中的一些困境。特别是其中一些重要的理论问题，有待继续深入推进。不论是为了充分发挥规划有效性评价在常规的规划动态管理中的重要作用，还是在空间规划制度重构的特定历史背景下挖掘规划有效性评价的制度反思与政策启示价值，推进这一方面的研究可谓正当其时。

此外，本章还介绍了研究案例和案例研究内容（现行土地利用总体规划在保护耕地和管控城镇用地扩张两方面的有效性）的选取，以及案例研究所涉及的主要数据的来源。

第二章

国内外研究进展

尽管规划有效性研究对于规划理论和实践发展的重要性不言而喻（Snyder & Coglianese，2005），近二十年以来其关注度也不断提高，研究成果增多，但几乎所有的文献都会提到，这一领域依然滞后，面临诸多悬而未决的问题（Mayne，2001；Carmona & Sieh，2008）。面对这些棘手的难题，学者建议加强对规划本质和定位的理解，以为解决这些难题提供最本源的灵感和依据（Carmona & Sieh，2005；Altes，2006；Alexander，2009）。对空间规划有效性的定义及其衡量标准的争议是造成当前研究困境的主要原因之一（Waldner，2008）。对此，学者同样提出，规划有效性衡量标准也应随规划具体类型的变化而变化（Mastop & Faludi，1997；Alexander，2009；Waterhout & Stead，2007）。

这一领域还面临理论研究和实践严重脱节的问题（Seasons，2003b）。有学者毫不客气地指出，当前理论是一回事，实践则是另外一回事，且这种隔阂在不断增强（Khakee，2003）。这就需要通过建立具体的评价方法将规划有效性衡量标准的理论研究成果有效运用到实践中去（Wong，2000；Jun，2004）。此外，为提高评价结论的有用性，值得进一步分析规划有效性的影响因素，以便更好地指导后续规划修编、实施、管理和相关决策（Knaap，2004；Joseph et al.，2008）。

围绕上述主题和逻辑，综述遵循如下思路：首先，总结规划有效性研究所面临的主要难题；然后，在分析两种规划基本类型——控制性规划和引导性规划的基础上，综述规划有效性衡量标准的研究进展；继而，梳理已有规划有效性的具体评价指标和方法；最后，归纳关于空间规划有效性影响因素的主要研究成果。

第一节　空间规划有效性研究的主要难点

一　规划目标可能是相互冲突的

空间规划内容十分综合，一个规划可能包含多个目标。一些目标可能是含糊的，难以理解；更具挑战性的是，有些目标可能相互冲突（Hall，1992）。多维度、多目标、多利益主体下的规划实施结果是，某些目标可能实现了，而另一些目标可能未实现，甚至被其他目标损害，给规划实施评价带来困扰（Alexander，1981；Carmona & Sieh，2005）。我国的空间规划面临类似问题，如经济、社会、生态目标之间的紧张关系，保耕地与保增长之间的两难选择等（谭荣、曲福田，2006；王向东、刘卫东，2012b），可能导致规划有效性评价顾此失彼、失于偏颇。但不能梳理清晰规划目标是什么，事后评价就会是盲目的（Alexander，2009）。

二　规划可能经常调整

规划调整后，具体的方案、措施、目标和愿景等都可能发生变化，但调整后的规划不一定会马上产生实际作用，而是原来的规划可能继续发挥着某些作用，因此会导致规划有效性评价参照的混乱（Tian & Shen，2011）。比如颇有声誉的美国波特兰市的城市增长边界，自 1979 以来已经历了大小近四十次的调整和重划，这为评价其控制城市蔓延的作用带来不小的麻烦（Jun，2004）。通常情况下，很少有规划在编制过程中建立评价土地利用决策影响的监测制度和评价指标，评估人员需要根据自己对规划的理解和决策部门的需要建立“代理参量”（Baum，2001）。因此，规划的不断调整加剧了评价规划有效性的难度（Laurian et al.，2010）。

三　评估时机问题

有规划学者发问，在规划制定和生效后至规划实施评估前，应该留出多少时间去让规划发生效用（Baer，1997）。换句话说，规划执行不到位，实际情况与规划符合度低，不一定是规划质量或者规划实施管理的问题，也有可能是由评估时机不成熟造成的（Loh，2011），规划的某些目标和影响可能需要很多年才能实现（Tian & Shen，2011）。一些学者认为，在规划实施较长一段时间以后再去观察规划的有效性才是有意义的，以消除规划生效—行动—结果之间时滞的干扰（Bengston & Youn，2006；Gennaio et al.，2009）。有学者甚至提出最好等规划生效十年后再去评价（Sabatier，1999）。我国的《城市总体规划实施评估办法（试行）》第六条规定，原则上每两年进行一次规划实施评估。也有学者认为，在规划编制过程中，政府职员、市场主体和公众通过广泛参与，已经对规划和规划确定的目标有所认识，并影响他们的决策，规划在编制完成前就已经生效了（Waterhout & Stead，2007）。而动态规划管理模式也需要对规划的实施情况进行及时监测（Chang & Ko，2014）。因此，在哪个时点评价规划有效性也是个棘手问题。

四　规划效果与影响的广泛性

空间规划的影响是扩散性和广泛性的，不局限于如何营造一个特定的空间等物质实体方面，还关系到城市社会经济体系的运转、市民生活等（孙施文、周宇，2003）。通过一个评价框架和一次评价活动，就把空间规划的实际作用和影响全面包纳进去和反映出来，几乎是难以做到的（Long et al.，2012）。更何况，除了规划本身预计的目的和作用外，还会产生很多规划始料未及的影响，这些额外效应可能是正面的，也有可能是负面的，但都很容易在规划事后评价过程中被疏忽（Altes，2006；Halleux et al.，2012）。

五 理论研究与现实需求脱节

理论与实践的脱节主要由三方面原因造成。第一，规划部门不重视规划实施评价，导致实践落后（Brody et al.，2006b；Tian & Shen，2011）。第二，当前的规划有效性理论研究追求全面而又准确地考察规划所产生的实际影响，系统地了解社会系统的复杂本质，但受制于评价方法、数据和人员能力等，理论成果不能被实践所采纳；政府部门则认为规划实施评价应着眼于结论的有用性，理论研究可能超出了实践所需的广度和深度，因而倾向于采用成本更低、决策为导向的评价方法和框架，但被理论界斥之为过度的化约主义（Preece，1990；Morrison & Pearce，2000；Carmona & Sieh，2005；Carmona & Sieh，2008；Alexander，2009）。第三，委托学者和专业人员实施所取得的规划有效性研究成果往往堆砌着专业名词和技术名词，内容晦涩，决策人员难于找到和理解他们关心的议题，降低了评价成果的可用性（Oliveira & Pinho，2010）。理论与实践的脱节阻碍了规划有效性研究理论的进步和实践的发展。

六 如何判断规划实施的成功与失败

有学者提出，评价规划是否成功看起来是一件不可达成的任务，其困难主要在于：没有有关规划成功的确切定义，没有经验知识说明规划实施到什么时候、何种条件下即可被视为获得了成功，也没有好的方法测度规划实施的成功度（Talen，1997）。有效性的概念是多面的，不同的人有不同的理解（Brody & Highfield，2005）。一些人认为，规划是具有法律效力的控制手段，规划被忠实地履行、实际结果与规划一致才能被视为规划有效，任何违背规划的行为都会损害规划效力（Laurian et al.，2004b；Chapin et al.，2008；Wang et al.，2014）；一些人认为，只要规划在人们决策和解决实际问题中发生了作用，不论偏离规划与否，都应视其为有效（Mastop & Faludi，1997；Faludi，2006）；还有一些人则采取比较中庸的立场，认为应该视情况而定，只要过程和结果是理性的，也可算作规划有效（Alexander & Faludi，1989；Brody & Highfield，2005）。最理想的是，规划有效性评估能够建立在原则上的通用评价框架和因具体案例而异的权宜指标相结合的基础上，但当前这两方面的研究均是欠缺的（Laurian et al.，2004b；Oliveira & Pinho，2009）。

七 如何区分规划与规划外其他因素的影响

区分规划与规划外其他因素对结果的影响是十分困难的（Laurian et al.，2010）。现实是纷繁复杂的，一个现象或者结果，如某块土地的利用状况，可能由个体、社会、市场、政府甚至某些随机因素作用而形成（赖世刚、韩昊英，2009）。规划只是也可能不是其中的一个作用因素，如何证明某一结果是受规划影响而形成的？另外，后续决策偏离规划是难以避免的，规划实施未取得预计的效果也是常见的，可能是由于规划自身的问题或执行的问题，也有可能是经济社会条件等其他外部因素的不可预见性变化造成的，但对这些因素进行有效识别是困难的（Loh，2011）。总体而言，至今依然缺乏一个令人满意的通用方法能够将规划与实际结果可靠地联系起来（Laurian et al.，2004b）。

八 评价主体的选择

政府部门借助事后评价可以改善决策，但会倾向于通过评价证明规划的价值，视负面评价为一种威胁；由于资源、职员能力限制，规划评价可能成为地方政府的一种负担（Nutt，2007；Seasons，2003b；杜金锋、冯长春，2008）。编制人员对规划知根知底，通过事后评价更易了解规划目标的实现度，也有利于后续修编工作，但可能被锁定于已有规划的框架，或为了维护规划声誉而尽量避免负面评价；第三方评价者虽然可能更加客观，但可能对规划理解不足，也会增加额外财政负担（Morrison & Pearce，2000；Lichfield，2001；Oliveira & Pinho，2010）。让规划的最终受众——公众和相关利益主体来评价似乎堂而皇之，而且在评价过程中还可以增强他们的规划意识（Morckel，2010），但也会遇到很多问题，比如，他们可能仅关心与自己密切相关的几个议题，而且主要依据自身经验感受，导致结论既不全面又不客观（袁也，2014）；这一群体十分广泛，利益难免相互冲突，可能得出相互矛盾的结论（Carmona & Sieh，2008；Wende，2012）。

九　数据的可获得性

规划实施评价涉及大量数据需求，但很多数据不是现成的，大部分政府部门没有进行规划评价的传统，因此，政府既缺乏相应的数据积累，又缺少搜集这些数据的经验（Houghton，1997；Carmona & Sieh，2005）。不像一般政策，规划因地而异，且由于地区差异，规划实施效果与作用同样存在广泛差异，故而缺乏规划有效性的横向案例比较数据（Baer，1997）。一些政府部门担心规划实施评价的结论对他们不利，视其为一个威胁，并可能进行抵制（Laurian et al.，2010）。相对于发达国家，数据可获得性问题在我国表现尤为突出：国外常用对比规划允许建设区内外的建设许可证发放情况和社区单元人口普查数据分析规划管控城市蔓延的有效性，这些数据大多可在当地政府部门的门户网站直接下载（Brody & Highfield，2005）。而在我国，数据获取难度较大。

第二节　空间规划有效性的衡量标准

一　两种对立的基本规划类型

（一）控制性规划

土地市场会失灵，需要发挥规划在控制外部性、公共物品供给、管控城市蔓延、保护生态环境和自然资源等方面的约束性作用（Hopkins，2012；Alexander，2014；Cheng et al.，2015）。比如，分区、综合规划、城市增长边界等（Bengston et al.，2004；Nandwa & Ogura，2013；Woo & Guldmann，2014），以及我国由上往下分解的耕地保有量、基本农田保护面积、城乡建设用地规模、新增建设占用耕地规模等控制性指标（Wang et al.，2010；谭明智，2014）。

很多空间规划被赋予法律效力，被要求强制实施（Halleux，2012）。如在被誉为“规划者天堂”的荷兰，也以严格的控制性规划著称。地方土地利用规划规定了规划区范围内土地利用的类型、功能、布局，建筑物高度和容积率等，规划批准之后便成为法律文件，任何土地开发建设必须与规划相符（Bontje，2003；周国艳等，2010）。一些学者提出，可以将规划分为战略性规划和项目规划两类（Mastop & Faludi.，1997；Faludi，2000）。后者等同于蓝图式控制性规划，要求严格按照规划采取后续行动。控制性规划往往制定了比较明确的量化目标，并制定相应措施和方案，通过强有力的实施保障这一目标的实现，如为了解决住房压力，《悉尼都市战略草案》（*The Draft Metropolitan Strategy for Sydney to 2031*）制定了545000套新住宅的开发目标及其子目标、政策、行动方案和时间表（Searle & Bunker，2010b；Ruming，2014）。

在很多国家和地区，控制性规划往往具有另一个特点——显著的层级制。具体表现为两个方面：其一，很多控制性政策、措施和指标是由上而下形成的；其二，随着层级的降低，规划目标、内容等越来越精细化、可操作化，针对性和控制性不断增强（Searle & Bunker，2010a）。比如，荷兰从中央到地方的四级规划（见表 2-1）、美国部分州实行的综合规划制度（Nelson & Moore ，1996）、以色列中央—区县—地区组成的三级规划（Shachar，1998；Alfasi，2006）、《悉尼都市战略草案》、我国的土地利用总体规划（欧名豪，2003）等。

表 2-1 荷兰的四级空间规划

层级	编制的规划	覆盖范围	主要内容
中央	规划法规和政策	全国	全国规划指导政策
省级	省域结构规划、地方法规	全省或省内部分地区	全省规划政策导则
城市	结构规划	城市或区域	城市规划政策导则
地区	地方土地利用法定规划	城市部分地区	控制性规划图纸和规则

资料来源：周国艳等：《西方现代城市规划理论概论》，东南大学出版社 2010 年版，第 111 页。

控制性规划派认为，通过实施规划就能实现某种理想状态（尼格尔·泰勒，2006）。其倡导者同时也基于这样的信念：赋予规划法律效力，通过强制实施，能够更好地保障规划的落实和预期目标的实现（Brody et al.，2006b；Morrison，2010；Searle & Bunker，2010a）。在这种境况下，规划权通常被视为一种公权力或警察权（王向东、刘卫东，2012a），政府为了维护公共利益而干预私权利和土地市场是正当的（Campbell & Marshall，2002）。

但是，控制性规划也受到一些批评。如规划学者对传统控制性规划批评道：荷兰为了应对人口增加与住房紧张之间的矛盾，在空间规划中提出 1995—2005 年新增住宅 456959 套，并最终实现了这一约束性目标；但实际上远没有缓解住房不足的问题，由于用地、资金、公共服务设施等规划内容均按这一目标设定，使其产生“锁定效应”，地方政府即使想扩大住宅开发，也心有余而力不足（Altes，2006）。

（二）引导性规划

引导性规划是当前盛行的另一种基本规划范式。引导性规划不具备强制力，规划内容允许不被执行，乃至被违背，其意义在于辅助决策，因而控制性、约束性相对较弱（Faludi，2006；Oliveira & Pinho，2010）。比如，《亚特兰大区域发展规划》（*Atlanta Regional Development Plan*）是由几个城市联合制定的引导区域发展的规划，内容主要包括城市增长管理、交通建设、泛滥区开发管制、生态环境保护、水土保持等，并对每个议题提出一系列管理原则、措施，但不要求区县制定地方规划时必须引用和实施，区域规划在事实上只起着提供基础数据、提出值得关注的问题、提供解决问题的工具箱和区域交流与协作平台的作用（Waldner，2008）。这与欧盟地区的《欧洲空间发展战略》（*European Spatial Development Perspective*）相似，地方政府可以根据地区需要决定采用、调整或不采用其中的政策措施（Faludi，2004）。

引导性规划的倡导者认为，传统的理性、确定性和刚性规划理念与未来的不确定性、人的有限理性和需求规划弹性的真实世界不相符合（吴次芳、邵霞珍，2005）。规划的基本功能应该定位于为决策者（包括市场主体和公众）提供一种认识、分析和解决问题的框架，为决策提供参考，为身处快速变化的、纷繁复杂的现实世界中的决策者描绘一个共同向往的美好愿景，作为前进的方向和决策的目标（Faludi，2006；Alfasi et al.，2012）。控制性规划本身是决策的结果；引导性规划是辅助决策的工具，各主体间的互动是持续的（控制性规划中公众参与仅限于规划编制过程），未来仍是开放的而不是预先设定的（Mastop & Faludi，1997）。

正因为这种范式下，规划未被赋予法律效力的强制约束力，地方政府拥有更大的自由裁量权，在较长的规划周期内政府可以灵活、权宜地应对不确定性；公众和相关利益主体可以更好地参与规划实施过程，动态地产生共识、合法性和协同性（Albrechts，2006；Goncalves & Ferreira，2015）。因此，相对于控制性规划，引导性规划拥有独特优势（Waley，2013；Beunen et al.，2013）。

但是，这种规划范式也引发了一些担忧：规划约束力不足，可能为地方政府因局部利益牺牲全局利益的行为提供了便利，降低规划在控制城市蔓延、保护生态环境和预防自然灾害等方面的效用（Logan & Molotch，1987；胡序威，2002；Deyle et al.，2008；Waldner，2008；Gennaio et al.，2009）。这也是为什么德国政府提出将全国农地非农化扩张规模由20世纪初大致114公顷/天降至2020年30公顷/天的管控目标，并寻求将这一目标制度化的重要原因（Tan et al.，2009）。

二 一致性理论

一致性理论和规划效能理论是目前运用最广泛的评价规划有效性的衡量标准（Talen，1997；Balsas，2012；Lyles et al.，2016）。基于一致性理论的有效性衡量标准继承了控制性规划的基本思想（Faludi，2000），通过规划的落实情况，即事后结果是否与规划一致来检验规划是否得到贯彻、现实是否按规划运行来刻画规划的有效性（周国艳，2012）。如果结果与规划一致，那么规划就是有效的；如果实际偏离规划，那么规划缺乏效力（Oliveira & Pinho，2010；Alfasi et al.，2012；岳文泽、张亮，2014）。还有一个考虑是，由于“新规划综合征”蔓延，人们大多仅关注规划编制，但对规划的实行情况和实际结果知之甚少，一致性评价能够一定程度上弥补这一不足，有助于增进对规划实施结果的认识（Laurian et al.，2004b；Brody & Highfield，2005；Gennaio et al.，2009）。

控制性规划一般由两个互补性的部分组成：其一，土地利用规划图或者分区图，用来确定未来各类用地的数量、布局及空间关系；其二，成文法规和条例，用来指导和保障规划实施（Alfasi et al.，2012）。相应地，基于一致性理论的空间规划有效性评价有两个基本关注点：其一，事实上的结果在多大程度上符合规划预期和图则；其二，规划所制定的实施方案、工具、措施在多大程度上促进了规划目标的实现（Alexander，2009）。

土地开发利用成为基于一致性理论的规划有效性评价的最主要研究对象，因为土地开发利用既是土地利用规划图和分区图最直接的管制对象，又能反映相当一部分包含在规划内的法规和条例（如住宅开发密度、生态环境保护措施等）的落实情况，为评估控制性规划的两个主要组成部分的执行情况提供了统一的观测平台（李王鸣，2007；Abbott & Margheim，2008；Dempsey & Plantinga，2013）。此外，控制性规划确定的许多目标、项目、工程（如基础设施建设等）最终都需要在落地的基础上才能实现，土地开发利用成为一致性评价绕不开的话题（Talen，1996a；桑劲，2013）。

一方面，以规划实施结果，特别是土地利用情况为评价对象，而不是以实规划施过程、决策过程和决策者为评价对象，使得基于一致性理论的空间规划有效性研究具有直观、客观、易操作的特点（Long et al，2012；岳文泽、张亮，2014）。另一方面，基于一致性理论的衡量方法也遭受了广泛批评：未来是不确定的，结果与规划完全一致几乎是不可能的（Wildavsky，1987）。虽然规划在制定之初可能确实代表了公共利益，但实际情况可能发生变化，公共利益内涵也会改变，固执于规划的严格实施可能失去原有的意义；而且，实际结果是由多种因素造成的，单纯的一致性评价不足于体现规划实施的实际影响和作用（Waterhout & Stead，2007；Oliveira & Pinho，2010；龙瀛等，2011）。因此，结果与规划不一致可能是根据外部因素变化作出的合理选择，也可能是规划或规划实施的问题，仅依靠一致性评价不能对上述两个不同性质的原因进行必要的区分（Loh，2011）。

三　规划效能理论

规划效能理论主要由声名卓著的荷兰规划学派发展而来（Faludi & Korthals，1994；Faludi，2000，2001，2006；Mastop，1997；Mastop & Faludi，1997；Mastop & Needham，1997；Lange et al.，1997；Driessen，1997），并形成了广泛影响（Oliveira & Pinho，2009）。这里的“效能”

（Performance）与传统公共政策评价中的“绩效”（Performance）有所差异[①]，后者主要关注公共项目提供产品和服务的质量、顾客的满意度和实施这一项目的公职人员的作用，并借此建立责任制（Blalock，1999）。

效能理论的建立者和倡导者认为，规划的目的在于为决策者提供认识和解决问题的分析框架（Needham et al.，1997；Berke et al.，2006）。未来发展是不确定的，规划编制人员也不是完全理性的，规划总是会有瑕疵或者会过时的。因此，不应谋求规划的严格实施（Waldner，2008）。规划实施过程中的效能体现在决策者了解规划并在决策过程中参考规划，规划对决策起到了指导作用或辅助作用，由此起到了改善决策的作用；规划参与决策，但规划不是决策本身，若有必要，决策可以偏离规划（Hopkins，2001；Altes，2006）。由此可见，与一致性相对，这一衡量标准更适用于引导性规划（Faludi，2000，2006；Oliveira & Pinho，2010）。

按照规划理论的代际进化趋势看，引导性规划及其相应的规划效能标准似乎更加迎合这一发展方向（王凯，2003；尼格尔·泰勒，2006）。例如，《美国亚特兰大区域发展规划》包含了许多水土保持、住宅用地开发等方面的土地利用管制措施，但不对所辖区域具有约束力，事实上地区规划也并未完全采用。但是基于亚特兰大部分地区的一个调查研究发现，区域规划提高了地区决策者对当地所面临问题的认识，并为如何解决这些问题提供了指导，特别是区域规划中包含的坡度、土壤质地、地质灾害高发区与泛滥区分布等数据为当地决策提供了信息支撑（Waldner，2008）。

规划效能衡量标准的不足主要在于实践操作的困难性（田莉等，2008；Oliveira & Pinho，2010）。考察对象比较隐蔽、抽象，评价结果很难量化，往往带有很大的主观性（对于在决策过程中参考了规

① 为了有所区分，笔者将空间规划有效性评价标准中的“Performance”译为“效能”，而非“绩效”。

划的回答，可能是决策者的片面之词，决策者也总能为背离规划的决策找到理由）。另外，很难区分规划内与规划外的影响因素（如对于决策能力的提高）（Carmona & Sieh，2008；Balsas，2012）。规划效能的可操作性问题加剧了规划有效性理论研究与实践的脱节（Khakee，2003）。此外，这一评价理论聚焦于规划实施过程中的一个个决策，可能很难得出总的结论（Faludi，1989），也容易忽视规划在经济、社会和生态等方面的终端影响和成效（Lyles et al.，2016）。

四 过程理性

过程理性的评价标准与规划效能理论相似，对背离规划的决策也是兼容的，认为有违规划的决策不一定就会损害规划有效性，但后者强调在决策过程中规划是被参考了的，并对决策产生了一定辅助作用。而过程理性似乎“走得更远”，其关注点完全集中于决策，规划当用则用，也可以弃之不用，决策正确与否才是最重要的，规划或执行规划，则是十分次要的（Alexander & Faludi，1989）。规划编制和实施过程是进行一系列决策的过程，决策是这一过程的中心，而非规划（Gross，1971；Faludi，1987）。

所谓过程理性，就是在规划编制和执行过程中，只要决策者的决策是理性的，即使违背规划，也会被认可；规划本身不是目的，正确的决策才重要。正如规划学者所说的，“如果规划什么都管，那么它也许什么都管不了”（Wildavsky，1973）。已有实践经验表明，规划师预测未来十年在技术上是近似可能的，但在政治上是不明智的，而且预测时难以兼顾阶层、种族、负外部性、房价等公众更感兴趣的议题（Lee，1973）。对于决策而言，规划的制定并不意味着一蹴而就，死板地执行规划是不可行的，后续决策往往需要根据现实情况作动态的调整和改变才能取得更好的结果（Andersen，1996；Dvir & Lechler，2004）。也就是说，需要“更为理性地作出公共决策和政治决策”（方澜等，2002）。毫无疑问，成功的规划实践依赖于富有成效的决策和行动过程（Friedman & Hudson，1974）。有学者进一步认为，规划本身及其执行应该被放在更加边缘的位置，弄清楚现实世界是怎么运行的、为什么会这么运行才是中心任务（McLoughlin，1994）。相应地，需要对目前规划实施评价广泛存在的“重目标、轻过程”的现象进行批判（李王鸣、沈颖溢，2010）；空间规划有效性评价的关注点和重心应置于规划执行过程，考察这一过程中的相关决策是否理性，是否相对于原规划方案而言更加优化和实用（周国艳，2013a）。

基于过程理性的规划有效性衡量标准具有一定的合理性。特别是在层级制中，不管是指导性规划还是控制性规划，下级单位执行过程中往往需要在结合本地实际情况和利益诉求后加以“改头换面”甚至摒弃原有规划、另辟蹊径的基础上，才能作出更具可行性的决策，否则在实施过程中可能会发生“水土不服”（Waterhout & Stead，2007；Waldner，2008）。

但这一评价理论也面临诸多批判，除了与规划效能评价理论拥有相似的不足（关注规划执行过程中的一个个决策，可能得不出一个关于规划有效性的总的结论）以外，还体现于以下两个方面。第一，关于何为“理性”的争议比较大。比如，有学者认为，是所选方案或决策优于其他（Faludi，1986）；也有学者提出是指在程序和方法方面符合特定的规范要求（Alexander & Faludi，1989）；有研究者认为，过程理性评价应考察决策是否优于规划、是否能够促进资源和利益的公平分配、是否有利于增进社会福利（周国艳，2013a；陈越峰，2015）；也有人认为，应该将其理解为政治理性，而非技术理性，决策过程中应当允许公众广泛参与、协商、妥协，形成最终意见（Linovski & Loukaitou-Sideris，2013；吴金镛，2013；Drazkiewicz，2015）。第二，规划有效性评价的主要目的在于了解规划究竟产生了怎样的实际作用与影响，而过程理性标准以决策为中心，对规划是“漠视”的，对于规划有效性评价而言有“离题”之嫌（Seasons，2003a）。

五　结果理性

有规划学者提出：结果与规划不符即说明规划无效，或者规划落实度与规划有效性无关，均是比较极端的；比较中庸的思想是，规划仍是重要的，但只要结果是有益的，那么违背规划也是可取的（Alexander & Faludi，1989）。基于结果理性的评价理论将规划实施的事后效益作为规划有效性的主要衡量标准，秉承了上述相对温和的立场。这里的“规划结果”不单指实施规划过程中直接产生的公共产品和服务（如按照规划修建了一个免费开放的公园），还包括规划预期内的和额外的成效（如社会不同阶层的群体对这一公园的可达性）与经济、社会、环境、生态、安全方面的影响（如这个公园对邻近地区地价、房价的影响），以及对提升规划管理部门和相关决策者工作质量与能力的作用等（Talen，1996a；Frenkel，2004；Norton，2005；Altes，2006；周国艳，2013a）。因此，这一标准与一致性理论相似，均以考察事后效益为中心，但后者更加严格，强调以规划为准绳。

基于这种立场的研究与运用，比如：学者对加利福尼亚所属地区地方土地利用综合规划（包含地震预防元素）实施效果的评价发现，执行该规划的社区确实在 1994 年北岭地震（Northridge Earthquake）中受灾程度相对较低，因而认定规划是有效的（Nelson & French，2002）；一些研究者提倡从规划实施结果和效益方面入手建立规划实施评价的指标体系（赵小敏、郭熙，2003）；有学者通过比较北京市城市增长边界内外的通勤人员的交通流量与方式等评价这一政策对控制城市蔓延的作用（Long et al.，2015）。土地利用规划对经济发展和房地产行业的影响也是一个比较热门的话题，比如有学者从土地利用规划对土地开发利用行为及其空间结构、土地市场、住宅市场、劳动力流动四个方面影响的研究进行了综述（Jae，2011）。

基于结果理性的评价标准有助于揭示规划所产生的实际影响和

作用（Alfasi，2012），但也面临很多问题。一是对“理性”的争议。一方面，对结果理性的含义本身就有争议；另一方面，规划涉及的利益主体是多元的，不同主体的利益诉求可能是不同的，甚至是相互冲突（如“邻避效应”）的，加剧了何谓理性的判断难度（Carmona & Sieh，2008；Ruming，2014）。二是如何区分规划与其他因素的影响。特定的物质开发空间结果和经济、社会、环境效果可能是多种因素造成的，规划可能只是其中的一个影响因子，区分起来是不容易的（Carmona & Sieh，2008；Laurian et al.，2010；Loh，2011）。三是忽视对过程的考察将导致“知其然而不知其所以然”，因而也就不利于通过规划实施评价达到改善规划实施管理的目标（Oliveira & Pinho，2009；周国艳，2013a）。另外，这一衡量标准与过程理性面临相似的问题：过于关注结果导致对规划实施的评价被边缘化。

六 其他衡量标准

（一）基于规划目标层次分解的评价方法

在早期的相关研究中，有学者建立了一套用代数表示的复杂的规划实施动态跟踪，评价理论模型（Calkins，1979）。在这套理论中，规划目标被划分成四个层次——“愿景—目的—目标—任务”（Slogan-Goal-Objective-Target），从愿景到任务，具体化和可操作化程度提高。以住房为例，相应从愿景到任务的目标层依次是：让所有人住得更好—每个住户都有一套住宅—规划期内增加一定数量的住宅—政府公共福利住房建造量和住房补贴额。他所建立的评价体系，囊括了不同目标等级从下往上的实现程度、预期内和预期外的规划影响状况，以及规划因子和其他影响因子的作用。但这一理论模型需要实时广泛地搜集大量信息，且有些目标并不一定能层级化，因而被认为过于理想化，至今未用于实践（Oliveira & Pinho，2010）。

（二）PPIP 框架

在综合相关研究的基础上，有学者提出了一个评价内容较为宽泛的分析框架——“政策—规划/项目—实施—过程”（Policy-Plan/programme - Implementation - Process，PPIP）框架（Alexander & Faludi，1989）。PPIP 框架包括五个具体标准：①一致性，决策、实际结果与影响在多大程度上与规划方案、规定和目标相符；②过程理性，即规划编制和执行过程中的决策行为是否遵照法定程序和方法；③事先最优，规划确定的方案、规定、措施等是否合理；④事后最优，从事后的角度考察规划确定的方案、规定、措施等是否合理；⑤采用率，规划是否被决策参考，并发挥了辅助决策的作用。这一框架内容全面、影响广泛，包含了前文述及的多个衡量标准，但缺乏实际可操作性，至今仍未被用于实证研究或实践（田莉等，2008；Oliveira & Pinho，2010）。

（三）“4E”评价法

“4E”评价法——效率、效力、经济性、公平性（Efficiency，Effectiveness，Economy，Equity），分别指代规划项目实施的耗时和投入产出状况、规划约束力与执行情况、实施成本，以及规划实施正负效应在不同社会群体中的分享/分担情况等方面的内容（Carter et al.，1992；Pollitt et al.，1999）。一些批评者认为，“4E”评价理论是以规划实施的直接投入—产出（事后产品和服务）为中心的，更加适合于评价普通公共政策，不能反映空间规划在其他方面（尤其是辅助决策方面）的作用和规划实施的最终影响，特别是预期外的影响（Carmona & Sieh，2004，2005；周国艳，2012）。

（四）交易费用

从新制度经济学的视角，一些学者认为，规划制度主要是为了降低相关决策与行动的交易费用（Alexander，2001）。新制度经济学的三个要点是产权、交易费用和基于个体有限理性选择行为假设的方法论，因此评价空间规划作为一种制度安排的实施效果，应当考察规划是否减少了土地开发建设活动中利益相关者的交易成本、是否有利于明确界定个体利益与权限，以及规划实施管理机制的有效性（Sager，2006；周国艳，2009；周国艳等，2010）。但这一衡量方法，一方面，不能很好地将社会、生态、环境等其他方面的规划效应与影响纳入其中；另一方面，搜集各个环节的交易费用是困难的，交易费用经济学本身还不成熟，很难定量化（Tan et al.，2012）。

第三节　空间规划有效性的评价方法

一　基于一致性的评价方法

（一）土地开发利用与规划的符合度

上文述及，土地开发利用情况是基于一致性的规划有效性评价的基本对象。在20世纪70年代，有学者最早尝试通过人工绘制单元格的方法，比较规划与物质空间开发的吻合度（Alterman & Hill，1978）。如果土地利用空间格局与规划是一致性的，即表明规划有效；反之，说明规划执行不力。之后，很多学者和实务部门沿用了这种方法。比如，有研究人员构建了总体符合度、边界开发率等指标刻画土地开发利用与规划的符合度（Han et al.，2009；韩昊英，2014）；有学者通过空间重心、空间扩张的分异性、空间布局吻合性三个指标衡量建设用地实际与规划的空间一致性（岳文泽、张亮2014）。慈溪市等地区对城市规划的实施情况进行评估时，也采用了类似方法（李王鸣，2007）。

（二）规划建设许可证发放情况与规划的符合度

建设规划许可证也被视为一致性评价的明智选择：对于地方政府而言，数据是现成的；数据的计算处理较为简便；便于不同地区的横向比较；直接反映管理部门和人员的态度与履职情况（Chapin et al.，2008）。比如，有研究通过规划建设许可证的发放情况评估英国一些地方规划保护自然名胜区和农用地的有效性（Blacksell & Gilg，1977；1981）；基于规划建设许可证的发放量对比环境敏感区内外新增住宅建设规模和住宅密度的变化情况，以此判断美国佛罗里达州地方环境规划的实施成效（Brody & Highfield，2006）。还有学者以1230份规划建设许可证申请案例的审核结果情况，反映香港绿带在促进城市紧凑发展中的作用（Tang et al.，2007）。

（三）不动产价值及其增值、税收情况与规划的符合度

有学者提出，税收情况能反映不动产开发与价值总量状况，并在案例研究中通过计算规划确定的滨海气象灾害区内外商业、政府、旅馆住宿业、商办、宗教以及住宅等用地的课税价值量，反映规划防灾减灾目标的实现度（Esnard et al.，2001）。还有学者认为，社区和地区层面不动产价值总量的变化、不动产的增值情况和相关税收情况，能够真实地反映一个地区土地开发的需求状况和土地利用方式和强度的变化状况（Chapin et al.，2008）。相应地，该学者通过对比这些数据在允许建设区内外的实际表现情况，检验旨在管控城市蔓延的综合规划的事后有效性。

（四）人口分布特征与规划的符合度

一般认为，如果规划是有效的，那么人口增长应当主要集中于允许建设区，限制建设区的人口总量应得到控制。基于这样的假设，有学者通过对比允许建设区与限制建设区的人口总量和人口增量情况来表现地方政府通过规划控制城市向农村地区和开放空间蔓延的有效性（Gennaio et al.，2009；Loh，2011）。另外，有学者认为当前的一致性研究过多地关注物质空间，而缺少对人口的流动性与活动的观察，并在案例研究中通过比较北京市城市开发边界内外通勤人员的交通流量与方式评估这一政策对控制城市蔓延的作用（Long et al.，2015）。

（五）规划措施的执行情况

已有一些研究利用规划措施的执行情况反映规划落实度。比如，

有学者从广度和深度两个角度考察了新西兰地方规划关于暴雨防控和公共服务设施等方面政策措施的落实情况。其中，广度以规划中确定的且已使用过的政策占规划所用政策的比例表征，深度用某项政策的使用频率表征（Laurian et al.，2004b）。还有学者比较了新西兰六个地区对规划制定的多项暴风雨防灾减灾措施的采用情况（Berke，2006）。

（六）各类规划指标的完成情况

国外主要评估城市规划确定的住宅开发量的完成情况。比如，有学者考察了荷兰空间规划制定的1995—2005年新增456959套住宅的实际完成状况。还有一些规划为了促进城市紧凑发展和旧城复兴，会要求特定比例的新增建筑必须建造在现有建成区以内（Altes，2006）。国内有关研究，则主要探讨耕地保有量、新增建设占用耕地、建设用地总量、人均建设用地等约束性指标的执行度（廖和平等，2003；王婉晶等，2013；Zhong et al.，2014）。

二 基于规划效能的评价方法

基于效能的空间规划有效性评价理论一直饱受缺乏可操作的实施方法的困扰（Oliveira & Pinho，2010）。少量研究提出了评价框架，但缺乏实践的检验。比如，有学者认为以下情行可以认定规划是有效能的：①决策参考了规划且完全与规划吻合，且这种吻合不是巧合；②决策与规划不符，但违背规划的决策是经过深思熟虑的，有充足的正当理由；③规划为决策者分析（违背规划的）决策的事后可能结果与影响提供帮助；④决策频繁地偏离规划，但规划不断被检讨，规划目标仍被作为行动的出发点（Faludi，1989）。还有学者提出，规划效能评价比一致性评价困难得多，有必要采取三步走战略：①识别那些规划应当发挥效能的决策；②分析决策过程中的相关承诺、评论，以及采取该决策的理由、正当性；③分析规划是否为决策者提供了指导或者辅助作用（Faludi & Korthals，1994）。

此外，研究者认为，规划产生效能必须符合三个条件：①必须把规划功能定位于辅助决策，为决策提供分析问题的框架；②确保规划与接下来的决策是持续相关的，规划是决策的一部分，而不是被束之高阁；③规划在决策过程中起到了实质性的辅助作用或指导作用（Mastop & Faludi，1997）。还有学者针对规划有效性评价所面临的诸多难题，尝试构建了一个包括12个基本元素组成的规划实施效能分析框架（Carmona & Sieh，2008）。

已有的极少量的实证研究主要是结合问卷调查、档案调查、会议纪要与相关记录调查、访谈（对象一般是决策者）等的定性分析，且多是片断性的，仅抓住了规划实施过程中的个别重要决策。如有学者叙述性地分析了《阿姆斯特丹总体扩展规划（1935）》（*1935 General Extension Plan of Amsterdam*）实施过程中的主要相关决策是否与规划一致、不一致的原因及其正当性，以评估这一规划的有效性；该学者认为第二次世界大战后决策普遍背离规划的主要原因是实际情况发生了很大变化，因此认定规划在一定程度上（至少曾经是）起作用的。[①] 还有学者采用类似方法分别对我国第二轮全国土地利用总体规划（Zhong et al.，2014）和美国100个地区防灾减灾规划（Lyles et al.，2016）的实施效能进行了评价。此外，有人结合荷兰、比利时、德国、英国等国相关主管部门的讲话记录和访谈，分析当地相关决策是否参考、遵循或者违背《欧洲空间发展战略规划》及其违背的原因（Faludi，2004）；还有人通过访谈政府部门职员、议员、规划委员会委员、开发商、中介机构人员、环保主义者等，了解规划在决策过程中的作用以及违背规划的决策的理由（Millard-Ball，2013）。

---

① 转引自 Faludi Andreas，“Conformance vs. Performance：Implications for Evaluation”，*Impact Assessment*，Vol. 7，No. 2-3，1989，pp. 143-146.

三 理性主义与实用主义

理性主义与实用主义，与其说是评价方法，倒不如说是方法论。在进行空间规划有效性评价时，理性主义者会追求“如何确保答案是明确而又准确无误的”，实用主义者会问自己“为了解决这个现实问题，我还需要获得什么信息和知识”（Hoch，2002）。理性主义强调通过可靠的方法、模型、工具精准地识别和量化规划的作用与影响，严格区分规划与规划外影响因子的作用；对实践中的化约主义、“避难就易”现象提出了批评，认为这不足以了解复杂世界中规划的真正作用和影响（Carmona & Sieh，2005；Chapin et al.，2008；Alexander，2009）。理性主义实际上是一种技术导向的评估哲学，注重定量分析和结论的精确性，较少使用或避免使用定性分析，力图通过构建一种可明确量化的数理模型来评估规划实施效应，其所倚重的方法有成本效益分析、准实验研究设计、多元回归分析、投入产出分析、运筹学、数据模拟模型和系统分析等（费希尔·弗兰克，2002；欧阳鹏，2008）。

比如，有学者提倡采用高度整合的、定量的理性模型评价规划实施（Khakee，2003）；研究者通过复杂的模型计算了英国土地利用规划对地价的影响及其毛收益和净收益在不同收入水平群体中的分配状况（Cheshire & Sheppard，2002）；有人模拟了韩国首尔市在没有实行绿带政策的情况下人口密度、就业密度等方面的可能状态（Bae & Jun，2003）；还有学者通过建立多元回归模型力图准确地揭示新住宅开发建设的影响因素，以找出影响美国波特兰城市增长边界效力的原因（Jun，2004）。

理性主义的批判者提出，理性主义一方面显著增加了实践的难度，另一方面往往导致规划实施评价只能聚焦于规划的某个部分或者某个规定，不可能包罗万象（Pearce，1992）。理论研究对理性主义的追求很大程度上造成了规划实施评价理论与实践的脱节（Oliveira & Pinho，2010）。基于实用主义的观念认为，规划实施的有效性评价应当首先明确为什么要评价、针对什么去评价以及评价结论用于什么目的，在明确这些之后，就缩小了评价范围、内容，只需建立权宜性的指标、能够达到评价目标即可，没必要对规划进行全面、系统的评价（Hoch，2002；Alexander，2005；吴江、王选华，2013）。例如，有学者提出，选取的指标应当易于理解、操作和类比（Coombes et al.，1992）。另外，实用主义认为，实务部门并不苛求评价结论的精确性和严格的定量化，有时候大致准确和基本与事实一致的结论也能为实践产生足够的指导作用，同样能够达到评价目的（Mayne，2001）。

总的来说，实用主义者强调进行规划有效性评价是带有一定目的性的，只要围绕这一目的展开即可，在确保评价结果有用的基础上允许降低精确性、系统性，以减少实施评价的难度和成本（Seasons，2003b；Oliveira & Pinho，2010）。

四　其他评价方法

成本收益法（Cost-benefit Analysis）。这一方法最初被用于评价美国联邦水资源保护和开发利用项目和英国的交通基础设施建设项目，随后被用到各类公共项目和行动，也包括规划（贺雪峰、郭亮，2010；钱欣等 2010）。相关学者认为，成本收益法具有以下优势：这一理论是现成的，关于如何运用的研究和实践比较丰富，试图反映所有人的价值，各种影响的分类方法和计算结果通俗易通（McAl-lister，1982）。

有学者在 20 世纪 50 年代提出了规划平衡表分析法（Planning Balance Sheet Analysis）。这一方法继承了成本收益法的基本理论和方法，且至少在两方面有所提高：一是将不可量化的影响囊括进来，二是记录所有规划相关的成本和收益，以及不同社会群体和个人所受的影响（Oliveira & Pinho，2010）。但这一方法过于抽象；对个人利益的评估是基于经验的，缺乏认同，且包含很多主观的单位概念；有些人可能具有多重属性，即同时属于多个群体（Hill，1968；

Shefer & Kaess，1990）。

为了改正已有评价方法，特别是成本收益法、规划平衡表分析法的一些不足，有学者继而提出了基于目标实现度矩阵（Goals-achievement Matrix）的评价方法（Hill，1968），并被用于英国一些城市规划的实施评价。这个评价方法的主要特点是，按照规划目标和不同人群对规划的各种事后影响进行分组，并整合了难以市场价值化的影响因素。其主要步骤包括：将规划目标和任务进行重新定义，以便于进行衡量；确定不同目标的权重，以区分不同目标的重要性；衡量规划目标对于不同社会群体的实现度；合计各个目标的实现度水平，形成一个指数，并考察公平性问题（Hill，1968；Oliveira & Pinho，2010）。批评者认为，这一方法过于注重目标，以至于忽视了规划本身；很多规划作用是由目标推演来的，降低了结论的客观性；这一方法十分复杂，且对目标设置权重是不明智的（Chadwick，1971；郭垚、陈雯，2012）。

另外，还有环境影响评价法、社会影响评价法和社区影响评价法等。但这些一般都只关注规划个别方面的最终作用或影响，既不全面，也不考察规划实施过程（Lichfield，1996；周国艳，2012，2013b）。

此外，有很多学者开发建立了空间规划实施评价的综合指标体系，被称为多项指标评价法。国外的有关研究，诸如：有学者建立了包括规划编制投入、规划目标、规划任务、规划实施投入、实施过程分析、直接产出、直接影响、最终产出、最终影响、额外影响、反事实（如果没有规划，实际将会怎样）等在内的 15 个指标组成的指标体系（Morrison & Pearce，2000）；还有学者建立了从规划编制过程、规划质量到实施过程与结果在内的 10 个指标（Oliveira & Pinho，2009）。国内的研究，诸如：赵小敏和郭熙（2003）构建了由社会公众认知度、投入产出率、环境改善率、劳动生产提高率、完成性指标、限制性指标、违反规划事件指标等组成的评价指标体系；郑新奇等（2006）构建了由规划执行效果、实施有效性、实施手段、社会认知、实施效益方面的五个大类指标 30 个具体指标组成的评价体系；夏春云和严金明（2006）构建了由政策执行、土地利用程度、实施效果和影响、实施效益方面的四个大类181个具体指标组成的评价体系；凌鑫（2009）从土地供需综合平衡、土地利用结构优化、土地利用效益、公共参与程度、规划实施守法方面的五个大类指标入手，构建了包含23个具体指标的评价体系；吕昌河等（2007）建立了由生态保护、土地退化防治、耕地资源保障等方面的五个大类指标11个具体指标构成的土地利用规划环境影响评价框架。

第四节　空间规划有效性的影响因素

一　规划质量

不少学者认为，好的规划是规划实施效果的基础，以至于一个时期内，规划人员和学者都把注意力和精力放在规划评估上而一定程度上忽视了规划实施评估（Talen，1996b）。规划的原始数据来源是否准确，所采用的编制技术和方法是否科学，对未来的预测是否科学，设定的目标是否合理而又清晰明确，所制定的政策、措施和手段是否合理、充分且有助于实现规划目标，规划的逻辑是否顺畅、前后有无冲突，规划方案是否可行、规划与其他政策法规及不同规划之间是否兼容、不同层级之间是否衔接、是否正确处理弹性与刚性关系等共同决定着规划的质量，最终将影响规划的执行度和实施效益（Mazmanian & Sabatier，1989；Nelson & Moore，1996；方创琳，2000；宋彦等，2015）。

有学者对建立的规划质量指标与基于一致性的规划有效性进行相关性检验发现，相关性大多在0.01显著性水平上显著，特别是那些包含专业、确切的环境保护规定和实施措施的规划执行度最高（Brody & Highfield，2005）。还有学者发现，一些规划过于乐观地估计了人口增长趋势，导致城市允许建设区范围划得过大，削弱了其管控作用，反而刺激了住宅的低密度开发（Millward，2006；

Gennaio et al.，2009）。另外，基于国内的案例研究发现，广州市城市总体规划中一些确定为工业用地的地块实际上被国土部门划为基本农田了，因而导致规划无法实施。这些均反映了规划质量的重要性（Tian & Shen，2011）。

二　规划制度

规划的法定效力。上文提到，目前规划有两种基本类型：控制性规划和引导性规划。对于前者，有学者认为，控制性规划具有法律赋予的权威性和较强的约束性，但弹性和灵活性不足，很可能使规划不能得到很好的落实（Searle & Bunker，2010b；Wildavsky，1987；Bontje，2003）。对于后者，将规划定位于指导和辅助决策，而不具有强制性，决策者或者是决策群体拥有充分的自由裁量权，可能反而更加符合现实需要（Faludi，2006；Albrechts，2006）；但也有人认为，地方政府和其他决策者可能会为了局部的眼前利益而牺牲长远利益，拥有过多的裁量权和可变通性可能降低规划在保护生态环境、自然资源、开放空间等维护公共利益方面的效力（师武军，2005；Alexander，2014；Cheng et al.，2015）。比如，有学者对北京市和台北市城市增长边界的有效性进行对比研究时发现，前者的城市增长边界仅是空间规划的组成部分，而台北市的城市边界则是成文法规，法律效力更高，因而实施效果更好（Wang，2014）。臧俊梅和王万茂（2006）也认为，我国规划的“准立法”地位未确立、未形成土地利用规划法律体系，以及现行相关法律重原则而缺乏具体规范作用等是制约规划发挥实际影响的重要原因。

规划编制过程中的公众参与。大部分文献认为，规划编制和执行过程中广泛和实质性的公共参与能够有效提高规划的执行度，主要原因体现在以下几方面：一是公众参与能够保障公共决策的民主，至少在情感上照顾到公众，提高规划的接受度；二是规划成为充分讨论、协商的结果，提高了规划的社会认可度；三是公众参与有助于增加信息源和集思广益，提高规划的科学性；四是有利于提高公众对规划的认知、理解和规划意识，有助于他们践行规划；五是公众因此可能成为监督规划实施的重要力量（Faludi，2000；2001；2004；孙施文、殷悦，2004；Nut，2007；Waterhout & Stead，2007；Iacofano & Lewis，2012）。过去几十年，公众参与已成为西方国家规划活动的中心内容（Laurian & Shaw，2009）。

但也有学者提出，由于文化、政治体制、发展阶段、所面临问题等方面的差异，我国没有必要照搬西方规划过程中的公众参与强度，集权更加高效（朱介鸣，2012）。也有一些人认为，公众参与可能降低决策效率，一致意见在事实上是难以达成的，邻避效应可能使一些公共利益项目计划夭折，因而“回归集权”“有限公众参与”“有选择的政府干预与主导”等类似理念又重新抬头（Crowley & Coffey，2007；Jackson，2009；Searle & Bunker，2010a；2010b；Ruming，2014）。

规划的动态实施管理机制。建立相应的机制对规划实施情况进行动态跟踪评估、总结，根据现实情况和需要动态地周期性或非周期性地调整和完善规划和规划实施的方式方法及其保障措施、进度安排等，会正向影响规划的有效性（Brody & Highfield，2005；顾大治、管早临，2013）。

另外，规划实施的保障措施，如资金、组织条件，奖惩机制等（Victor & Skolnikoff，1999；邓红蒂、董祚继，2002；Calbick et al.，2004）；规划的执行方式属于强制执行还是在交流、协商、合作的基础上执行（冯雨峰、陈玮，2003；Berke et al.，2006）；规划编制和执行过程中上下级政府之间的层级关系类型属于上级控制主导型、下级自主型，还是平等协作型（Faludi，2004；Waterhout & Stead，2007；Pinel，2011；党国英、吴文媛，2014）等也可能会影响规划的最终有效性。

三　规划责任部门

对规划的忠诚度。规划质量虽然重要，但好的规划不会自动变成现实（Talen，1996b）。地方政府和规划部门在编制和执行规划过程中起着关键作用（Waldner，2008）。由于规划可能是和地方政府的利益相冲突的，或者规划的实施不能增进地方政府的局部利益，那么地方政府对规划的忠诚度就比较低，可能不愿意执行规划，甚至有意违背规划（Logan & Molotch，1987）。特别是在中国，廉价征收的土地是地方政府增加收入和招商引资的重要工具；空间规划以控制城市蔓延和保护耕地为重要导向，无疑会与地方政府的利益发生激烈冲突，从而影响其执行规划的意愿和力度（谭荣、曲福田，2006；周飞舟，2007；Li，2014；折晓叶，2014）。“规划规划，不如领导一句话”充分体现了地方政府态度对规划落实情况的影响能力（吴良镛，2002）。还有研究提出，地方政府“保增长”优先于“保耕地”，是土地利用规划屡屡被突破的内在原因（Qian，2013）。

规划执行能力，体现在相关部门人力、财力和技术手段等方面。郭亮（2009）认为，不管是规划编制、实施还是管理，均需要足够的时间、资金、人力和技术等可支配资源，还需要获得政治保障和社会资源支撑。师武军（2005）提出，我国规划管理人员缺乏、业务水平还比较低、规划管理手段落后、新技术没有得到广泛应用是造成我国空间规划执行不力的重要原因。为此他提出，必须加强机构和队伍建设，充实管理队伍，加强规划部门职员的法制教育和能力建设，提高相关人员的规划意识和业务能力。此外，政府部门之间的协调能力和合作状况也会作用于规划的实施（臧俊梅、王万茂，2006）。还有学者以新西兰地方环境规划的实施情况为例证明，对规划部门人员能力的投资建设能够在长远意义上提高规划部门的执行能力（Laurian et al.，2004a）。

组织文化——管理人员和职员是否目标统一、立场一致，并积极地执行规划，主动地调整和改善规划，勇敢地承担相应的风险和可能的失败，认真地总结经验教训和学习新知识等，对于发挥规划的实际作用也是十分重要的（Peters，1996；Poister & Streib，1999；Seasons，2003b）。周建军（2004）认为，规划部门的不作为、乱作为是导致我国规划执行不力的重要原因。另外，一个享有便宜行事权力和富有管理才干的强有力的领导者或者领导群体对规划的落实可能是大有裨益的（Margerum，2002；Butler & Koontz，2005）。

四　规划相关者

规划制定以后需要得到土地产权人、开发商、其他利益相关主体、公众和社会组织等的认可、支持、配合和遵守才能最终得以落实（Joseph et al.，2008）。为了得到他们的支持，在编制规划、执行规划过程中往往需要公众广泛参与、充分协商，达成一致或经过表决。政治理性被认为重于技术理性，规划师首先应当是一名优秀的社会工作者或调解员，沟通式规划和合作式规划相应盛行了起来（Margerum，2002；阮并晶等，2009）。有学者调查发现，虽然悉尼民众都认可为了容纳持续增长的人口和控制城市蔓延而采取措施提高建成区建筑密度、促进城市紧凑发展的规划思路，但一旦确定项目选址时，常常遭到附近居民的激烈抗议，导致难以落实规划（Ruming，2014）。还有学者发现，中国一些村庄的农户在村庄整治过程中进行了自我组织、协商规划、民主决策和共同建设，这种发挥农户主人翁作用的制度创新为耕地保护、农业发展和新农村建设提供了重要支撑（Li et al.，2014）。

由于社会主体、市场主体等各相关者扮演着规划实施的重要角色，他们的执行力将影响规划实施效果（Joseph et al.，2008）。产权人、开发商等是否具备足够的资金、技术、信息、专业职员，以及其他所需工具等会左右他们对规划的落实（Albert et al.，2004；Calbick et al.，2004）。有学者研究发现，在合作性规划过程中，相关主体的利益冲突得到调解，关系得到强化，技能、知识得到提高，从而促进了规划的顺利实施（Drea et al.，2010）。还有学者以每个规划建设许可证与规划的符合度得分为因变量，通过多元回归分析发现，开发商的知识、能力、承诺和经验等变量对因变量存在显著影响（Laurian et al.，2004a）。有些土地产权人和开发商并不具有专业知识和能力，他们所倚重的顾问和中介机构的经验、能力和作为直接影响了他们对规划的执行状况（Waldner，2008）。

为尽量赢得相关市场主体和社会主体的支持，一些学者认为有必要把握规划的一些技巧（或者说原则）：尽量减少受规划影响的人数，尽量少地要求改变和限制相关者的行为，尽量避免在类似相关者间提出不同的要求和期望（Mazmanian & Sabatier，1989；Albert et al.，2004）。也有人担忧，让相关利益主体享有实质性的决策权可能造成规划只为部分人服务，损害其在保护生态环境、自然资源等非市场价值的长远利益方面的作用（Gunton et al.，2003）。特别是其中的一些有影响力的相关者，对规划实施的作用不可小觑（陈西敏，2012；Fahmi et al，2015）。比如，有研究发现，地方政府在要求一些重要外资企业、国有企业和特殊用地使用者（如军事机关）按照规划开发利用土地时，往往难以取得实效（Qian，2013）。

五　外部影响因素

（一）地区经济社会等基础背景状况

社会、经济和政治等方面的外部背景性环境对规划的成功实施具有基础性的作用（Albert et al.，2004）。经济因素和人口因素及其动态演化状况是最为重要的影响因素之一（Carruthers & Ulfarsson，2002；Brody et al.，2006b）。有学者认为，我国正处于快速发展期、社会转型期和改革巨变期，现有的刚性规划无法适应这种高度不确定性，导致规划普遍失效（Tian & Shen，2011）。也有学者认为，地方文化传统、规范、价值，及其在此影响下形成的对规划的态度，不仅会影响规划编制，还会影响规划实施（尹稚，2010；Othengrafen & Reimer，2013）。

（二）区域化和全球化

在区域化和全球化的背景下，产业转移，文化渗透，城市间的联系、合作与竞争等空前强化，任何城市都难以独善其身（Scott &

Storper，2003；刘志彪、吴福象，2006；Li，2012）；而土地利用、环境保护、城市发展等诸多议题既受区域化、全球化的影响，又需要在区域甚至全球合作的框架内才能得到更好的解决（Crot，2006；李红卫等，2006；Lambin & Meyfroidt，2011）。因此，空间规划面临更加复杂的环境，对规划编制、实施、管理等提出了更高的要求（阎小培、方远平，2002；章光日，2003）。

例如，欧海若等（2003）认为，全球化进程导致国土规划的不确定性增大、地域边界弱化、职能中心迁移和运行的市场化，传统规划范式已不能适应新要求，必须对规划的战略取向、控制模式、编制方式和实施策略等进行系统变革。朱查松和张京祥（2008）认为，全球化是一个非均衡过程，规划被赋予公共政策和提升竞争力的双重功能，需要承担起对内解决问题、对外参与竞争的双向职能。有学者提出，由于不能在协调利益冲突、减少分歧、加强联合执行管理、促进有机整合、提高法定约束力等方面取得有效进展，美国曾经雄心勃勃、风靡一时的区域规划与治理运动在20世纪80年代几乎销声匿迹（Pinel，2011）。

（三）重大事件

比如，一些学者认为，第二次世界大战的爆发毁灭了《阿姆斯特丹总体扩展规划（1935）》赖以执行的基础条件，最终导致该规划形同虚设（Alexander & Faludi，1989；Mastop & Faludi，1997）。在我国，不少研究发现，昆明世博会、南京全运会、北京奥运会、上海世博会、广州亚运会等大事件对所在城市的经济社会发展、各类用地的需求与开发、城市建设、空间结构与布局等均产生了十分深远的影响（陈建华，2004；Zhang & Wu，2008；陈浩等，2010；倪尧，2013），干扰了规划实施，甚至为了不妨碍这些大事件的顺利推进，规划成了一纸空文（张杰、庞骏，2011；Qian，2013；Gaffney，2013）。

（四）制度环境

空间规划内容综合，涉及经济、社会、生态、政治等方方面面。因此，规划有效性易受总体制度环境的影响。党国英、吴文媛

(2014）提出，产权制度、市场机制和土地管理体制是相互依存的，我国土地产权不清晰、土地市场不成熟等会制约规划制度的总体绩效。不少学者认为，我国注重经济成就的政绩考核体制、财权与事权不协调的财政体制等都会刺激地方政府鼓励城市扩张，影响规划在保护耕地和提高城市土地利用效率中的作用（谭荣、曲福田，2006；孙秀林、周飞舟，2013；折晓叶，2014）。当前的城乡二元土地制度和征地制度则为上述行为大开方便之门（罗必良，2010；陈小君，2012）。政出多门、多头管理及规划之间协调性不足也会影响规划的权威性和实施程度与效果（顾朝林，2015）。民主决策机制、社会监督机制的落后同样不利于提高规划的约束力（俞滨洋，2008）。

第五节　已有研究述评

一　理论与实践尚存隔阂，国内与国外尚有差距

规划有效性理论研究的目的在于了解规划的实际作用。学者从规划的本质入手，进行深刻的理论探索，建立复杂的评价框架，甚至引入玄妙的数学模型，力求全面、精准地揭示规划的事后效果。而规划有效性评价实践的目标在于结论的有用性，即将评价结果服务于后续决策及向公众证明规划价值。实践者奉行实用主义，在保证结论有用性的基础上尽量降低实施难度与成本。因此，理论成果往往不为实践采用。这也必将反过来阻碍理论研究的深入发展。

此外，现有的主要研究成果，包括理论、方法等，多是由西方学者构建和逐步完善起来的。实践层面，部分西方国家，如英国，已经建立了规划实施评价的制度规范体系和考核办法，并稳步地在地方政府开展实施。而国内的研究和实践还相对滞后，尚处于探索阶段，既需要借鉴国外研究和实践成果，也需要结合本国特点加以改造和创新。

二　有效性判断的理论依据问题是规划有效性研究的核心难题

文献综述第一部分总结了当前规划有效性评价所面临的九大难题，这些难题是困扰规划有效性研究和实践的重要障碍。可以发现，“如何判断规划实施的成功与失败”，即规划有效性的衡量理论问题是这些难题中最为关键性的。一旦找到合理的有效性衡量标准，并建立合适的方法测度这一衡量标准，对于解决“规划可能经常调整”“评估时机问题”“规划效果与影响的广泛性”“理论研究与现实需求脱节”“由谁来评价”“数据的可获得性问题”等其他所列难题也将大有裨益。反之，绕过这一难题，而着眼于其他难题，将是费力的，也更有可能是盲目的。

一致性理论和规划效能理论是目前最主流的两种评价理论，各具优势与不足。我国的空间规划大多具有控制性和引导性相结合的特点。在融合一致性理论和规划效能理论基础上建立的综合评价框架可能为解决规划有效性衡量标准难题提供一种可行的思路。

三　已有空间规划有效性测度理论既对立又联系

一致性理论适用于强控制性规划；规划效能理论适用于引导性规划，视规划为辅助决策工具；过程理性和结果理性分别强调决策和事后效益的重要性，规划是可用可不用的。这些评价理论各有优劣，也存在一定联系。分别以一致性与规划效能、过程理性和结果理性为例，说明各自的联系与区别，如图 2-1 所示。

图 2-1（a）中，规划有效性的效能衡量标准与一致性衡量标准的重合部分 B 表示规划不但被参考并发挥了决策辅助作用（实现了规划效能），而且被严格落实了（导致实际与规划的一致性）；A 表示规划在决策过程中发生了作用，但决策是偏离规划的，导致不一致性；C 表示规划在决策过程中发生了作用，且决策也是遵循规划的，但由于其他原因，结果与规划是不一致的；D 表示虽然实际与

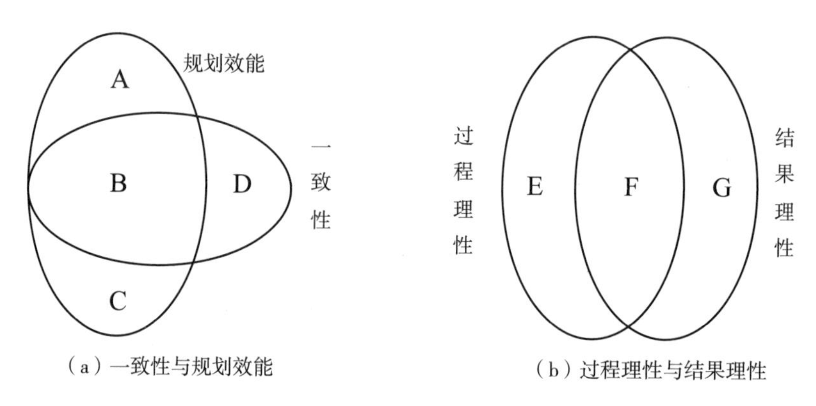

图 2-1 一致性与规划效能、过程理性与结果理性的联系与差别

规划是一致的，但规划在决策中并未发生作用，即一致性只是一种巧合而已；A、B、C、D 以外即规划在决策中未发生作用，实际与规划也是不符的。图 2-1（b）中，E 代表过程是理性的，但由于其他原因或者价值追求的改变导致结果并非理性；F 代表过程和结果都是理性的；G 表示过程不理性，但结果是理性的，可能是由于价值追求的改变，也可能是"歪打正着"。当然，还有一个可能原因是，对于过程理性和结果理性的"理性"含义，理解不尽相同。

实际上，一致性、规划效能、过程理性和结果理性之间均存在交集。比如，一个规划中某些决策可能是科学的，遵循这些决策，既为后续决策产生指导作用，又符合过程理性，同时产生的结果是令人满意的，也是与规划一致的。这也是为什么学者和规划人员重视规划质量、认为规划质量影响规划有效性的原因。这些评价理论的各自优势和相互联系是实现理论融合的必要性和可行性所在。

四 空间规划有效性评价理论的具体测度方法有待完善

已有研究提出了一些有借鉴意义的评价方法。特别是一致性理论下的具体评价方法形式多样，且具有较高的可操作性。但仍存在一些不足，比如，对比土地开发状况与规划的空间一致性是国内外最为常用的方法，目前大多研究仅以土地利用现状与规划作静态比较，很少动态地考察符合度的演变状况；借鉴城市蔓延理论，填充式违规（违规建设用地被合规建设用地包围）、邻接式违规（违规建设用地与合规建设用地相接）、蛙跳式违规（违规建设用地与合规建设用地不相邻）对规划有效性的损害度应当有所区分，但这是被现有研究所忽视的。规划效能的直接评价方法目前仅限于结合访谈和问卷的定性描述，很多评价框架并未用于实践。对于过程理性和结果理性的衡量标准，一方面困于对“理性”的准确定义，另一方面缺乏系统的评价方法。因此，继续创新和改良空间规划有效性衡量理论的具体评价方法依然是十分有意义的。

五 空间规划有效性影响因素研究仍有继续充实的空间

专门探讨规划有效性影响因素的文献并不多见，国外已有少量文献结合实地调查和案例研究阐述规划成功或失败的原因。虽然外文文献中也有部分提及地方政府、层级关系、规划管理部门的作用，但由于土地产权制度、规划体制及政府、市场与社会之间的关系等方面的差异，他们更多地把注意力放在土地产权人、开发商、规划质量以及规划编制过程和实施过程中的公众参与度等方面的影响。国内的相关研究主要侧重于地方政府和相关制度。这虽与我国的国情相关，但随着土地产权人维权意识的提高、市场的完善，以及一些有实力的开发商、工业企业等对地方政府决策影响力的增强，国内同样需要关注相关社会主体和市场主体的作用，以更加全面地认识规划实施过程中政府、市场与社会之间的关系。

第六节 本章小结

对国内外相关研究进行梳理和总结，有利于了解研究进展、借鉴研究成果和发现研究不足，从而提出本书的研究切入点。本章首先总结了规划有效性评价研究所面临的主要难题，包括不同规划目标之间的冲突性、规划可能经常调整、评估时机的选择、规划影响的广泛性、理论研究与实务需求的脱节、如何判断规划是否有效、如何区分规划与规划外影响因素的作用、评估所需数据的可获得性等问题。对规划有效性评价理论与方法的梳理显示，当前一致性理论和规划效能理论是两种最为常用的规划有效性评价的判断标准。此外，本章还回顾了有关规划有效性影响因素的研究进展。

本书认为，规划有效性判断的理论标准问题是规划有效性研究的关键难题，并关系到其他难题的解决。已有研究提出的规划有效性评价理论各有优势和合理性，但也存在着显著的缺陷和具体测度方法的不足。同时，不同的理论之间也存在一定的内在联系。这表明了通过整合已有理论研究成果建立综合性的空间规划有效性分析框架的必要性和可行性。

第三章

空间规划有效性研究的理论分析框架

由前文可知，空间规划有效性研究是滞后的；在诸多推进规划有效性研究的挑战性障碍因素中，判断有效与否的理论依据是关键性的。一致性理论和规划效能理论分别适用于控制性规划和引导性规划，是目前影响和运用最广泛的规划有效性评价理论。两者各具优缺点，对于同时具备控制性和引导性特征的规划而言，有很强的互补意义。在当前的研究进展下，一方面，一致性的具体测度方法仍有不足，规划效能的内涵有待清晰阐释、其分析方法亟须重构优化；另一方面，结合运用一致性和规划效能的研究与实践十分匮乏。另外，一致性理论和规划效能理论均不能有效回答空间规划有效性评价的一个重要问题——规划目标的实现状况如何，也不能充分解决空间规划有效性评价的一个关键难题——决策或结果与规划方案不一致情形下如何评价规划的角色与作用。本章的主要安排是：对空间规划进行再认识，为后续规划有效性评价的理论研究提供指导；提出一致性测度的改进方法，明确规划效能的本质并建构其评价方法；在此基础上，引入规划实施的事后效益评价，通过整合一致性评价、规划效能评价和事后效益分析建立空间规划有效性的理论分析框架。这一涵盖决策过程、实施结果和事后效益的综合性分析框架能够较为全面地反映规划的实际影响与作用。

第一节　对空间规划功能定位的再认识

了解规划是否发挥了应有的作用和功能是规划有效性评价的重要目标。上文虽然综述了控制性规划和引导性规划两种重要规划类型，仍有必要进一步明确空间规划的基本功能定位，以为建立空间规划有效性测度的理论与方法提供依据。目前学界提出的规划基本功能，可以概括为以下方面。

一　弥补市场失灵

主张这一观点的学者认为，市场和规划是配置资源的两种重要方式（Carter，2009）。与一般商品市场相比，土地市场具有很大的特殊性：土地位置的固定性导致土地是不可复制的；土地的用途在一定程度上是不可逆的，转变土地用途会花费较高的成本，具有用途专用性；土地开发利用决策具有低模块性（决策之间高度联系、相互影响），市场/社会主体重视区位条件，每一块土地都是邻近地块区位条件的构成因素，因此，土地利用具有很高的外部性；土地具有保值增值的功能，土地不是一种普通商品，而是一种重要资产；土地是一种重要公共物品或者公共物品的基本载体，完全依靠市场会造成与土地相关的公共物品供应不足（Hopkins，2012；文贯中，2014）。

由于这些特殊性，土地市场更容易失灵，而且使庇古逻辑、科斯逻辑等事后、事前干预手段失效（张舟等，2015），需要依靠规划约束土地产权和土地开发利用（Alexander，2014）。比如，通过预留和布局一定数量的土地用于满足公共物品供给的需要；对土地用途和开发强度设置某些限制性条件，以降低负外部性；通过规划限制或放活土地的资产功能，提高土地利用效率等。但规划不是取代市场，而在于彼此间的合理分工（丁成日，2007）；朱介鸣提出规划成功的关键在于处理好政府与市场的关系，规划应更多关注公共问题，为市场开发建设提供规则和次序（王文新等，2012）。

二　维护和促进公共利益

规划权被视为一种公权力或者警察权，而以维护和促进公共利益为宗旨，正是规划能够限制私有产权的正当性和合法性所在（Schoop & Hirfen，1971）。如为了应对城市蔓延带来的侵蚀良田、破坏生态、传播污染、社会问题、高财政成本等一系列问题，美国下至地方与区域、上至州政府，出台了一些规划与政策来管理城市增长，比如政府征购、城市增长边界、土地利用分区和综合规划等（Bengston et al.，2004；Jun，2004；Abbott & Margheim，2008）。

这部分规划中，很多被赋予法律效力和强制约束力，以确保规划在自然资源、生态环境保护和住房保障、防灾减灾、公共物品供给等方面的公共利益目标的实现，美国威斯康星州的很多规划师和律师甚至声称“如果没有编制和实施综合规划，市政府将丧失警察权”（Ohm，2015）。一些国家和地区为了保障某些生态环境目标的实现，上级政府会赋予自身更强的规划权，继而通过规划干预地方的土地开发决策与行为（Searle & Bunker，2010b）。

经济学中经典的霍特林模型（Hotelling Model）可以展现规划在提升社会福利中的作用：假设所有要购买饮料的游客均匀分布在一个沙滩上，有且只有两个摊子同价售卖相同的饮料；游客根据与摊子的距离决策向谁购买饮料；两个摊贩最终的博弈结果会将摊子都安在沙滩中央，每个摊贩获得一半顾客，但游客总的交通成本很高；如果规划将摊子设定在距沙滩起点 1/4 和 3/4 处，每个摊贩仍获得等量顾客，但降低了游客总的交通成本。

三　引导与辅助决策

规划引导和辅助决策的功能体现在多个方面。首先，规划引导和帮助人们看到问题→认识问题→重视问题。很多空间规划会聚焦或涉及诸多议题，比如城市蔓延与管理、棕地修复与再开发、生态环境与生物多样性保护、住房保障、耕地保护、自然灾害防护、特殊地带的相关问题（如海岸带的水文、飓风防护问题、地震带的地震防护）等（Nelson & French，2002；Altes，2006；Levy，2006；Garmendia，2010）。这些规划能够对其受众展示、阐明相关问题及后果，帮助人们学习和了解相关问题，以更好地处理这些问题（Faludi，2000；Norton，2005）。

其次，规划本身是一系列结构化的决策的集合体，是解决问题的工具箱（尼格尔·泰勒，2006）。比如欧洲空间发展战略中旨在加强区域合作的内容（INTERREG ⅢB）对如何促进欧盟一体化发展提供了宏观指导和具体建议，宏观指导包括多中心发展与新型城乡关系、平等的基础设施与教育可获得性、地区文化遗产的管护与传承，具体建议包括从欧洲空间发展战略→INTERREG 指引→INTERREG 计划→INTERREG 项目→地方操作性措施等层层细化的每一步，如何体现和紧密连接 INTERREG ⅢB 的内容与要求，以使地方能够获得欧盟的相关资助（Waterhout & Stead，2007）；《纽约市城市总体规划（2008—2030）》提出 2030 年较 2005 年碳排放减少三成的目标，并将目标分解至抑制蔓延、提高能源清洁度、建筑节能和交通节能四个领域，并制定每个领域的具体措施（如通过替换低效能源厂、发展清洁型分布式发电系统和可循环利用发电厂等提高能源清洁度），并明确执行的责任部门（宋彦，2011）；新西兰很多地方在其空间规划中针对所涉及问题提出了具体的处理手段、政策等，以备决策者按需选用（Laurian et al.，2004b）。

再次，规划是一个决策平台、一种决策机制。规划编制与规划实施过程中允许政府各部门、市场主体、社会主体等规划相关者广泛参与，为人们搭建了一个沟通交流、协商谈判，最终达成一致行动的平台（Bourgoin et al.，2012）。规划编制人员不仅是具有特定规划编制技能的专业人员，更是社会工作者，具备组织、协调、沟通的能力，能够清晰地阐明规划议题，帮助和引导其他人员参与规划，甚至尽力说服他们接受规划方案（王文新等，2012）。公众、市场主体等人员可以借参与规划的机会表达利益关切和意见、建议，并监督规划实施（仇保兴，2004；Dallas，2016）。规划编制与实施的机制/程序在事实上使其成了一个决策平台；也正因为如此，一些规划在正式颁布前就已经开始影响参与者的决策了（Waterhout & Stead，2007；Waldner，2008）。有学者提出，规划可能不是科学，也不是艺术，而是政治（尼格尔·泰勒，2006）。

最后，规划降低了未来的不确定性，为决策提供了重要的信息。空间规划通常会包含某一区域的未来发展方向与定位，地块是否允许开发建设以及开发建设的类型和强度，邻近地块的规划用途，是否会配套以及配套哪些公共服务设施和基础设施等信息；一些防灾减灾规划还会包含各种自然灾害的敏感度信息（Esnard et al.，2001；Alexander，2009；Tian & Shen，2011；彭冲、吕传廷，2013）。这些信息对于土地开发利用决策而言均是十分有价值的，从制度经济学的角度，有利于降低交易费用（Alexander，2001）。

本书选取土地利用总体规划作为研究案例。从我国现行法律法规和实际规划成果可以看出，我国的土地利用总体规划具有上述空间规划三大基本功能定位特征。比如，《土地管理法》提出的保护基本农田、提高土地利用率、保护和改善生态环境与保障土地的可持续利用等土地利用总体规划编制原则，体现了弥补市场不足、促进可持续等（公共利益）的规划定位；《土地利用总体规划编制审查办法》提出的土地利用总体规划的工作方针，以及土地利用总体规划大纲要求包括的“土地利用战略定位和目标”“规划实施措施”等内容体现了引导和辅助决策的作用。一些学者提出，应通过强化规划在保护自然资源、生态环境等方面的约束力（张凤荣等，2005；臧俊梅、王万茂，2006），从市场不足和政府职能界定两方面入手发挥规划弥补市场不足的问题（谭荣、曲福田，2009；张千帆，2012），以及加强多主体参与、部门协作、规划宣传教育、优化规划刚性与弹性的处理、规划动态管理（郑振源，2004；吴次芳、邵霞珍，2005；党国英、吴文媛，2014）等，充分发挥土地利用总体规划上述三方面的功能。可见，土地利用总体规划也兼具控制性规划和引导性规划的特点。

运用一致性理论和规划实施事后效益分析可以考察规划目标的实现程度，特别是维护公共利益、弥补市场不足等方面具有强约束力的规划内容的落实度；运用规划效能理论可以更好地反映规划对后续决策的影响力。从空间规划的基本功能定位和我国土地利用总体规划的特点可以看出，建立融合一致性理论和规划效能理论的空间规划有效性分析框架是合适的。

第二节　一致性测度方法的优化

一　现有方法的不足

在文献综述部分，已经列出一致性的多种测度方法。当前运用最为广泛的两种观测指标是比较允许建设区内外（或自然灾害管控区内外等类似场景）规划建设许可证的发放情况和土地开发建设情况，以此反映规划的引导和控制作用（Berke et al.，2006；Oliveria & Pinho，2010）。如果规划生效以后，获得规划建设许可证的土地，或者土地开发建设活动，主要集中在允许建设区以内，且项目性质与规划确定的用地类型、强度相符，那么，规划就是有效的。反之，说明规划未能产生良好的实际作用（Alterman & Hill，1978；Tian & Shen，2011；岳文泽、张亮，2014）。除此之外，不动产价值、税收、人口分布与流动状况、规划措施的执行度、规划控制指标的实现率等也被一些学者用来刻画规划的落实程度（Gennaio et al.，2009；Loh，2011；Laurian et al.，2004b；Altes，2006）。

以规划建设许可证作为评价指标的缺点在于：将所有许可证录入数据库需要耗费较大精力；每个许可证的覆盖面积可能大不相同；

一些建设活动不需要获得许可证，而某些地块上却又可能存在多个许可证，导致漏算和重复计算（Laurian et al.，2004a）；不能反映未获得许可证的土地违规开发建设状况，而这种情形在我国是很常见的（饶映雪等，2012；何艳玲，2013）；虽然一些国家关于规划建设许可证的数据可以直接通过官方网站获取（Chapin et al.，2008），但在我国，此类数据的可获得性较差。

以不动产价值、税收以及规划措施的执行度作为评价指标的不足在于：一方面，不能直接反映实际物质空间的开发利用状况，也就不能直接体现空间规划的作用；另一方面，不动产价值、税收的数据不容易获取，且其变动也可能由房地产市场等其他因素引起。此外，不动产的开发建设、规划措施（如绿带建设等）的落实终究要落在土地上（Bramley & krik，2005；Waterhout & Stead，2007），通过分析土地利用与规划的符合度能够在很大程度上取得与这些指标相同的指示作用。

规划对空间的管控最终是要作用于人口的。人口是否按照规划的布局进行流动，以及由此形成的新的空间分布格局可以作为规划实施成效的观测指标。将人口向允许建设区流动和集中作为规划效力的证据具有合理性，但也有其缺陷。首先，人口密度的空间不均衡性可能会影响结论的可靠性。比如，位于限制建设区的一些住宅区可能居住密度很高，但实际上土地开发建设的规模并不大；反过来，一些位于限制建设区的高档住宅可能人口密度很低，但占地规模很大。其次，这一评价指标需要地块尺度、社区层面的人口数据为支撑，同样面临数据的可获得性问题。此外，我国的空间规划，如土地利用总体规划，仅限于对总人口、城市人口、中心城区人口的预测，而对人口布局关注很少（修春亮、王新越，2003）。缺乏人口布局的具体目标，就很难将其作为衡量规划成败的标准。

在国内，控制指标的实现度被作为判断规划有效性的常用标准（夏春云、严金明，2006；张宇等，2011；Zhong et al.，2014）。但这只是空间规划内容的一个方面，且不具有空间意义。如果大量实际新增建设用地位于限制建设区，甚至禁止建设区范围内，即使从数量上达到了控制要求，规划也不能说是成功的。当然，控制指标对于我国的空间规划，尤其是土地利用总体规划而言，其重要性是不言而喻的。

将土地的实际利用情况与规划的符合度作为规划有效性的衡量标准能够在很大程度上弥补上述指标的不足。但当前的研究大多仅限于静态对比现状土地利用与规划的吻合度，不能反映土地开发利用空间形态差异对一致性的不同影响。此外，为了追求规划弹性，我国很多地方层次的土地利用总体规划成果数据库中规划城镇建设用地区范围大于上级下达的控制指标。仅观察新增建设用地是否落在允许建设区内不足以考察规划的控制效果。

综上，本书将在改进土地利用与规划吻合度具体评价方法的基础上，结合土地开发利用情况和控制指标执行情况测度实际与规划的一致性。

二　土地利用与规划一致性的系统测度方法①

为了改进以往单纯以现状土地利用与规划的吻合度衡量一致性的不足，本书建立了更加系统的评价方法。

（一）土地开发利用的空间吻合度

将土地变更调查数据库与空间规划成果数据库进行叠置，分析各类新增用地是否落在规划确定的范围内。具体测度方法如下：

$$CON_1 = LANDin / (LANDin + LANDout) \tag{3.1}$$

$$CON_2 = LANDin / (LANDin + LANDund) \tag{3.2}$$

$$CON_3 = LANDund / (LANDin + LANDout) \tag{3.3}$$

式中，$LANDin$、$LANDout$、$LANDund$ 分别表示某类土地合规（落在规划划定的此类用地范围内）的现状用地面积、违规（落在

---

① 本小节的部分研究成果已以学术论文的形式发表，参见沈孝强等《规划调控城镇扩张的有效性研究——以白云区土地利用规划为例》，《经济地理》2015年第11期。

规划划定的此类用地范围外）的现状用地面积，以及被规划划入此类用地范围区但实际不属于此类用地的土地面积。*LANDin*、*LANDout* 之和为即某类用地的现状总量；*LANDin*、*LANDund* 之和为某类用地规划范围区总面积。CON_1是合规用地面积与该类用地总面积的比值，即合规率，反映实际用地与规划的吻合度；CON_2是规划该类用地范围区内该类用地面积与规划范围区总面积的比值，称为饱和度，反映该类用地规划范围内部的用地结构状况；CON_3是某类用地规划范围区内其他类型土地面积与该类土地总面积的比值，命名为容余率，反映该类土地的规划范围面积与实际面积的数量关系。CON_1和CON_2的值域均为［0，1］，$CON_3 \geqslant 0$。

以城镇用地为例，展示 CON_1、CON_2和 CON_3可能的指示作用。CON_1值越接近 1，表明大部分城镇用地落在规划确定的范围区内，规划管控作用越强。CON_2值越接近 1，表明规划城镇用地范围区内开发建设程度很高，未开发的储备用地资源较少。CON_3值越大，说明即使将违规用地考虑在内，规划也过多地划定了城镇用地范围，超出了城市实际扩张需要。若 CON_1和 CON_3值较小、CON_2值较大，则反映出违规用地扩张是由规划用地范围不足造成的。CON_1和CON_2值较小，CON_3值较大，则说明城镇用地在规划区外快速扩张的同时规划区内仍有大量未开发土地，特别需要检讨规划及其实施过程管理的合理性。

（二）地类演化维度的一致性测度

如图 3-1 所示，本书根据规划基期和现状土地利用的合规性将基于一致性的规划效度分成四个等级：基期不符合规划、现状符合规划的，为强有效；基期和现状均符合规划的，为弱有效；基期和现状均不符合规划的，为弱失效；基期符合但现状不符合的，为强失效。另外，还可能存在土地用途发生转变但变化前后均不符合规划的情形，这也反映了规划作用的缺失，亦将其纳入强失效范畴。

从用地历史演化角度测度土地利用与规划一致性的必要性和依据在于以下几方面。第一，土地利用与规划空间吻合度指标体系尚

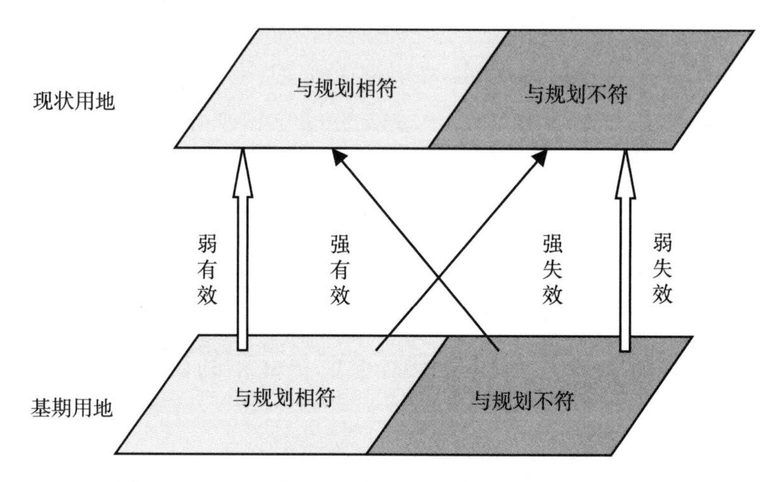

图 3-1　基于地类历史演化角度的规划一致性效度等级

不能直观反映吻合度变化的直接驱动力是合规用地的增减，抑或是违规用地的增减，而从用地历史演化角度测度一致性，可以解决这一不足，并能在地图上直观地表达。第二，一些土地利用类型在短期内是不可逆的（如一旦将耕地开发成建设用地，推倒建筑和复垦土地的代价将是高昂的）（Albers，1996；路易斯·霍普金斯，2009；Loh，2011）；土地利用的变化需要决策者投入成本、付诸行动。如果土地利用朝规划方向演变，某种意义上体现了决策者能够花费成本去实施规划（至少反映出决策者采取了与规划一致的行动）；如果土地利用朝非规划方向演变，从一致性的角度来看，这些行为会损害规划效力。因此，相对于保持稳定的土地利用，土地用途变化过程一定程度上能够更好地体现规划的引导和控制作用。第三，本书对强有效与弱有效、强失效与弱失效的区分并不含有强有效情形较弱有效情形更符合规划、强失效情形较弱失效情形违背规划更甚之意。但这样的区分仍是有意义的：相对于弱有效，强有效意味着合规用地的增加，可能提升整体合规率；相对于弱失效，强失效意味着违规用地的扩张，可能降低整体合规率。

应当指出的是，一方面，本轮土地利用总体规划尚处于实施中期，很多用地项目尚未来得及开展，造成当前相关地块用地类型仍不符合规划，但不应视之为规划失效。这也是为什么现状均不符合规划，本书却区别弱失效和强失效的另外一个原因。如果规划期已经结束，那么弱失效将等同于强失效，因为可以断定规划方案最终没有落实。

另一方面，我国的城镇用地规模还受到控制指标的限制。为保持规划弹性，规划城镇用地建设区面积一般会大于实际控制指标。城镇用地强有效覆盖范围快速上升可能是由于允许建设区范围内土地过快开发建设造成的，但这并不符合规划管控城镇扩张的初衷；弱失效情形也可能是出于促进土地有序开发的需要。本书将结合研究区城镇扩张速度和规划控制指标消耗情况加以讨论。

（三）空间形态维度的一致性测度

城市地理学认为，建设用地的空间形态能够表现和影响城市的扩张，蛙跳式土地开发能够指示城市蔓延，其所带来的破坏生态环境与自然资源、增加基础设施与公共服务设施建设成本、加剧能源消耗与污染排放等负面作用往往更显著（Clawson，1962；Kumar et al.，2011；Shi et al.，2012；Yue et al.，2013；洪世键、张京祥，2013）。受此启发，本书还将从空间形态的角度测度实际用地与规划的一致性。

如图 3-2 所示，现状用地中，全部落在该类用地规划范围区内的地块与规划完全一致，最能体现空间规划的调控作用；部分落在该类用地规划区内的地块，以及未落在规划区内但与合规或部分合规地块邻接的地块，可能是由于集聚发展或追求规模效应的需要而向外延伸，体现一定的规划引导作用；与规划用地范围完全不接壤、离散的地块，对规划的违背程度最高。

基于上述分析，从空间形态角度划分规划有效性等级的具体思路为：完全落在规划区确定范围内的土地图斑（地块#1），为规划有效；部分落在规划区内的用地图斑（地块#2），以及完全未落在规划范围内但与现有合规或部分合规用地邻接的地块（地块#2’），为规划次有效；完全不落在规划区内、蛙跳式的用地图斑（地块#3），为规划无效。

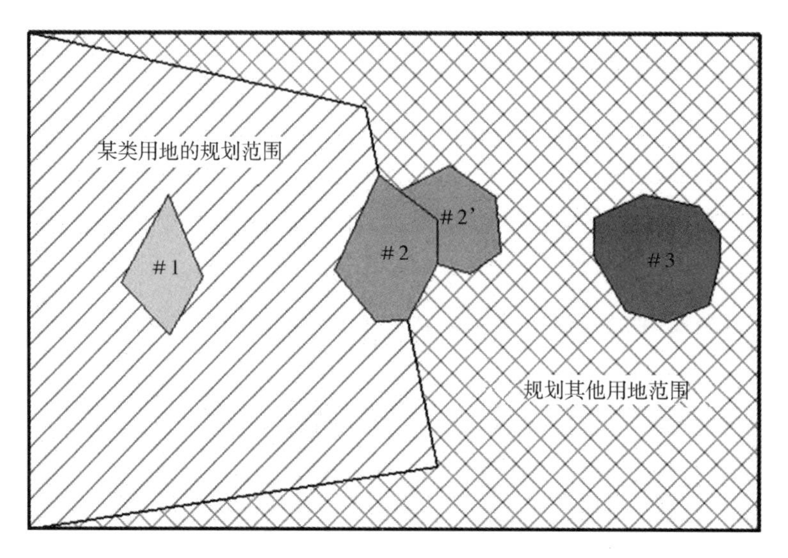

图 3-2　基于空间形态的规划有效性等级划分

第三节　规划效能的评价思路

一　规划效能本质的解构

在国际规划界享有盛誉的荷兰规划学派重新理解和阐释了规划的本质和定位，认为规划过程（包括制定和实施）就是一个学习过程，规划的目的是给决策者提供认识、了解、分析和解决现实问题的指导框架，规划本身不是目的，而是辅助决策的工具（Faludi，1989；2000；Mastop，1997；Mastop & Faludi，1997；Mastop & Needham，1997；Lange et al.，1997）。规划使得决策者对相关问题更为敏感，并促进采取更为协调、高效的措施加以应对和解决（Carmona & Sieh，2008）。规划的有效性，即规划效能，体现于决策者了解规划并在决策过程中参考规划；决策是被允许违背规划的，但规划是决策的一部分，为决策者所考虑、评价甚至批判，乃至被部分吸收或者全盘否定；规划实实在在地对决策发挥了积极作用，帮助决策者制定更优的决策及判断这种决策的可能后果（Alexander & Faludi，1989；Faludi & Korthal，1994；Needham et al.，1997；Faludi，2001；Oliveira & Pinho，2009；2010；Zhong et al.，2014）。

有学者提出，为后续决策、沟通交流、改善公众认知等提供平台是规划的重要功能（Bourgoin et al.，2012）。一些规划在实施前就已经生效了，因为其已经开始影响参与规划编制过程的人们的决策了（Waterhout & Stead，2007）；哪怕尚在编制阶段，只要政府职员、市场主体和参与进来的公众在这一过程中增加了对有关议题的了解，就能算作规划效能，因为这种感知会影响他们日后的决策（Waldne，2008）。另外，学者认为，规划效能就是规划对决策的作用，影响越大、帮助越大，规划越有效（Lyles et al.，2016）；参考决策是实现规划效能的第一步，辅助和优化决策是规划效能的最终体现（Altes，2006）。其他一些研究也将规划在决策过程中是否为决策者提供了积极的指导作用作为判断规划效能的重要标准之一（Faludi & Korthals，1994；Mastop & Faludi，1997）。可见，不少学者认为，规划的最终意义在于规划提高相关人员解决问题的能力（Albrechts et al.，2003；Faludi，2006）。

综上，规划效能本质体现为两个层面（见图3-3）。第一，虽然不要求后续相关决策严格遵照规划，但规划被决策者参考，并能影响决策，决策违背规划具有正当性。规划能够成为决策的一部分，是规划效能最基本的体现。第二，规划为决策者提供了帮助，有助于改善决策和决策者解决实际问题。

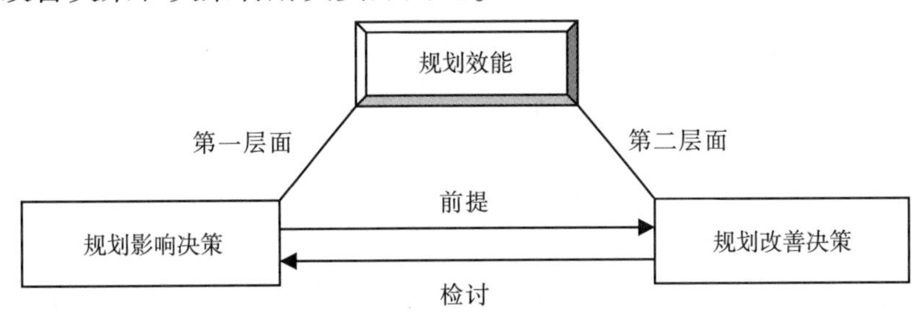

图3-3　规划效能本质的两个层面及相互关系

第一层面含义已足以反映规划是否具有效能，能够说明规划是否对决策有影响力，同时也是实现第二层面效能的前提；第二层面规划效能是对第一层面的升级，出色的规划及规划实施应当具备改善决策的作用。笔者区分两个层面的规划效能的用意，不仅在于完整阐释规划效能的本质，还在于揭示规划效能本质不同方面的相互关系。第一层面规划效能的评价将告诉我们规划是否起了作用，第二层面规划效能的评价将告诉我们规划是否起了好的作用。因此，第一层面可以用于考察规划效能视角下规划是否有效；第二层面有助于检讨规划对决策影响的积极性和规划实施中规划与规划管理的可能问题，下文将继续讨论这一检讨的作用。

二　规划效能测度的关键难点

（一）决策与规划不一致情形下如何考察规划是否对决策产生了影响

如果后续相关决策与规划是一致的，或者是基本吻合的，说明决策者参考了规划，规划对决策的影响显而易见（Alexander & Faludi，1989）。但如果决策是违背规划的呢？如何证明在决策过程中，决策者已经对规划中的相关内容进行过考虑、分析、批判和否定？

已有的理论研究和实证研究建议通过问卷、访谈、查阅有关档案和卷宗等方法调查决策者在决策时是否受到了规划的影响、作出违背规划的决策的原因，及是否对规划进行了反省（Faludi，2004；Millard-Ball，2013）。然而，这些方法具有无法克服的弱点。首先，这些决策是谁做出的；如果已经发生岗位调整，能否找到这些决策者；当事人是否愿意接受访谈等，均是很棘手的问题。其次，很多决策没有档案和卷宗可供查询，部分文件可能仅描述了一些蛛丝马迹，造成很多判断是捕风捉影式的（Oliveira & Pinho，2009）。更糟糕的是，当事人极有可能出于自我维护和表现重视规划的需要，即使在决策过程中没有参考规划，甚至根本不了解规划的相关内容，也会刻意指出是在认真对待规划的前提下做出了违背规划的决策。拼凑几个决策违背规划的理由对于任何人来讲都不是一件困难的事情。这些缺陷会影响规划效能评价的可行性和可靠性。

（二）如何衡量规划是否有利于改善决策和提高实际问题解决能力

为决策提供便利、提高决策者决策和解决实际问题的能力是规划影响决策的目的所在（Faludi，1989；2000；Damme et al.，1997；Alexander，2009）。但针对某一特定问题，最终的决策只有一个，如何确定该决策是被优化了的，且是规划的功劳？特别是违背规划的决策，很难认定规划在其中所起的作用。

决策者的决策能力和解决实际问题的能力是相对主观的，一般需要借助长期观察才能确定其能力是否提高（Laurian et al.，2004；Brody & Highfield，2005）。更重要的是，无法区别其能力的提高是由规划还是其他因素造成的（孙施文、周宇，2003）。“我们对规划如何影响行动及行动如何产生结果的因果关系尚缺乏充分的了解”（路易斯·霍普金斯，2009；赖世刚，2010）。一些学者提出，只有对比有规划和无规划条件下的实际差异，才能清晰分辨规划的作用（Baer，1997；Bae & Jun，2003；Waldner，2008；Oliveira & Pinho，2009；龙瀛等，2009）。但有规划和无规划的情形不可能并存，反事实（Counterfactual）的对比无法实现。因此，直接测度第二层面规划效能几乎是不可能的（Carmona & Sieh，2008；田莉等，2008；Oliveira & Pinho，2010）。

三　已有研究的启示

（一）过程理性

在国内外研究进展部分提到，过程理性和结果理性也是评价规划有效性的两种理论。过程理性的特点是聚焦于规划实施过程中的相关决策，认为规划不可能完全适用于未来不断变化的发展状况，只要决策是理性的，规划就可以被违背（Andersen，1996；Dvir & Lechler，2004）。相对于规划效能理论，规划被置于更加边缘化的位置。过程中的决策理性，主要可分为工具理性和政治理性。前者是指，决策方案相较其他备选方案，更有利于达成目标（Faludi，1986；周国艳，2013a；陈越峰，2015）；或者现实条件和背景环境发生变化导致规划出现不适应性，决策违背规划就是理性的（Faludi，1989）。政治理性等同于程序理性（Linovski & Loukaitou-Sideris，2013；Drazkiewicz，2015）。由于未来是不确定的，违背规划的决策将是不可避免的（Wildavsky，1973；Pearman，1985）；只要程序是正当的，那么违背规划的决策是可接受的（Waldner，2008）。学者提出，应当在规划实施过程中保障公众参与，在有关各方充分交流、讨论、妥协、民主表决的基础上决定遵循规划还是采取新的措施与方案（Stevens et al.，2010；Garmendia，2010；van der Heijden & Ten Heuvelhof，2012）。

过程理性的启示是：①规划本身不是目标，规划也可能是不合理的或者过时的，规划实施过程中的后续决策是重要的，一些条件下形成违背规划的方案是必要的；②可以从分析后续决策是否更有利于解决某个问题或实现某种目标、外部环境是否发生显著变化导致规划出现不适应性，以及程序的正当性等角度衡量决策违反规划是否理性。

（二）结果理性

结果理性主义关注规划实施的最终结果和影响，不关注规划的实施过程及规划的执行程度，主张以结果是否有益认定规划是否有效（Alexander & Faludi，1989；周国艳，2013a）。很多学者提出，规划有效性评价应当包含对实施结果与效益的评价（Calkins，1979；Cheshire & Sheppard，2002；赵小敏、郭熙，2003；Oliveira & Pinho；2009）。但对于什么样的结果才是理性的，则需要具体问题具体分析。比如，在实施防灾减灾规划之后，当地在遭遇灾害时损失程度降低了，就可以视规划为有效（Nelson & French，2002）。也有研究发现，荷兰虽然在1995—2005年达到了新增住宅456959套的规划目标，但仍然无法从根本上缓解激烈的住房供需矛盾；具体的目标反而产生了“锁定效应”，使地方政府不能投入更多资源促进住宅开发（Altes，2006）。据此，该研究对规划改善居住条件的有效性提出了质疑。凌莉（2011）发现，上海保障性住房规划实施过程中虽然建设量较大，但很多位于就业岗位少、服务设施不齐全、公共交通条件较差的城市郊区，造成严重的“职住分离”，给中低收入群体造成两难选择。另外，其他研究发现，我国土地利用总体规划有关补充耕地的要求虽然能在一定程度上弥补建设占用造成的数量损失，但却侵占了大量生态用地，牺牲了长远利益（Yang & Li，2000；Zhang et al.，2015）。

结果理性的主要启示是：①规划的最终目的是实现某种成效或取得某些成果，因此分析规划实施的结果对于规划有效性评价而言是重要的；②规划实施后可能造成某些预期外的影响，符合一致性的规划实施也可能引发一些负面作用，应当重视探讨规划的事后效益，而结果是否理性则因规划和所面临的实际问题而异，没有统一的标准；③符合规划或过程理性的决策并不一定产生期望的结果，反过来，事后效益也可以用来检讨规划与后续决策的合理性。

（三）规划效能评价研究成果的启示

面临规划效能测度的关键难题，已有研究是怎么做的呢？一些学者通过访谈、历史资料查阅等了解规划对决策和决策者的影响（Faludi，2004；Millard-Ball，2013）。一些学者认为，出于考察规划被参考的困难性，应侧重于分析违背规划的决策是否经过深思熟虑且理由充分（Faludi，1989；Faludi & Korthals，1994）。还有一些研究提出：可以通过考察规划是否能够减少错误决策和促进实现期望的发展方式衡量规划效能（Damme et al.，1997）；如果规划能够引导人们的决策和行动，最终有助于实现诸如可持续发展等某些共同利益，则说明规划是有效能的（Albrechts，2004；2006）。鉴于空间规划内容的综合性，一些研究通过这些规划的实施是否有助于提高各部门、群体的交流协作程度来衡量规划效能（Lyles et al.，2016；

Soria-Lara et al.，2015）。此外，有学者通过引导性规划是否被下级政府编制规划时所引用，并最终作用于物质世界刻画规划效能（Needham et al.，1997）；或通过专项规划和下级规划的相关内容是否参考全国土地利用总体规划以及是否制定了后续配套政策措施衡量全国土地利用总体规划的有效性（Zhong et al.，2014）。决策违背规划不代表决策时未参考规划，也不能证明规划效能缺失。尽管如此，有研究在评价以色列土地利用规划时发现，决策过于频繁地违背规划，地方政府过于频繁地修订规划以使决策符合规划，并由此认定规划效能不足（Alfasi et al.，2012）。

现有关于规划效能测度的方法提供了以下启示：

（1）是否在实施过程中形成旨在落实规划的衍生方案、配套政策，下级规划在多大程度上与上级规划保持一致，以及规划是否促进部门间协调行动，是衡量规划是否被参考和规划能否影响决策的可用方法。

（2）由于从决策者本身考察规划能否影响决策、提高人们解决相关问题的能力的困难性，面向决策者的访谈、问卷调查等效能评价方法采用较少，学者转而从决策、行动本身与规划的关系，及事后效益等方面测度规划效能，表明效能测度已经兼容和隐含过程理性、结果理性的部分思想。

（3）相对于规划措施、指标、图则等规划内容的实施，规划目标的实现更加重要。正如有学者所指出的，如果规划指标完全得以实施但规划目标没有实现，仍然不能说规划是成功的和充分有效的（Altes，2006）。反之，正如过程理性和结果理性原则所提出的，如果规划目标得以实现，即使决策者另辟蹊径、采取了与规划内容不一致的措施或手段，也不能说规划没有发挥实际影响和作用，因为决策者仍致力于解决规划所关切的现实问题（Shen et al.，2019a）。

四　重建规划效能的测度方法

（一）定义规划目标和规划方案①

为了更全面地测度规划所扮演的实际角色与作用，分析决策/结果与规划不一致情形下规划对决策的影响力，并在空间规划有效性评价中回答规划目标实现程度的问题，我们对规划目标和规划方案进行了明确定义和必要区分。规划目标是规划的基本意图和导向，是规划对解决其所关切的基本现实问题的追求。比如，保护耕地与生态环境、促进建设用地节约集约利用、改善土地利用方式与空间布局、促进可持续发展等是我国土地利用总体规划的基本目标。规划方案是规划中提出的具体政策、措施、要求、任务、图则、实施路线、保障手段，以及计划的工程、项目等规划目标外的规划内容。比如，各类用地控制指标、建设用地分区管制图、土地利用功能分区图、规划实施保障措施、土地保护开发利用的项目安排、政府部门间的规划沟通协调与分工合作机制等是我国土地利用总体规划中规划方案的重要组成部分。在制定规划时，一般先明确规划目标；然后，围绕规划目标编制规划方案。

规划目标是根本性的、导向性的；规划内容服务于落实规划目标，是在规划中制定的为实现规划目标所采取的具体手段、做法、安排与约束等。规划目标对后续相关决策的影响表现为让决策者感知和了解规划所关切的现实问题，引导决策者制定有利于解决上述规划基本关切的行动方案、应对措施；简言之，规划目标为决策提供了方向和目标，使决策者明确为什么而决策与行动。规划方案对决策影响是多方面的，比如提供决策方案（在指导性规划中，这类规划方案对于决策者而言是可选择的；在约束性规划中，这类规划

① 本小节的部分研究成果已以学术论文的形式发表，参见 Shen Xiaoqiang et al., "Evaluating the Effectiveness of Land Use Plans in Containing Urban Expansion: An Integrated View", *Land Use Policy*, Vol. 80, 2019a, pp. 205-213.

方案对于决策者而言是需要严格遵照执行的决策本身）、建立决策的约束框架（比如，规划图则对土地开发利用决策的约束）、明确决策的具体任务（比如，完成或落实规划的各项量化指标）、建立决策及其实施的交流沟通与协作平台、提出决策的实施路径等。

一般情况下，规划目标享有持续合理性和稳定性，规划内容更易于由于自身的科学性问题或外部条件的变化而被调整、抛弃或违背。比如，耕地保护是中国土地利用总体规划的基本目标之一，而规划制定的耕地保有量、补充耕地量、建设用地占用耕地配额、用途分区等规划内容都是实现耕地保护的具体做法与措施；耕地保护使这一规划目标具有持续的必要性，而具体规划内容的变动比较频繁（Tan et al.，2009）。

如图 3-4 所示，通常情况下规划措施（P_1）的实施相较于无规划（无政府干预）下的完全市场状态（NP）是为了更好地实现规划目标；但规划方案并不总是规划目标的最佳或可行路径，有时决策采纳规划措施（P_2）并实现与规划方案一致的结果并不必然有利于规划目标的实现。比如，荷兰按期完成了住宅开发的规划任务，但远没实现解决住宅供需矛盾的规划目标，由于用地、资金、公共服务设施等配套政策均按规划任务量设计，其产生“锁定效应”，不能按现实需要及时扩张房地产开发，反而阻碍了规划目标的实现（Altes，2006）。另外，对于违背规划方案的不同干预措施（D_1、D_2、D_3和 D_4），对规划目标的实现也会产生不同性质和程度的影响。因此，鉴于规划目标与规划方案之间的关系与差别，在进行规划有效性评价时，有必要对规划目标与规划内容的作用加以区分。否则，有可能将规划方案的实施混淆于规划目标的实现，将决策或结果偏离规划方案等同于规划无效，造成舍本逐末（Talen，1996）。毫无疑问，规划目标的实现重于规划方案的实施。决策采纳规划方案、结果与规划方案一致固然体现了规划效能；决策如果违背规划方案，但仍致力于促进规划目标的实现或尽量减少与规划目标的冲突程度，说明规划依然能够产生实际影响。

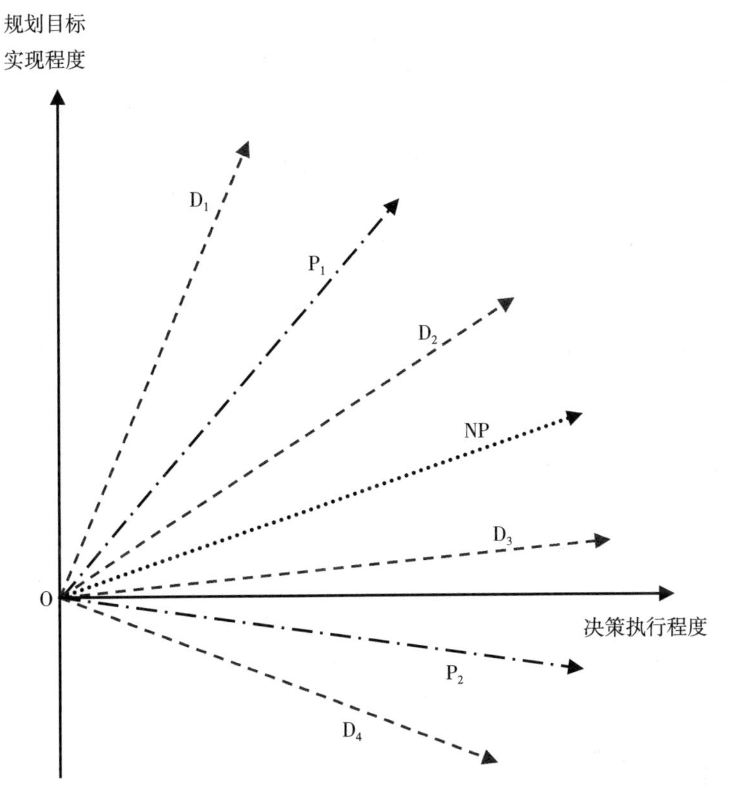

图 3-4　不同决策下的规划目标实现程度

可见，定义规划目标和规划方案对于空间规划有效性评价的意义在于：①在评价时区别规划方案实施与规划目标实现；②对在规划实施评价中一致性理论和规划效能理论都忽视的规划目标实现度问题予以关注；③评估规划方案对实现规划目标的作用；④在决策/结果与规划方案不一致时，识别规划的有效性（规划目标对决策行为的影响）。

（二）一般情形下的规划效能评价

在解构规划效能本质和借鉴已有研究成果的基础上，本书建构了更具整合性和可操作性的规划效能测度方法，具体见图 3-5。

规划生效后，实施过程中的后续决策与规划中的有关方案是相符的或者主要部分是相符的，就可以认定决策者参考了规划。而在引导性规划下，决策是可以违背规划的；但如果决策者依然采纳了规划中的有关方案，说明规划方案本身相对于其他可能方案是较优的。这体现了规划对于辅助决策、改善决策的积极作用。

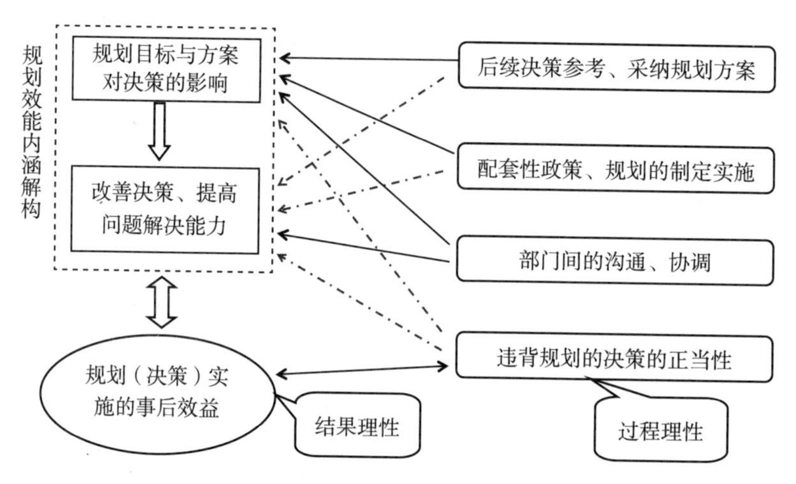

图 3-5　一般情形下规划效能的分析框架

注：实线箭头表示关系是明确的、显著的（如后续决策采纳规划方案，则可以明确指示规划对决策的影响）；虚线箭头则表示可能的关系。

如果在规划编制和实施过程中，制定了一些配套措施，则毋庸置疑体现了规划对决策（配套措施及政策、下级规划也可视为一种决策）的影响力。比如为了落实土地利用总体规划中补充耕地的任务，政府会设置专项财政资金、制定土地整治专项规划，甚至制定奖惩措施、监督机制等。而随着相应配套措施的建立和完善，解决实际有关问题和实现规划目标的能力也极有可能相应得到提高。

很多空间规划的内涵十分丰富，可能涉及多个部门和多类利益群体。如果通过规划的实施，为不同部门、不同群体提供了一种协调机制，促进彼此沟通、交流和合作，则证明规划是有效能的，产生了实际影响。在规划实施过程中促进不同部门和主体的广泛参与、协调、妥协与协作，有利于优化决策和提高规划实施能力、实际问题解决能力。

（三）决策违背规划方案情形下规划对决策影响力的识别

图 3-5 框架没有解决上文提到的规划效能评价所面临的第一个关键难点，即在作出与规划具体方案或措施不符的决策时，规划是否对决策者产生了影响。

规划目标是否实现被视为规划实施成败的重要标志（Alexander & Faludi，1989；Talen，1996a；Laurian et al.，2004b；Chapin et al.，2008；Alexander，2009；Long et al.，2015；孙施文，2016）。本书认为，通过分析违背规划方案的决策与规划目标之间的关系有利于解决上述难题。如图 3-6 所示，违背规划方案的决策与规划目标存在两种关系：促进规划目标的实现（同向）和不能促进规划目标的实现（相向）。规划效能存在三种情形：正向效能，决策是受规划影响的，能够体现规划效力；负向效能，决策不受规划影响且损害规划有效性；无效能，决策不受规划影响但不损害规划效力（笔者在对规划效能本质进行解构时已经说明，第一层面规划效能已足以评价规划是否有效能；因此，图 3-6 所指的效能，实际上是第一层面规划效能）。区别负向效能和无效能的必要性在于，按照规划效能理论，不应该对规划合理情形下决策违背规划和规划不合理情形下决策违背规划等同视之。

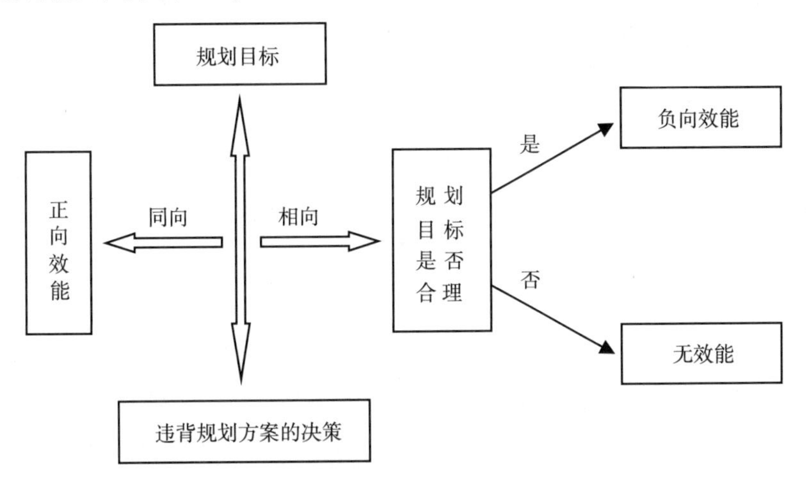

图 3-6 决策违背规划方案情形下的规划效能等级划分

如果违背规划方案的决策能够促进规划目标的实现，那么规划就是有效的。这种情形中，决策违背规划具体方案或措施与规划有效并不冲突，因为：①对于规划实施而言，实现规划目标是首要任务，而规划具体方案/措施只是规划提出的实现规划目标的方法和途径而已（尼格尔·泰勒，2006）；②如果违背规划方案的决策有利于促进规划目标的实现，说明后续决策仍然致力于落实规划并解决规划所关切的现实问题，即规划目标为决策指明了方向，对决策产生了引导作用（Zhong et al.，2014）；③相对而言，规划目标更具稳定性和持续的合理性，规划方案更容易因本身合理性问题或外部环境变化等被后续决策抛弃或违背（Calkins，1979；王虎峰，2011）。违背规划方案但能促进规划目标实现的决策选择不应被视为对规划有效性的损害，这正体现了规划效能理论对正当违背规划方案的决策行为的兼容。

如果违背规划方案的决策阻碍了规划目标的实现，则需继续考察相应的规划目标的合理性。如果规划目标是合理的，那么这种不一致情形下的决策行为损害了规划效力。因为这样的决策既违背规划方案，又无视合理的规划目标。如果规划目标是不合理的，决策违反规划目标有其正当性，因而此类决策不构成对规划效能的损害。但就规划本身而言，规划的方案未被采纳（决策违背规划），规划的目标也是不合理的，规划显然缺乏效力。

（四）第二层面规划效能评价

规划效能体现于影响决策和改善决策，最终是为了取得期望的事后效益，如保护自然资源、促进城市紧凑发展、增强自然灾害防治能力、改善市民居住条件等。倒过来，事后效益的积极性也能在一定程度上指示决策者的决策能力和解决实际问题的能力是否得以增强，决策是否得以优化。在后续决策违背规划时，如果决策是正当的，那么这样的决策有助于实现可接受的事后效益。因此，规划实施事后效益评价也能反过来验证和检讨违背规划方案的决策行为的正当性。

由于直接评价规划对提高决策能力的作用的困难性，本书借鉴结果理性思想，从规划和后续决策的事后效益角度评价第二层面规划效能（如图 3-5 所示）：如果事后效益是令人满意的，达到了规划目的，那么规划是有助于改善决策和解决实际问题的。

从事后效益的视角评价第二层面规划效能时需注意：第一层面规划效能是第二层面规划效能的前提；即便结果令人满意，但决策过程中无视或肆意违背规划，则不存在第二层面规划效能。因此，必须确保所评价的事后效益是在规划的影响下取得的。故在评价事后效益时，应紧扣规划内容和规划意图，评价范围不宜过为宽泛，以免人为放大规划的影响与作用。

第四节　一致性理论与规划效能理论的内在联系

一　一致性理论与第一层面规划效能

图 2-1a 已经部分阐明了规划一致性与规划效能的联系。当后续相关决策采用了规划方案，并取得与规划一致的结果时，规划在一致性衡量标准和规划效能衡量标准下均是有效的。当事实与规划不符时，在一致性理论下，规划是无效的；但在规划效能理论下，则需进一步考察规划是否对决策产生过影响和辅助作用。如果决策者无视规划，规划未参与决策，则规划是无效的。如果规划在决策过程中产生了影响，决策者在分析、批判规划，及吸收规划合理成分的基础上作出了新的决策，即使造成结果与规划不吻合，也不损害规划效能。

总之，从一致性和第一层面规划效能角度评价规划有效性可能存在三种结果：①一致性和规划对决策影响均较高；②一致性较低，但规划对决策有影响力；③一致性和规划对决策影响力均较低（见图 3-7）。理论上，不存在高一致性和低影响力的情形：高一致性意味着后续决策较多采纳了规划方案，并取得了与规划相符的结果，体现了规划对决策的影响，即第一层面规划效能亦较高。在现实中，可能存在高一致性和低影响力的情形，即决策、结果与规划方案一致，但决策者并未参考规划方案。考虑到这仅是一种偶然性的巧合现象，在实践中难以甄别，且一定程度上从侧面反映了规划对实际的适应性。因此，本书将这种特殊情况归入情形①。对于情形②，存在两种情况：后续决策在充分考虑规划的基础上违背规划，导致结果与规划不一致；或者后续决策采纳规划方案，但由于其他外部原因，结果仍然与规划不一致（Faludi，2000）。

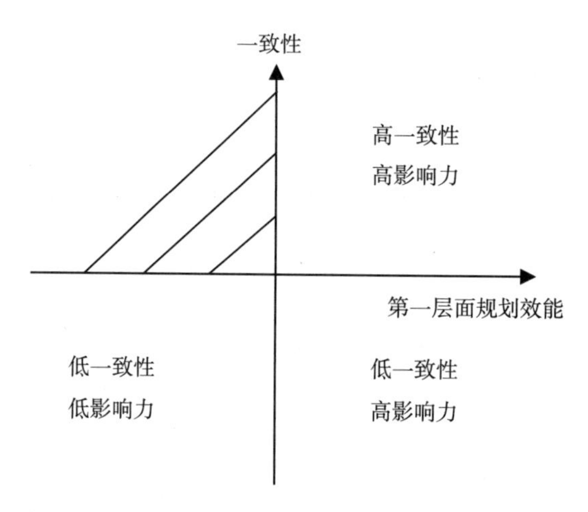

图 3-7　一致性和第一层面规划效能关系的可能情形

也就是说，高一致性是高影响力的充分非必要条件，低影响力是低一致性的充分非必要条件；高影响力与低一致性可能并存，但高一致性和低影响力是相互冲突的。出于一致性与规划效能的这种联系，很多倡导利用规划效能评价规划有效性的学者认为，后续决策与规划方案的一致性、实际结果与规划方案的吻合度可以作为评价第一层面规划效能的第一步，也是最直观的一步（Alexander & Faludi，1989；Faludi，2000；Berke et al.，2006；Wende et al.，2012）。

笔者认为，一致性与规划效能的内在联系不局限于上述所谓的评价规划效能的第一步。本书第三章第三节第四部分对如何考察决策违背规划时规划是否对决策产生了影响的探讨，已经显露了更深层次的一致性理论与规划效能理论之间的内在联系——在规划目标合理的前提下，如果违背规划方案的决策能够更好地促进规划目标的实现，那么新的决策不但不损害规划效能，反而增强了规划有效性。

二　一致性理论与第二层面规划效能

结合已有研究成果的启示，本书从事后效益的角度考察规划是否改善决策能力和实际问题解决能力。一致性与第二层面规划效能的联系存在四种可能情形，如图 3-8 所示。高一致性和优事后效益的情形下，决策者采用了规划方案，结果与规划方案相一致，而且是令人满意的，说明一方面规划得到严格落实，另一方面规划起到了积极的决策辅助作用。

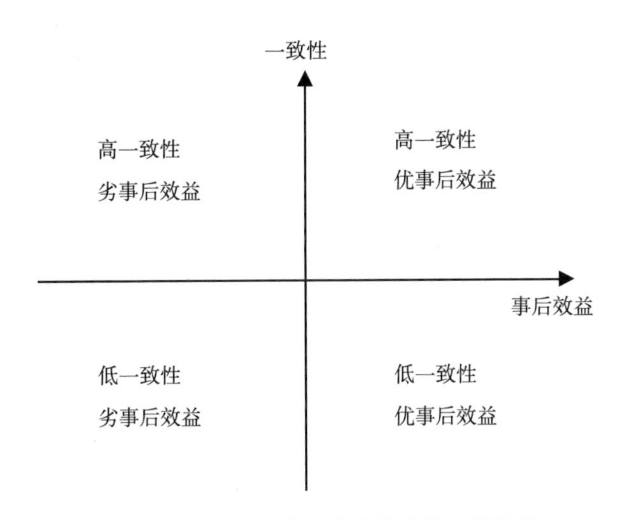

图 3-8　一致性和事后效益关系的可能情形

上文已强调，对第一层面规划效能的评价已足以反映规划是否具有效能，而第二层面规划效能评价的主要用意在于，评估规划对决策影响的积极性和反思可能的问题所在。一致性和事后效益的其他三种可能情形体现了评价第二层面规划效能对规划、规划实施和后续决策行为的检讨作用。高一致性、劣事后效益的情形下，规划方案得以实现，但结果是不令人满意的，需要特别反思规划的科学性。低一致性、优事后效益的情形下需要区分两种可能情况。情况一，虽然规划的某些具体方案没有实现，而更高层次的规划目标却实现了。这说明规划具体方案虽未被采纳，但规划目标对决策产生了指导作用，帮助决策者取得较好的事后效益，此时规划仍是有效的。情况二，规划未能起到辅助决策的作用，优事后效益是在脱离规划的情况下取得的或者事后效益虽然令人满意但与规划目标无关，第二层面规划效能缺失，需检讨规划的合理性和实际约束力。低一致性和劣事后效益的情形下，规划方案未被执行，结果也是不积极的（规划目标也未能对决策产生引导作用），则需要同时检讨规划的合理性、违背规划的正当性和规划实施管理问题。

综上，一致性与规划效能的内在联系说明，两者在内涵上是相互交叉的，而且通过两者的有机结合确实能够起到取长补短的作用：通过在评价规划效能时引入一致性理论，不仅能够解决最浅显情形下的规划效能评价问题，也有助于解决最隐晦情形下的规划效能识别问题（决策违背规划方案时，如何考察规划目标是否对决策产生了影响，以及如何考察规划是否有助于改善决策）；规划效能理论是对一致性理论的合理补充，能够弥补一致性理论过于苛刻、对违背规划方案的合理决策不兼容的问题，且能对规划和规划实施结果起到检讨作用。

第五节　空间规划有效性分析框架

一　引入事后效益分析

如图 3-9 所示，规划效能评价主要分析规划目标和规划方案对后续相关决策行为的影响与作用，一致性评价主要通过对比规划实施结果与规划方案的吻合度来反映规划实施的有效性。但是，一致性理论和规划效能理论都没有回答“规划实施结果是否令人满意”

“规划目标是否最终得以实现”这两个问题。这些问题对于规划实施评价而言是十分重要的。在第三章第三节和第三章第四节中已经提到在规划效能评价时将涉及规划实施的事后效益分析。本书通过引入规划实施的事后效益分析来解决一致性理论和规划效能理论所面临的共同不足。

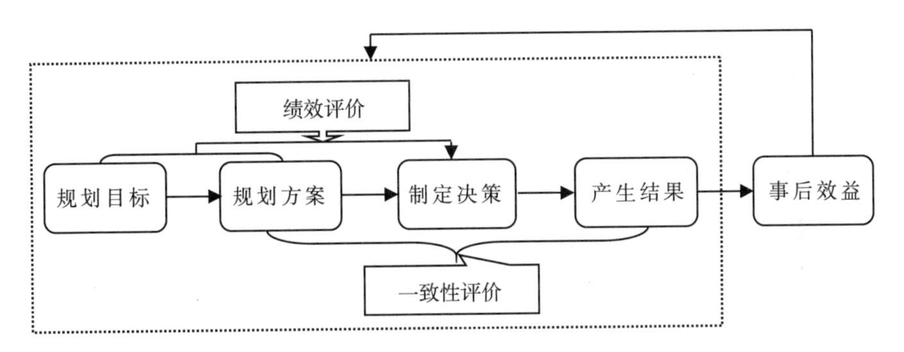

图 3-9　引入规划实施事后效益分析的逻辑示意图

笔者认为，在一致性评价、规划效能评价的同时引入规划实施事后效益评价的作用不只限于此，还主要包括以下三方面：第一，以事后效益评价分析规划实施结果的可接受度和规划目标的实现程度；第二，在此基础上，进一步分析规划方案的合理性、规划方案和规划目标对改善决策的作用（第二层面规划效能的评价）；第三，以事后效益的积极性反观和检讨决策违背规划方案的正当性，并揭示规划目标是否对与规划方案不一致的决策行为产生了引导作用（决策与规划方案不一致情形下规划实际影响与作用的评价）。

二　建立空间规划有效性分析框架：整合一致性、规划效能与事后效益评价

我国正处于经济社会发展的转型期，并将继续保持较快的城市化和经济发展速度（王小鲁，2010），规划编制和实施面临着更强的未来不确定性（仇保兴，2012；王兴平，2015）。同时，城市快速扩张带来了诸多负面影响，特别需要发挥空间规划在促进城市理性增

长、保护自然资源与生态环境等方面的作用，要强调规划某些方面内容的严格落实（刘卫东、谭韧骠，2009；Thompson & Prokopy，2009；He et al.，2013）。因此，我国空间规划大多同时具有控制性（如各类控制指标、基本农田保护区、建设用地分区管制等）和引导性（如重点发展建设区、产业空间布局等）的特点。

一致性理论适用于控制性规划，规划效能理论适用于引导性规划。上述研究发现，一致性理论和规划效能理论各有优劣，且存在内在联系，相互融合能够取长补短。在融合两者的基础上建立新的空间规划有效性分析框架，既是可行的，也是必要的，特别适合中国语境下空间规划控制性与引导性相结合的特点。

鉴此，本书在融合一致性理论和规划效能理论的基础上构建空间规划有效性分析框架。一致性理论和第一层面规划效能，用来揭示规划是否有效。但对第二层面规划效能的评价也不可缺少：一方面这是规划效能内涵的应有之义；另一方面，这也是达到"了解规划在实施过程中究竟发挥了什么作用"这一规划有效性评价根本目的（姚燕华等，2008；张庭伟，2009；Alfasi et al.，2012）的必要环节，同时也有利于评估和反思规划与规划实施管理。

此外，为了解决一致性理论和规划效能理论所共同面临的不足、更好地评价决策与规划方案不一致情形下规划目标对决策的引导力和第二层面规划效能，在整合一致性理论和规划效能理论基础上进行必要的拓展——引入事后效益分析，以此建立涵盖决策过程、实施结果和事后效益的空间规划有效性综合性分析框架。

如图 3-10 所示，首先，运用结果与规划方案是否一致判断规划是否有效。如果实际与规划方案吻合，说明规划得到充分的贯彻落实，也体现了规划对后续决策的影响；反之，则继续考察决策与规划方案是否相符（即使决策与规划方案相符，也可能由于规划方案不合理、后续执行不力或其他外部原因导致结果与规划不一致）。其次，在结果与规划方案不一致的情形下，若相关决策与规划方案是相符的，或者决策与规划方案不符，但违背规划的决策仍然能够促进规划目标的实现，则依然符合规划效能评价标准，说明规划是有效的。如果规划不合理导致决策违背规划，或者决策时无视规划、损害规划目标的实现，说明规划缺乏效力。但就决策行为而言，前者不破坏规划效力（决策违背规划具有正当性），后者损害规划效力。

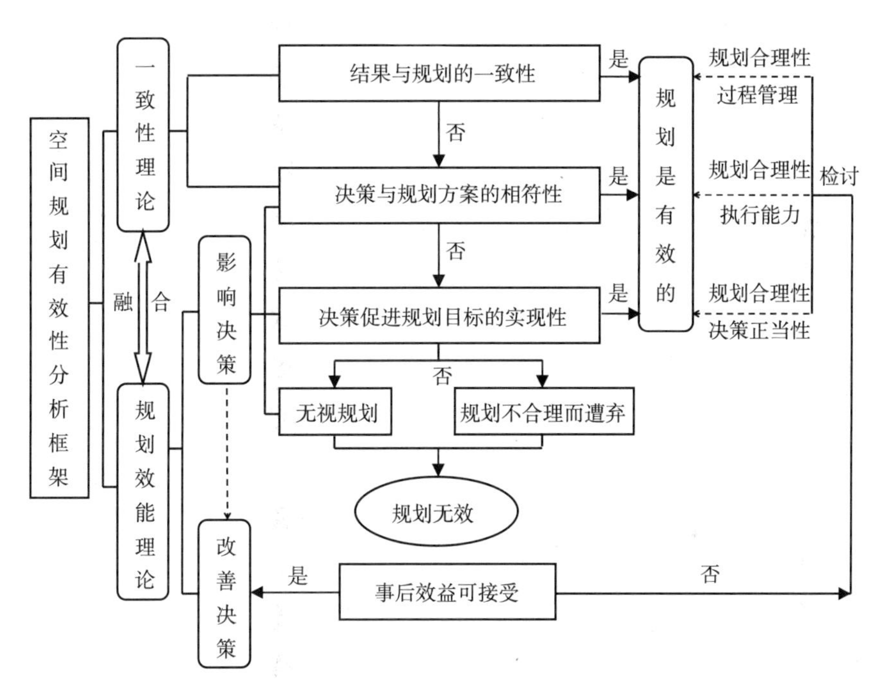

图 3-10　空间规划有效性分析框架

评价第二层面规划效能的目的不是考察是否规划有效，而是分析规划作用的积极性、检讨规划实施过程中的相关问题。基于规划实施事后效益的视角可以较好地实现上述目的：如果事后效益是令人满意的，通过规划的实施取得了一些预期目标，一定程度上能够证明规划在实施过程中为相关决策提供了较好的辅助和指导作用；反之，则应检讨在哪一环节出了问题。

如果结果与规划方案一致，但结果并不令人满意，说明规划是不科学的，不能迎合地区的实际发展要求。如果决策采纳了规划方案，但没有取得规划预期的结果，且结果不令人满意，则存在三种原因：①外部条件发生变化，导致原本合理的规划方案未能取得与规划一致的结果；②规划不合理造成采用规划方案的决策不能取得与规划方案一致的结果、促进规划目标的实现；③相关部门和人员的执行能力与意愿不足，导致决策没有落实。上述情形中，如果是规划存在质量问题造成的，则需反思是否规划过于刚性导致责任部门因缺乏自由裁量权而不能选择违背规划方案的决策；如果不是由规划方案欠合理引起的，则需反思决策的执行能力。

最后，如果违背规划方案的决策是受规划影响、仍然立足于实现规划目标，但未取得令人满意的事后效益，则有必要检讨决策违背规划方案的正当性（规划方案是否更合理）、规划目标是否合理以及决策是否得到贯彻落实。

第六节　本章小结

本章的主要目标是构建空间规划有效性理论分析框架。为此，采取了以下四个步骤。

第一，对规划的基本功能定位进行再认识，为建立规划有效性测度的理论与方法提供依据。

第二，在总结一致性理论评价方法优劣的基础上，提出采用以土地利用与规划一致性为主、结合相关规划指标的评价策略，并从吻合度、土地利用演化和空间形态角度对一致性测度方法进行改进。在解构规划效能本质、分析规划效能评价的关键难题并总结已有规划效能评价方法和其他规划有效性理论研究进展的基础上，提出了新的规划效能评价方法。

第三，探讨了一致性理论和规划效能理论的内在联系，提出通过在评价规划效能时引入一致性理论，不仅能够解决最浅显情形下的规划效能评价问题，也有助于解决最隐晦情形下的规划效能识别问题；引入规划效能理论，则可以避免一致性理论过于苛刻、对违背规划的合理决策不兼容的问题，且能对相关问题起到检讨作用。

第四，在前两步的基础上，通过引入事后效益分析提出了融合和拓展一致性理论和规划效能理论的空间规划有效性分析框架。总的思路是：先从一致性理论出发，分析实际土地利用与规划是否吻合；再考察相关决策与规划方案、规划目标的相容性，以检验规划对决策的影响力；最后从事后效益的角度，考察规划对提升实际问题解决能力的作用。

第四章

结果与规划一致性的测度

本书利用第三章所建构的空间规划有效性分析框架及具体评价方法在第四章、第五章和第六章进行案例研究。需要指出的是，第四章、第五章和第六章的案例研究是根据空间规划有效性分析框架内部构成的逻辑顺序依次展开的。因此，这三章合起来才是一个完整的案例研究。本章从规划实施结果与规划方案一致性的角度分析空间规划有效性。一致性评价包含两部分：其一，在数量上分析相关规划指标的落实情况；其二，在空间上分析土地开发利用与规划图则的吻合度。在绪论部分，笔者已阐释了本书所选择的案例是评价 GC 市及其所辖区县土地利用总体规划（2006—2020 年）在保护耕地和管控城镇用地扩张方面的有效性。第四章、第五章和第六章中，如未特别说明，“规划”特指现行的本轮土地利用总体规划。

第一节　规划控制指标的落实度

控制指标是我国的土地利用总体规划的重要内容，被赋予了较强的法定约束力。其实施情况是体现规划耕地保护和城镇扩张管控效果的重要方面，是一致性评价不应忽略的内容。

一　耕地指标

GC 市及其所辖区县土地利用总体规划中制定的耕地保护主要数量目标及其完成情况如表 4-1 所示。其中，耕地保有量和补充耕地数据未包含 GC 市 2006—2013 年的易地补充耕地量（7804 公顷）。虽然表中补充耕地指标少于新增建设占用耕地指标，但在编制耕地占补指标时，仍需坚持数量上“占多少，补多少”原则；一般情况下，《GC 市土地利用总体规划（2006—2020 年）》中的补充耕地指标需要在本辖区内完成，而其与新增建设占用耕地量之间的差额通过易地补充满足。

表 4-1　GC 市及各区县耕地数量控制指标的实施情况　　单位：公顷

地区	耕地保有量			基本农田保护面积			补充耕地		新增建设占用耕地	
	指标	基期	现状	指标	基期	现状	指标	已完成	指标	已占用
GC	254887	274875	265374	201800	210100	201800	4900	2262	14600	10878
ND	3920	5317	4355	1190	3430	1190	35	0	1691	803
YD	0	1773	887	0	456	0	0	0	1224	578
XD	769	1495	1036	0	331	0	0	0	688	528
HD	32929	35767	33497	22174	27478	22174	542	414	2038	1755
WD	22268	26554	23772	16166	19124	16166	398	219	4044	2996
BD	6307	9057	7304	2960	4818	2960	212	107	1716	1531
XX	39909	40941	41741	33550	32143	33550	995	305	665	508
KX	64822	69177	67541	54800	54351	54800	872	527	901	708
FX	31943	31365	32868	26880	25253	26880	575	299	709	623
QX	52020	53429	52372	44080	42716	44080	1271	391	924	850

注：“现状”为 2013 年数据，“已完成”和“已占用”为 2006—2013 年数据，补充耕地仅包含通过土地整治补充的耕地数量。

截至 2013 年，GC 市耕地保护各规划指标均未被突破。尤其是耕地保有量，2006—2013 年仅消耗了规划允许减少量的 47.5%。作为唯一耕地总量需要增加的县，FX 县也已经提前并超量完成了规划目标。按照当前消耗速度，GC 市似乎能够实现耕地保有量的规划目标。但是，有两点值得特别指出。其一，前八年中，地类调整、测量技术改进、耕地补查等为研究区创造了3082公顷耕地。未来通过这种方式扩大耕地面积的潜力很小。而这种方式造成的耕地面积增加只是账面数据增加，实际耕地并未增加。因此，如果扣除此类新增耕地，实际已消耗规划允许耕地减少量的63.0%。其二，一些区县维持耕地总量目标的压力很大，在规划期末不突破控制指标的难度较大，如HD区、QX市和ND区前八年耕地减少量占整个规划期耕地允许减少量的比重分别已达80.0%、75.0%和68.9%。但如果算上易地补充耕地量，GC市实现耕地保有量目标的难度并不大。

基本农田保护面积则快速下降为与规划目标一致。虽未突破上级下达的指标，但也未实现"留有余地"的规划保护策略，如XX县、KX县、HD区和WD区的土地利用总体规划分别要求预留290公顷、289公顷、270公顷和180公顷的基本农田机动指标。

耕地占补方面呈现出"快占慢补"的特征。补充耕地进度滞后，前八年仅完成任务量的46.2%（如前文所述，一般情况下规划中的耕地补充任务需要在本辖区内实现，故不考虑易地补充）。QX市（县级市）和XX县的土地整治补充耕地任务量最大，分别占GC市总任务的25.9%和20.3%，但实际完成量仅为30.0%左右。地方政府补充耕地通常遵循"先易后难"的原则，即那些新增耕地潜力大、成本相对小的土地整治项目会得到优先实施。可以想象，剩余耕地补充指标的实施压力很大。

新增建设占用耕地指标消耗率已达74.5%。按照当前的使用速度，剩余指标仅可维持三年的需求量。除ND区和YD区指标剩余量较充裕外，其他区县将新增建设占用耕地控制在规划目标内的难度很大。其中，QX市、BD区、FX县和HD区的指标消耗量已超过或接近90.0%。

二　建设用地指标

城镇工矿用地虽是预期性指标，但属本案例研究的关注对象；城乡建设用地是约束性指标，该指标的执行情况更能反映规划有效性，而分析城镇工矿用地的调控效果可以揭示控制城乡建设用地扩张的压力源。

其他建设用地指标中，建设用地总量和交通水利及其他用地是预期性的，且不属于本案例研究的关注重点（案例研究探讨规划管控城镇用地扩张的有效性）；新增建设占用耕地和人均城镇工矿用地是约束性的，前者已纳入表4-1，不再赘述，后者数据科学性不足（如2013年BD区人均城镇工矿用地为198平方米/人，较规划文本中基期数据增长53.5%，但城镇工矿用地总量仅增长36.7%，在BD区城镇人口逐年增加的情况下显得匪夷所思）。因此，表4-2中仅列举城镇工矿用地和城乡建设用地两项指标。

表4-2　　GC市及各区县建设用地控制指标的实施情况　　单位：公顷、%

地区	城镇工矿用地（预期性）				城乡建设用地（约束性）				源于城镇工矿用地占比
	指标	基期	现状	剩余占比	指标	基期	现状	剩余占比	
GC	37200	20625	33930	19.7	57000	41202	57538	0.0	81.4
ND	5216	3488	4566	37.6	5362	4188	5421	0.0	90.1
YD	4527	2503	3654	43.1	4856	2833	4047	40.0	94.8
XD	2363	1201	2394	0.0	2363	1386	2536	0.0	103.7
HD	5251	2015	2655	80.2	7193	4106	6174	33.0	33.0
WD	8337	2600	6834	26.2	10721	5029	9398	23.2	96.9
BD	4241	2099	4128	5.3	5074	2836	5211	0.0	85.4
XX	1947	1635	2969	0.0	4401	4279	5386	0.0	120.5
KX	944	834	1720	0.0	6266	6100	6903	0.0	110.3
FX	986	921	1473	0.0	3227	3092	4241	0.0	48.0
QX	3388	3329	3537	0.0	7537	7353	8221	0.0	24.0

注：剩余占比=1-（现状-基期）/（指标-基期）；源于城镇工矿用地占比（%）=2006—2013年城镇工矿用地增量面积/2006—2013年城乡建设用地增量面积。

研究区城镇工矿用地和城乡建设用地指标的控制效果较差，两者总面积分别增长了64.5%和39.6%。至2013年，城镇工矿用地增长13305公顷，已消耗规划增量的80.3%。按照前八年的平均使用速度，剩余指标将在两年内被消耗。而作为约束性指标的城乡建设用地面积，其约束力本应更强，但至2013年已突破上级下达的配额。在所有区县中，仅HD区和YD区的城镇工矿用地指标剩余量较为充足，其余区县指标剩余已严重不足或被突破。特别是XX、KX、FX、QX等四个偏远县市，实际用地增量已达规划增量的数倍。

GC市城乡建设用地的增量中，超过80.0%来自城镇工矿用地，表明城镇工矿用地扩张是GC市建设用地管控的主要压力源。部分区县城镇工矿用地增量超过城乡建设用地增量，说明部分城镇工矿用地由农村居民点转化而来，体现了城市化对当地建设用地结构演化的影响。但也应注意到，一些区县城镇工矿用地增量占城乡建设用地增量的比例不足50.0%，而这些区县的农业人口基本保持稳定，表明农村建设用地过度扩张的问题同样需要引起关注。

第二节　用于一致性评价的规划图层选取

一　用于耕地保护一致性评价的规划图层

GC市各区县土地利用总体规划成果数据库中，未含有确定各个地块具体用途的图层数据，但土地用途分区中对基本农田和一般耕地进行了空间布局，主要涉及基本农田保护区（数据库中代码为“010”）和一般农地区（数据库中代码为“020”）。基本农田保护区内对耕地保护的强约束性是不言而喻的。《GC市土地利用总体规划（2006—2020年）》中针对一般农地区提出了“主要用于农业生产及其服务设施”“采取措施减少建设用地和增加耕地”等土地利用政策。另外，GC市010和020范围内的耕地规模（即便补充耕地指标得以实现并全部落在010、020范围内）小于规划目标年耕地保有量指标，说明020范围内耕地同样需要严格保护才有可能实现耕地保护的总量目标。

因此，虽然一般农地区对耕地保护的约束性低于基本农田保护区，但本书仍采用土地利用总体规划成果数据库“TDYTQ”（土地用途区）图层中010和020范围作为耕地的规划空间布局蓝图。与TDYTQ图层中的“010”（基本农田保护区）和“020”（一般农地区）分布一致的耕地被视为合规耕地（LANDin）；反之，为违规耕地（LANDout）。010、020范围内非耕地用地类型即LANDund。

需要指出的是，基于TDYTQ图层的叠置分析会产生两方面干扰性作用。以一般农地区为例：其一，在一般农地区以内，基期或现状用地类型可能存在非农用地地块，则会被判成与规划不吻合，但事实上规划可能允许非农用地存在；其二，基期或现状为一般农用地，但落在一般农地区外的，也会被判为与规划不符的用地，但实际上规划可能允许在一般农地区外布局一定的农用地，010、020范围内耕地数量显著小于耕地保有量目标，说明010、020范围外的某些耕地也需要加以保护。可见，这两方面的干扰作用将放大土地利用与规划的不一致性。本书仍然选择上述方法，除了数据约束，还有以下考虑：一方面，某种土地用途区内包含了绝大部分该类用地的规划布局、区外只占很少部分，且主导类型用地面积占区内总面积的比例很高，忽视这些用地区以外的该类土地布局，在很大程度上是可接受的；另一方面，耕地与城镇用地的集中化是规划的重要空间布局目标，本书的叠加分析方法可以更好地检验其实施成效。

二　用于城镇用地管控一致性评价的规划图层

理论上，在土地利用总体规划成果数据库中，土地用途区中城镇建设用地区（数据库中代码为“030”）和建设用地管制分区（允许和有条件建设区）都可以作为实际城镇用地开发利用状况与规划空间一致性评价的依据。本书选择前者，主要有以下三方面原因。

第一，《GC市土地利用总体规划（2006—2020年）》在土地分区利用政策中提出了“必须在规划确定的城镇建设用地范围内进行建设”的要求；在对GC市国土资源局调研时发现，030范围也是实际工作中项目用地布局和审批的重要依据。由此可见，案例区030

范围被赋予了很强的城镇用地空间布局管控效力，可以用来进行一致性评价。

第二，案例区规划中允许建设区和有条件建设区还包括村庄和集镇的范围。在实地调研中，笔者发现一些村和集镇规划布局范围内存在与规划不一致的城镇用地开发的情况。因此，以建设用地管制分区作为评价实际城镇用地布局与规划一致与否的依据将对本书研究造成两方面负面影响：一是不符合本书仅将城镇用地（城市和建制镇用地）作为评价对象的研究要求；二是不能有效识别村庄和集镇范围内的违规城镇用地开发。

第三，GC 市用途分区中的城镇建设用地区（030）范围全部落在允许建设区和有条件建设区内，占后者面积的 95.0%左右。这说明，在对城镇用地实际与规划进行一致性评价时，用途分区中的 030 范围对建设用地管制区中的允许建设区和有条件建设区具有很强的替代作用。反过来，后者由于放大了建设用地的管制对象（允许建设区和有条件建设区范围大于用途分区中的 030 范围，主要是由于前者包含集镇和部分村庄的规划建设布局范围造成的）。因此，在评价规划图则管控城镇扩张有效性时建设用地管制分区不能成为 030 范围的替代。

另外，HD 区、WD 区、KX 县、FX 县和 QX 市的用途分区中，030 范围和 040（村镇建设用地区）范围是合一的，但在中心城区土地利用总体规划数据库中是分离的，故以中心城区代替全域。这些区县大部分基期和现状城镇用地分布在中心城区范围内，故以中心城区代全域是可接受的。

本书将落在规划用途分区中 030 范围内的城镇用地称为合规城镇用地（LANDin）；反之，落在 030 范围外的城镇用地称为违规城镇用地（LANDout）。030 范围内城镇用地以外的用地类型属于 LANDund。

第三节　土地利用与规划的空间吻合度

一　不同吻合性用地的空间分布特征

图4-1、图4-2分别显示了GC市主要现状耕地和城镇用地（HD区、WD区、KY县、FX县和QX市仅包含中心城区的城镇用地）中LANDin、LANDout和LANDund的空间分布状况。YD区的耕地保有量指标和基本农田保护面积指标均为0，没有划定基本农田保护区和一般农地区。因此，虽然2013年该区仍有少量耕地（见表4-1），但没有必要对该区的耕地利用与规划一致性进行评价，故图4-1中显示为空白。

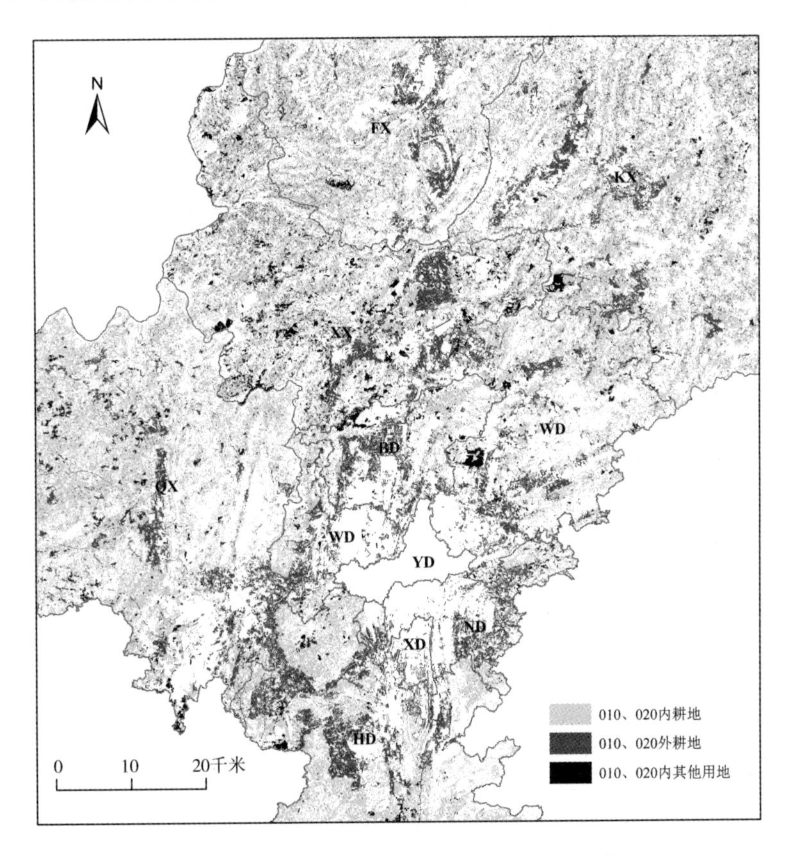

图4-1　2013年GC市不同合规性耕地分布

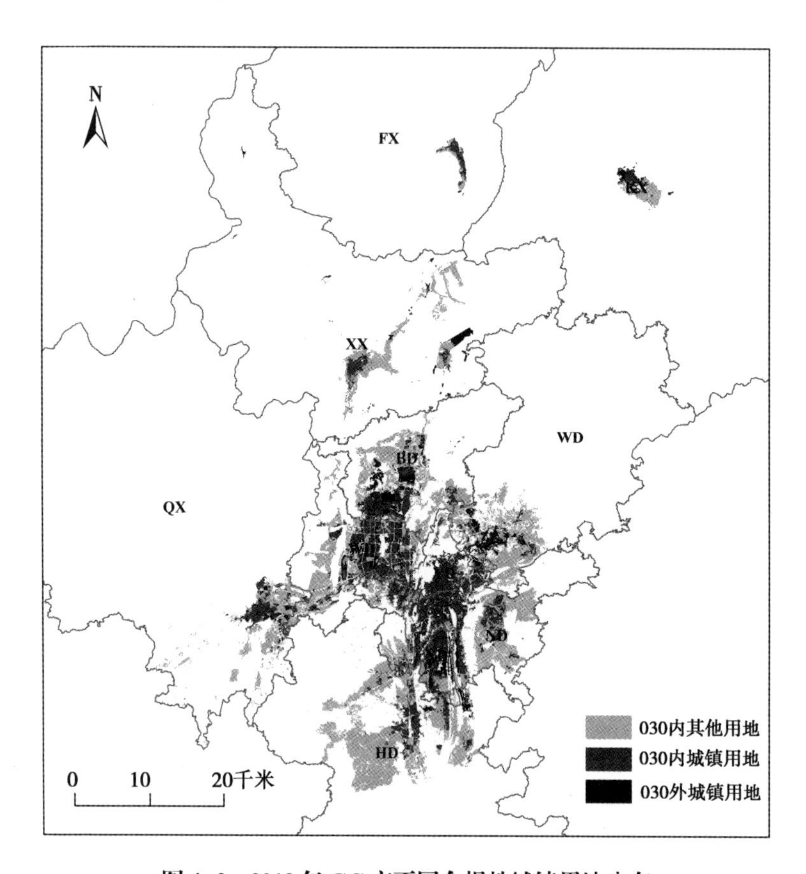

图 4-2　2013 年 GC 市不同合规性城镇用地分布

在规划耕地功能用途区（010 和 020 范围）内，耕地占绝对多数，连接度相对较高，其他用地类型所占比例较小，体现了 010、020 范围内耕地用途的主导性。按照功能分区的基本原则，在 010、020 范围内分布少量他类用地是可接受的，甚至也是有必要的。案例区 010、020 范围外的耕地呈现出以成片、集中分布为主，零星、散乱分布共存的特点。

总体而言，城镇用地分布较为集中，连接度较高。规划城镇建设区内的后备土地主要位于与存量建设用地邻接的外围，有利于城镇用地集聚式扩张，如六个区存量城镇用地基本被规划后备土地所包围，为规划期内城市扩张重点方向的选择和建设活动选址创造了很高的自由度，同时也为规划分区的落实创造了条件。违规城镇的集中度也很高，主要位于 BD 区、WD 区境内；XD 区和 XX 县等地也有明显分布。

案例区 010、020 范围外耕地的分布与 030 范围内未开发土地分布的空间重叠性较高，说明这些耕地主要是被预留为城镇扩张的后备土地资源。当然，除了对新增建设用地的需求，这些耕地开发建设的规模和速度，还应取决于耕地保有量、新增建设占用耕地等控制指标。

二 耕地与规划的空间吻合度

根据案例区土地利用总体规划中用途区管制的基本原则，新增建设占用耕地应当主要发生在 010、020 范围外。即，010、020 范围外的一部分耕地是被特意预留为建设用地开发的。如果不扣除这一部分耕地，会放大违规耕地规模。因此，本书还考察了扣除允许建设占用后的净违规耕地面积。利用式 3.1—式 3.3 计算各吻合度指标，LANDout 采用净违规耕地数据，结果见表 4-3。

表 4-3 GC 市各区县耕地与规划的空间吻合度 单位：公顷、%

项目	GC	ND	XD	HD	WD	BD	XX	KX	FX	QX
010、020 面积	278470	2221	333	28388	21647	5343	47689	76845	39126	56878
基期合规	219776	1839	330	25236	17229	4263	35655	61681	27164	46380
基期违规	53326	3478	1165	10531	9325	4794	5286	7496	4201	7049
基期净违规	39950	1787	477	8493	5281	3078	4621	6595	3492	6125
合规率	84.6	50.7	40.9	74.8	76.5	58.1	88.5	90.3	88.6	88.3
饱和度	78.9	82.8	99.1	88.9	79.6	79.8	74.8	80.3	69.4	81.5
容余率	22.6	10.5	0.4	9.3	19.6	14.7	29.9	22.2	39.0	20.0
现状合规	214989	1647	262	24665	16430	3911	35190	59923	26810	46151
现状违规	49498	2708	774	8832	7342	3393	6551	7618	6058	6222
现状净违规	45776	1820	614	8549	6294	3208	6394	7425	5972	6148
合规率	82.4	47.5	29.9	74.3	72.3	54.9	84.6	89.0	81.8	88.2

续表

项目	GC	ND	XD	HD	WD	BD	XX	KX	FX	QX
饱和度	77.2	74.2	78.7	86.9	75.9	73.2	73.8	78.0	68.5	81.1
容余率	24.3	16.6	8.1	11.2	23.0	20.1	30.1	25.1	37.6	20.5

注：YD区规划不保留耕地，未纳入统计范围；基期净违规=基期010、020范围外耕地面积-新增建设占用耕地指标；现状净违规=现状010、020范围外耕地面积-新增建设占用耕地剩余指标。

在规划基期，GC市耕地合规率达84.6%，合规耕地占010、020范围总面积的比重（饱和度）达到78.9%，容余率为22.6%，说明耕地空间分布与规划的整体吻合度较高，规划用途区范围内耕地的主导性明显。但存在较大区县差异：主城区五个区（ND、XD、HD、WD和BD）的耕地合规率和容余率显著低于其他四个偏远县市，饱和度则高于后者。主要原因是，相对于其他四个偏远县市，上述五个区被赋予较多的新增建设占用耕地指标，承担了较少的耕地保有量任务，造成这些区划定耕地用途区的自由度较高，仅将耕地较为集中分布的部分地区划入耕地保护区（包括基本农田保护区和一般农地区）就能满足耕地保护指标的要求；同时允许用途区外存在较多耕地，以作为城镇开发的储备用地。

GC市现状合规耕地和违规耕地分别较基期减少4787公顷和3828公顷。合规耕地减少量大于违规耕地减少面积，导致全市现状耕地合规率较基期下降2.2个百分点，各区县合规率和饱和度均呈下降态势。耕地总量的下降使现状容余率有所增大。现状净违规耕地较基期反而有所上升，说明新增建设用地所占用的耕地中，有相当一部分来自010、020范围内的合规耕地。

三　城镇用地与规划的空间吻合度

利用式3.1—式3.3计算吻合度指标，结果见表4-4。在基期，GC市城镇用地的合规率为86.1%。各区县之间的合规率差异很大：

FX 县、QX 市和 XX 县的城镇用地基本上都落在规划范围以内，ND 区和 HD 区的合规率高于 95.0%；但 KX 县基期合规率不足 60.0%，XD 区和 WD 区有超过 1/4 的城镇用地落在 030 范围外，YD 区的违规用地也达 215 公顷。

表 4-4　　GC 市各区县城镇用地与规划的空间吻合度　　单位：公顷、%

项目	GC	ND	YD	XD	HD	WD	BD	XX	KX	FX	QX
030 面积	60261	8726	5078	3294	12393	13942	7057	3833	1121	761	4056
基期合规	11294	3248	2217	850	1081	1667	647	387	203	349	645
基期违规	1818	124	215	351	55	609	308	4	148	0	4
合规率	86.1	96.3	91.2	70.8	95.2	73.2	67.7	99.0	57.8	100.0	99.4
饱和度	18.7	37.2	43.7	25.8	8.7	12.0	9.2	10.1	18.1	45.9	15.9
容余率	373.5	162.5	117.6	203.5	995.8	539.3	671.2	881.3	261.5	118.1	525.6
现状合规	20184	3860	3317	1773	1935	4631	2099	648	285	414	1222
现状违规	5485	498	293	581	288	1557	1156	553	231	17	311
合规率	78.6	88.6	91.9	75.3	87.0	74.8	64.5	54.0	55.2	96.1	79.7
饱和度	33.5	44.2	65.3	53.8	15.6	33.2	40.7	16.9	25.4	54.4	30.1
容余率	156.1	111.7	48.8	64.6	470.4	150.5	152.3	265.2	162.0	80.5	184.9

注：HD、WD、KX、FX 和 QX 仅包含中心城区的城镇用地；GC 市 030 面积、合规面积与违规面积等于表中各区县相应指标数据之和。

土地利用在短期内具有不可逆性（路易斯·霍普金斯，2009；Loh，2011；Di Corato et al.，2013），转用城镇用地的成本通常较高（薛东前，2002）。当地正经历着快速的城市化，通过减少 030 范围外城镇用地来提高合规率乃至规划有效性的难度可想而知。因此，将基期较大规模城镇用地不划入 030 范围的做法是值得探讨的。

GC 市基期 030 范围内的饱和度不足 20.0%，而容余率达

373.5%；各区县的饱和度均低于50.0%，部分区县饱和度甚至仅为10.0%左右，一些区县的容余率超过500.0%。较低的规划饱和度和较高的容余率表明，规划为城镇用地扩张预留了充足的储备土地和空间布局弹性，有利于应对未来发展的不确定性。

2013年GC市城镇用地达25669公顷（部分区县仅包含中心城区的城镇用地数量，全市实际城镇用地总量应为27292公顷），较基期增长了95.8%。其中，合规用地和违规用地分别增长78.7%和201.7%；违规城镇用地占城镇用地总面积的比重由13.9%上升至21.4%，合规率较基期下降7.5个百分点。XX县和KX县的合规率仅为55.0%左右，BD区、WD区、XD区和QX市的合规率低于80.0%。仅BD区、XD区、YD区和WD区的合规率有所上升，但这些区的违规用地仍然增长显著。比如，WD区的违规用地增量达948公顷，居各区县之首；BD区的增长量超过800公顷；XX县、ND区和QX市的增长量也均超过300公顷，导致合规率大幅下降。

然而，GC市030范围内饱和度在有所上升的基础上仍不足35.0%，说明规划城镇用地范围内仍有大规模未开发土地，如合规率较低的XX县、KX县、WD区和QX市，饱和度尚低于全市平均水平。在违规用地增速显著快于合规用地的趋势下，研究区规划容余率较合规率以更大幅度下降。但所有区县的容余率均接近或高于50.0%，说明即便所有的违规用地都放入030范围内，规划城镇建设区仍有充足的剩余容量。这表明，案例区违规用地的快速扩张不是由030范围不足造成的。

第四节　地类演化角度的规划有效性测度

一　地类演化角度规划有效性等级的具体情形

基于一致性评价理论，第三章第二节第二部分从地类演化的角度将规划有效性分成强有效、弱有效、弱失效和强失效四个等级。

结合本书所关注的耕地保护与城镇用地扩张的主要特点及其所对应的规划治理目标，本节进一步细化上述四个等级的具体情形。

（一）强有效Ⅰ和强有效Ⅱ

如图 4-3 所示，将强有效具体分化为两种情形：在某类用地规划区范围内，其他用地被转化为该类用地的，定义为强有效Ⅰ；在某类用地规划区范围外的该类违规用地，被转化为其他用地的，定义为强有效Ⅱ（也有可能被转用后仍不符合规划，但我们仅关注耕地保护和城镇用地扩张管控的规划治理成效，强有效Ⅱ的情形意味着违规耕地或城镇用地的减少；因此笔者不打算进一步考察被转为其他用地后是否符合规划）。强有效Ⅰ提升规划饱和度；强有效Ⅱ直接作用于合规率。

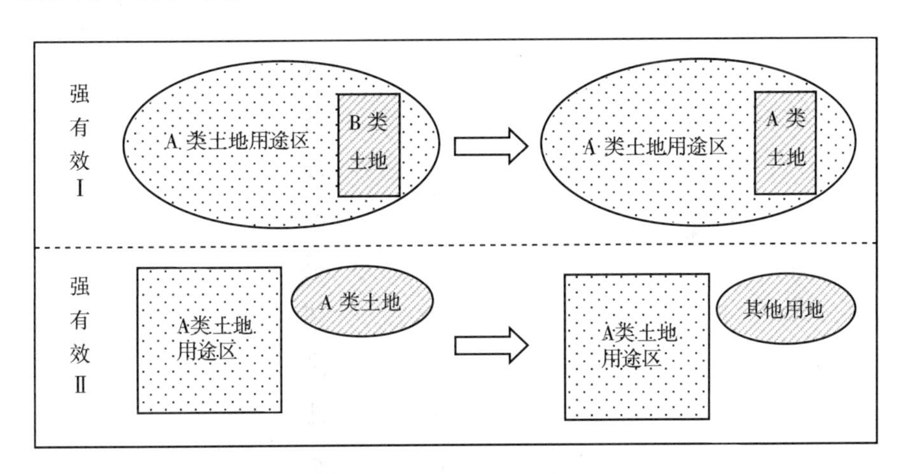

图 4-3　强有效的两种情形

通过 ArcGIS 计算强有效Ⅰ的操作方法是：利用土地利用总体规划数据库对基期和现状数据库分别进行裁剪（Clip）分析，提取基期与现状的合规用地；利用基期合规用地图层对现状合规用地图层进行擦除（Erase）分析，得到基期以来新增的某类合规用地。计算强有效Ⅱ的步骤是：利用规划数据库对基期和现状数据库分别进行擦除分析，得到基期和现状违规用地图层；再用现状违规用地图层对基期违规用地图层进行擦除分析，得到基期以来被转用的违规用地。

对于耕地保护而言，确立耕地重点保护区和提高耕地集中连片度是土地利用总体规划有关耕地保护的重要内容。因此，我们应当更加关心耕地用途规划区（包括基本农田保护区和一般农用地区）内其他用地是否被转为耕地，即强有效Ⅰ。相比之下，强有效Ⅱ的情形，即耕地用途区外的耕地转用情况并非规划耕地保护的关注点。值得进一步强调的是，对于耕地保护的规划目标而言，强有效Ⅱ的大量发生也并不意味着规划实施更加有效，违规耕地被大规模转用可能造成规划耕地保有量目标被突破。

而就管控城镇用地扩张而言，强有效Ⅰ和强有效Ⅱ应给予同等关注。前者反映规划区内城镇用地的开发扩张状况；后者指示规划区外的城镇用地是否被转用成为其他土地，以此反映城镇扩张是否遵循规划设定的方向。同样值得强调的是，强有效Ⅰ的发生规模越大也并不意味着规划实施越有效。在编制规划时，案例区所划的城镇用地区布局范围显著大于城镇用地控制指标，030 范围内土地快速开发可能造成用地指标被突破，反而意味着规划失效。

（二）弱有效

如图 4-4 所示，弱有效的通常情形是：土地利用类型从基期到 2013 年未发生改变且位于该类土地的规划用途区范围内。还有另外一种可能性，某块用地基期是合规的，现状也是合规的，但期间可能被转化为其他用地类型，而之后又被转为原用途的用地。考虑到这种可能性较小，且这种情形同样能反映规划的引导作用，因此将此类情形归入弱有效，不加以区分。

弱有效图层的提取方法是：在得到基期和现状合规用地图层后，分别选中并提取耕地或城镇用地图斑，再对两者进行裁剪（Clip）分析。

（三）强失效Ⅰ和强失效Ⅱ

强失效可归结为两种情形：基期合规、之后被转用的地块和规划用途区外新增的违规用地。前者降低饱和度，后者降低合规率。这两种强失效情形分别与强有效Ⅰ和强有效Ⅱ相反（见图 4-5）。

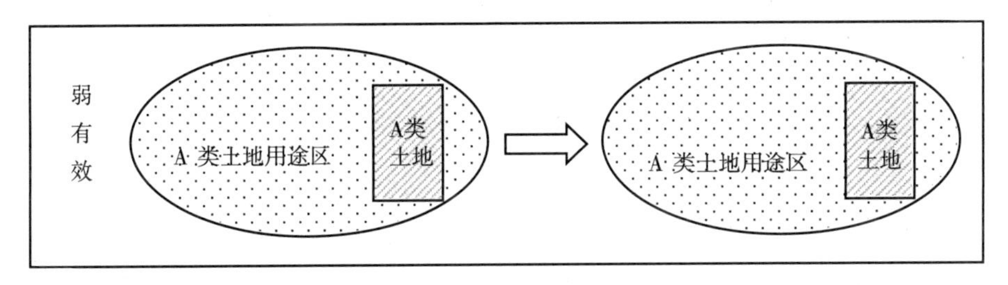

图 4-4　弱有效的情形

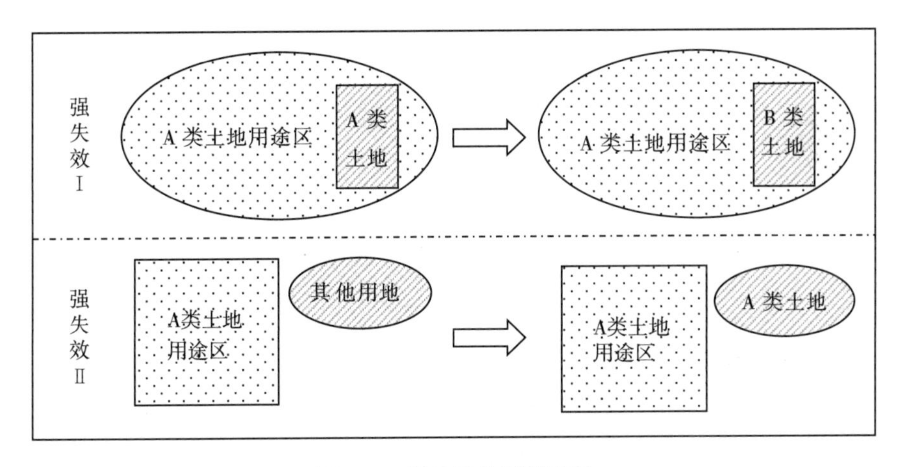

图 4-5　强失效的两种情形

强失效Ⅰ的计算方法是：在得到基期和现状合规用地图层后，利用现状合规用地图层对基期合规用地图层进行擦除分析，所得到的图层数据即基期以来被转用的合规用地。强失效Ⅱ的提取步骤是：利用规划图层分别对基期和现状数据库进行擦除分析，得到基期和现状违规用地数据图层；再利用基期违规用地图层对现状违规用地图层进行擦除分析，即可得到规划基期以来新增违规用地图层。

同样地，对于耕地和城镇用地，需加以区别对待。就耕地保护而言，显然强失效Ⅰ对规划有效性的损害性更强，不仅违背了规划对耕地进行集中、重点保护和优化空间布局的目标，也对维持耕地保有量构成挑战。但对于城镇用地管控而言，030 范围外的城镇用地开发活动应引起特别重视，对规划效度的损害性通常情况下更甚于强失效Ⅰ。

（四）弱失效Ⅰ和弱失效Ⅱ

弱失效Ⅰ指规划某类土地用途区内基期至今一直存在的其他类型用地，也包括地类发生改变但仍不属于规划确定地类的地块。弱失效Ⅱ是指基期已存在、现状仍未被转用的违规用地，如010、020范围外一直存在的耕地，030范围外一直存在的城镇用地，如图4-6所示。

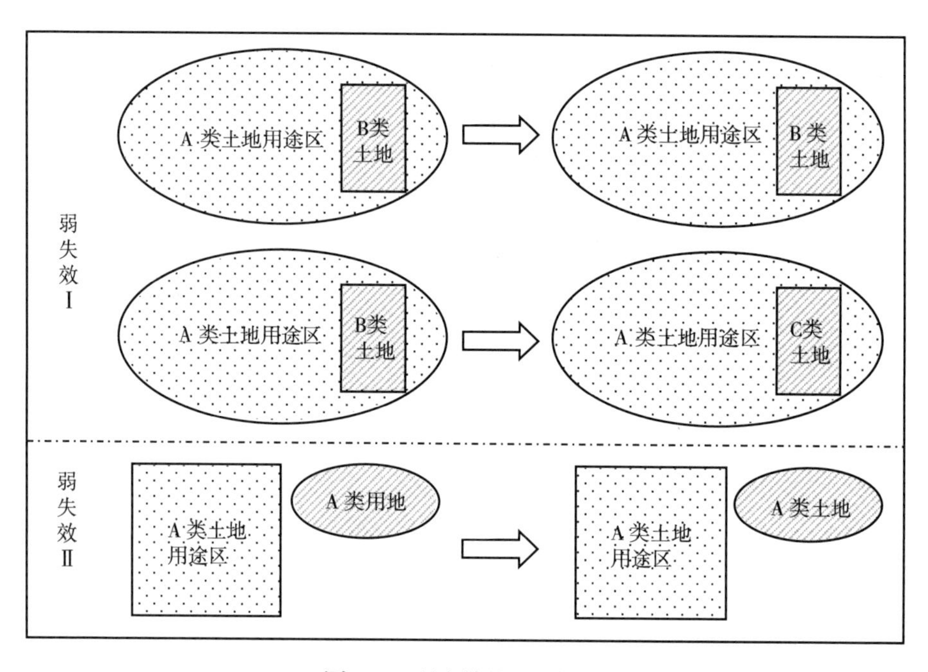

图4-6　弱失效的两种情形

弱失效Ⅰ的提取步骤是：分别利用基期和现状图层数据对规划图层进行擦除分析，得到基期和现状规划范围内的其他用地图层；在对两者进行交集分析，得到基期和现状均是其他类型用地的地块图层。弱失效Ⅱ的获取方法：在得到基期和现状违规用地图层后，对两者进行交集分析，得到基期属于违规地块、基期以来未发生用途改变的违规地块图层。

这些情形的规划不一致性对规划效度的损害作用较小，某些情况下可能反而是为了实现规划目标的需要。比如，在030范围内保留大量未开发土地，是为了迎合规划管控城镇用地扩张的需要；010、020范围外保留耕地也有助于达成耕地保有量目标。

二　耕地演化的一致性等级

图4-7和表4-5分别展示了GC市及各区县用地演化角度耕地保护有效性各等级耕地地块的空间分布和数量。总体上，在快速工业化和城市化带动下，GC市东南部主城区的土地利用类型变动比较剧烈，是强失效、强有效等级用地较为集中分布的地区；而北部和西部偏远县市的用地状态相对较为稳定，是弱有效和弱失效用地较为集中分布的地区。

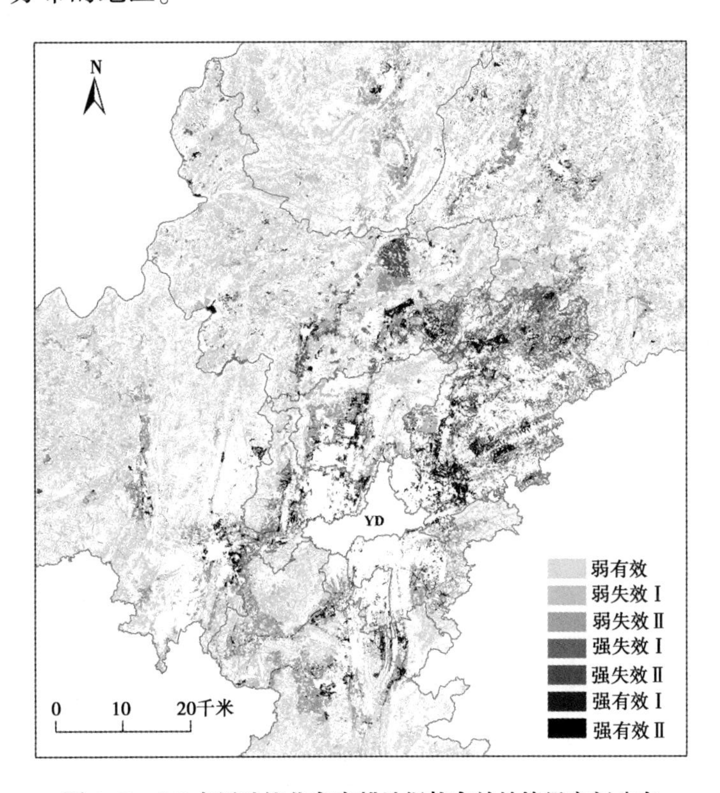

图4-7　GC市用地演化角度耕地保护有效性等级空间分布

注：YD区因没有耕地保有量任务而显示为空白。由于有效性等级分类较多，为不影响展示效果，图中未显示YD区以外的区县名称。出于类似原因，下文部分图中的区县名称未标明或全部标明。

GC市2006—2013年的新增耕地中，仅有280公顷位于010、020范围内（强有效Ⅰ）。这些合规新增耕地绝大部分位于KX县和FX县；部分区县的新增耕地完全落在规划耕地用途区外。全市010、020范围外的耕地中，被转用的达8891公顷（强有效Ⅱ），占基期总违规耕地的16.7%。其中，HD区和WD区的转用量超过2100公顷，BD区和QX市的转用量也在1200公顷以上。上文提到，并非强有效Ⅱ面积越大，规划就越有效；010、020范围外大量耕地转用，会加大落实耕地保有量和新增建设占用耕地面积控制指标的难度。表4-1表明，包括HD区、WD区、BD区和QX市在内的GC市大部分区县面临着新增建设占用耕地配额严重不足、耕地总量减少速度显著快于规划控制要求的严峻形势。

全市弱有效等级耕地面积为214709公顷，分别占基期和现状合规耕地总量的97.7%和99.9%，说明研究期间绝大部分合规耕地能够保持稳定。后者比重较前者比重的明显上升也证明，被转用的合规耕地数量显著多于新增合规耕地数量，合规耕地不断流失，较基期减少4787公顷。其中，KX县被转用的合规耕地接近2000公顷，WD区、HD区和XX县的转用量超过或接近500公顷。

表4-5　GC市用地演化角度耕地保护有效性统计　单位：公顷

地区	强有效Ⅰ	强有效Ⅱ	弱有效	强失效Ⅰ	强失效Ⅱ	弱失效Ⅰ	弱失效Ⅱ
GC	280	8891	214709	5068	5064	58413	44434
ND	0	770	1647	192	0	382	2708
XD	0	488	262	68	97	3	677
HD	0	2116	24665	571	417	3152	8415
WD	18	2192	16412	817	209	4400	7133
BD	0	1508	3911	352	107	1080	3286
XX	17	66	35173	482	1331	12017	5220
KX	200	221	59723	1958	343	14964	7275
FX	39	281	26771	393	2138	11923	3920

续表

地区	强有效Ⅰ	强有效Ⅱ	弱有效	强失效Ⅰ	强失效Ⅱ	弱失效Ⅰ	弱失效Ⅱ
QX	7	1248	46144	236	421	10491	5801

注：GC市相应指标数据为表中区县指标数据之和；这里强有效Ⅰ和强失效Ⅱ包括土地整理开发复垦外其他途径获得的新增耕地，因此与表4-1中补充耕地数据不一致。

研究区强失效Ⅱ的耕地面积总计为5064公顷。结合表4-6可知，虽然通过土地整理开发复垦增加的耕地占新增耕地的总量不足50%，GC市新增耕地的合规率仅为5.3%。这说明，不仅通过其他途径增加的耕地绝大部分落在010、020范围外，通过土地整治增加的耕地也主要落在规划耕地保护区外。除了KX县新增耕地合规率相对较高外，其余区县并未按照规划图则引导的空间布局补充耕地。GC市属于弱失效Ⅰ等级的耕地面积为58413公顷，较基期010、020范围内非耕地地类面积仅下降0.5%，仅KX县的下降率超过1.0%，同样表明010、020范围内其他用地很少被开垦为耕地，不利于实现“采取措施增加耕地”这一土地用途分区管制要求。

全市属于弱失效Ⅱ等级的耕地面积为44434公顷，其中HD、KX、WD、QX和XX等区县的弱失效Ⅱ耕地面积超过5000公顷。即使大部分区县拥有较多的010、020范围外预留耕地以作城镇用地开发的后备土地资源，在规划期前八年，GC市占用合规耕地和占用违规耕地的比值（强失效Ⅰ耕地面积/强有效Ⅱ耕地面积）高达57.0%，其中XX县、KX县、FX县的比值远超100.0%，违背了这些地区土地利用总体规划确定的土地利用分区管理政策。KX县新增合规耕地占GC市新增合规耕地总量的71.4%，FX、XX两县的新增违规耕地规模占GC市新增违规耕地总面积的68.5%，说明新增合规耕地、新增违规耕地以及新增耕地集中分布于少数几个区县。

表4-6 GC市新增耕地来源与合规性 单位：公顷、%

项目	GC	XD	HD	WD	BD	XX	KX	FX	QX
新增耕地总量	5344	97	417	227	107	1348	543	2177	428

续表

项目	GC	XD	HD	WD	BD	XX	KX	FX	QX
土地整治新增耕地占比	42.3	0.0	99.3	96.5	100.0	22.6	97.1	13.7	91.4
新增耕地合规率	5.2	0.0	0.0	7.9	0.0	1.3	36.8	1.8	1.6

注：新增耕地合规率=（新增合规耕地/新增耕地总量）×100%，即=［强有效Ⅰ/（强有效Ⅰ+强失效Ⅱ）］×100%。

上述事实说明，研究区的土地利用总体规划在引导土地整治项目选址和新增耕地布局、保护010与020范围内的耕地等方面缺乏效力。

三　城镇用地演化的一致性等级

GC市存量城镇建设用地主要分布于主城区所在的六个区；而且这六个区的城镇建设与扩张更加活跃（属于强有效Ⅰ和强失效Ⅱ等级的城镇用地面积较大），并拥有较多的规划城镇建设区内的后备开发用地资源（即属于弱有效Ⅰ等级的土地）。GC市各区县的存量城镇用地与新增城镇用地具有较为突出的空间格局分异特征：XX县和HD区呈组团状发展，WD区的东部片区和QX市城镇用地呈现出显著的破碎化特征，其余区县则相对较为集聚。破碎化开发的地区大多受地形因素的限制；组团化扩张的地区则具备一定的小型多中心发展态势。这些城镇用地破碎化与组团化扩张的区县，新增违规城镇用地（属于强失效Ⅱ等级的土地）也相对较多。具体如图4-8所示。

由表4-7可知，规划实施评价期限内GC市新增城镇用地12864公顷，接近基期总量。其中，合规新增城镇用地（强有效Ⅰ）占70.3%，违规新增用地（强失效Ⅱ）占29.7%。新增城镇用地合规率较GC市基期城镇用地合规率下降15.8个百分点，新增城镇用地中违规用地占比超过基期违规城镇用地占比一倍。其中，XX县强失效Ⅱ用地面积与强有效Ⅰ用地面积的比值超过2.0，KX县超过1.0，

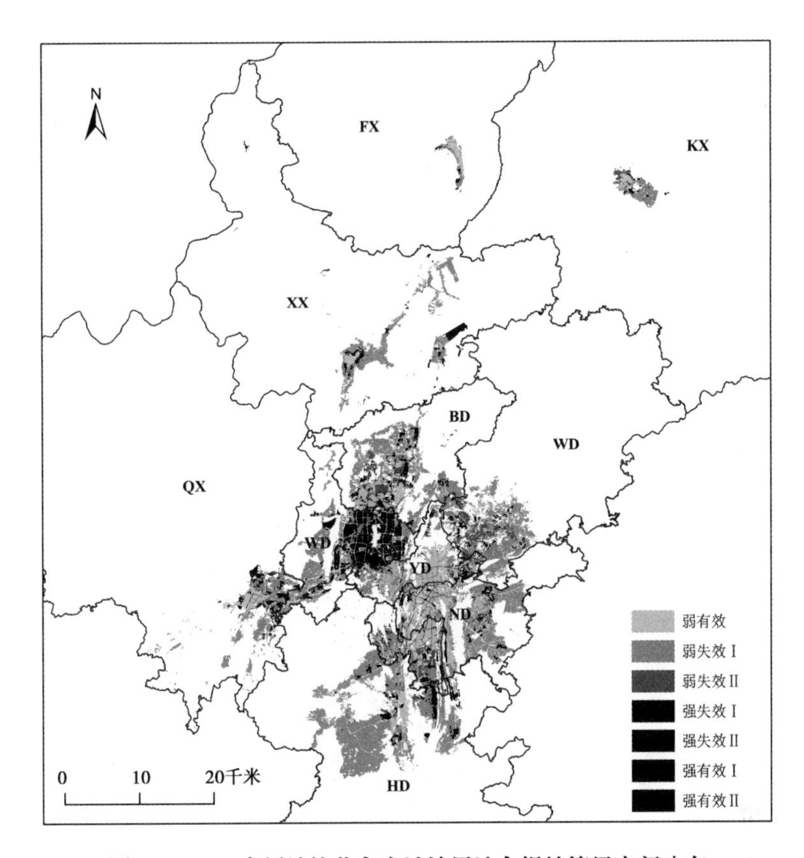

图 4-8　GC 市用地演化角度城镇用地合规性等级空间分布

ND 区、BD 区和 QX 市均大于 0.5，表明这些区县的土地利用规划对城镇扩张的空间引导作用相对不足。WD、BD 和 YD 三个区的强有效Ⅰ用地面积占 GC 全市总量的 62.6%，WD、BD 两个区的新增违规城镇用地达 1812 公顷，占全市强失效Ⅱ用地面积的比重接近一半；而 XX、KX、FX 和 QX 四个偏远县市的强有效Ⅰ用地面积仅占 GC 市的 11.0%，强失效Ⅱ用地面积也仅占 1/4 左右。这说明，GC 市的城市化、工业化具有很强的空间不均衡性，城市扩张活动主要集中于主城区所在的几个区；但总体而言，主城区的土地利用规划对城镇用地扩张的空间管制效力有待提升。

表 4-7　GC 市用地演化角度规划调控城镇用地有效性统计　单位：公顷

地区	强有效Ⅰ	强有效Ⅱ	弱有效	强失效Ⅰ	强失效Ⅱ	弱失效Ⅰ	弱失效Ⅱ
GC	9049	148	11135	159	3815	39918	1670
ND	614	4	3246	2	378	4864	120
YD	1137	29	2180	37	107	1724	186
XD	926	91	847	3	321	1518	260
HD	855	3	1080	1	236	10457	52
WD	3072	15	1559	108	963	9203	594
BD	1454	1	645	2	849	4956	307
XX	267	0	381	6	549	3179	4
KX	83	4	202	1	87	835	144
FX	65	0	349	0	17	347	0
QX	577	0	645	0	307	2834	4

注：HD、WD、KX、FX 和 QX 五个区县仅包含中心城区的城镇用地数据；GC 市相应指标数据为表中各区县指标数据之和。

全市被转用的违规城镇用地（强有效Ⅱ）面积为 148 公顷，仅占基期违规用地总量的 8.1%；被转用的合规用地（强失效Ⅰ）面积为 159 公顷，占基期合规用地总量的 1.4%。由此看出：①城镇建设用地具有很强的不可逆性，违规城镇用地很难被转用为其他用地，土地利用总体规划将相当比例基期存量城镇用地排除在规划城镇建设用地区（030）范围外，其合理性和可实现性值得探讨；②虽然基期 GC 市合规城镇用地规模是违规城镇用地的 6.2 倍，但 2006—2013 年合规城镇用地比违规城镇用地仅多转用 9 公顷，转用率仅为后者的 17.2%，一定程度上可以体现出土地利用总体规划的引导作用（当然也不排除这样的可能：030 范围内的城镇用地区位条件往往好于违规用地，因而被转用的可能性更低）。

GC 市基期以来保持稳定的合规城镇用地（弱有效情形）为 11135 公顷，占基期合规用地总量的 98.6%；保持稳定的违规城镇用地为 1670 公顷，占基期违规用地总量的 91.9%，同样说明城镇用地的高抗转用性。

在规划城镇建设用地区范围内，GC 市自基期以来一直未被开发建设（弱失效Ⅰ）的土地面积达 39918 公顷，是新增合规城镇用地的 4.4 倍。即便比值较小的 YD 区和 XD 区，弱失效Ⅰ用地面积也高出强有效Ⅰ用地面积的 50.0%以上。FX 县和 KX 县的弱失效Ⅰ用地面积较小，分别仅为 347 公顷和 835 公顷，但分别是各自强有效Ⅰ用地面积的 5.3 倍和 10.1 倍，分别是各自县内基期城镇用地总量（包括合规和违规）的 1.0 倍和 2.4 倍，也远远大于各自新增违规城镇用地（强失效Ⅱ）用地面积，说明规划后备城镇用地资源是充足的。在所辖区县中，WD、BD、XX 和 ND 四个区县的新增违规城镇用地数量最多，均在 350 公顷以上，但弱失效Ⅰ用地面积分别是各自新增违规城镇用地面积的 9.6 倍、5.8 倍、5.8 倍和 12.9 倍，说明违规用地大量涌现不是由规划城镇用地区范围不足造成的。

第五节　空间形态角度的规划有效性测度

一　不同用地的评价方法分化

（一）耕地的评价方法

按照第三章提出的空间形态角度下规划有效性等级划分基本思路，对耕地的划分方法应当是：完全落在 010、020 范围内的耕地斑块，为规划有效；部分落在 010、020 范围内或与 010、020 邻接的耕地，为规划次有效；完全落在 010、020 范围外，且与次有效地块不邻接的耕地，为规划无效。然而，耕地转用是低成本的；很多所谓的违规耕地事实上是为城镇扩张所预留的（见图 4-1 和图 4-2），这里所谓的违规耕地，换个角度看，极有可能就是 030 范围内的未开发用地。因此，上文空间形态视角下规划保护耕地的有效性等级的划分方法无法兼顾耕地的特殊性。笔者认为，致力于回答“010、020 范围内的耕地能否保得住”“新增加的耕地是否位于 010、020

范围内”更有意义。因此，本节对规划保护耕地有效性的评价仅聚焦于耕地转用的合规性和新增耕地的合规性。

空间形态的视角下，新增耕地合规性等级的划定依旧按照图3-2所指示的方法进行；被转用耕地与新增耕地的情形相反。如图 4-9 所示，转用完全落在 010、020 范围区内的耕地地块的情形（地块#1），被视为规划无效；转用部分落在 010、020 范围区内的耕地地块的情形（地块#2），被视为规划次有效；转用完全落在 010、020 范围区外的耕地的情形（地块#1），被视为规划有效。

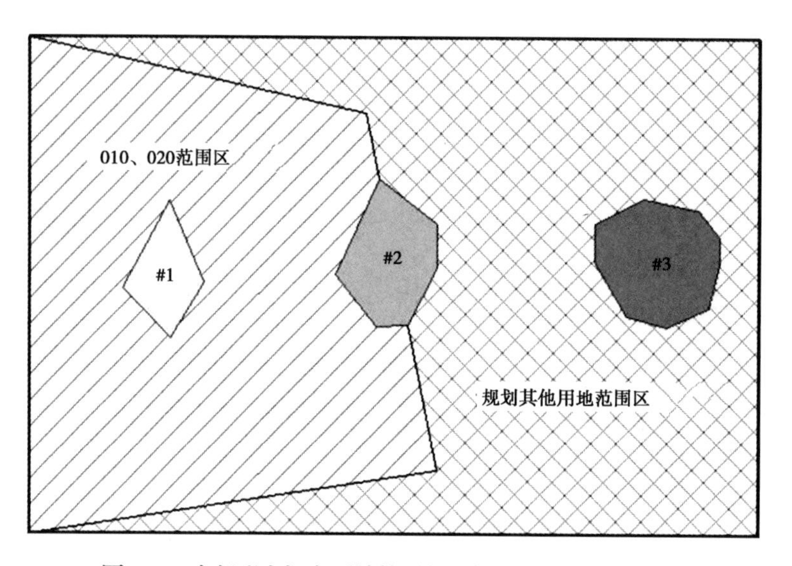

图 4-9　空间形态视角下被转用耕地规划有效性等级划分

具体操作方法是：用基期耕地数据库对现状耕地数据库进行擦除（Erase）分析，得到新增耕地图层数据；用现状耕地数据库对基期耕地数据库进行擦除分析，得到基期以来被转用耕地图层数据库；采用人机交互的方式（下同）基于空间形态视角对各地块的规划有效性进行界定。

（二）城镇用地的评价方法

与耕地显著不同的是，城镇用地的转用成本是高昂的；在当前研究区乃至我国快速城市化背景下，消灭存量城镇用地似乎“离经叛道”。然而，GC 市的部分区县确实未将相当部分的城镇用地划入 030 范围。比如，KX 县、BD 区、WD 区和 XD 区的基期城镇用地中，接近甚至超过 30.0%的城镇用地未被纳入规划城镇建设用地区（见表4-4）。

因此，本节评价规划调控城镇用地的有效性时，内容将包括全部的基期和现状城镇用地。主要用意在于：第一，了解违规城镇用地与合规城镇用地的分布形态以及两者间的空间格局关系，从空间形态角度探讨规划未将这些违规用地纳入 030 范围的合理性，以及考察违规用地集中区是否按照规划的引导停止扩张乃至实现缩减；第二，通过基期与现状对比，可以全面展现新增城镇用地的合规性（笔者认为，转用违规城镇用地是困难的；在快速城市化背景下，观察新增城镇用地的合规性才能最大限度地刻画基于一致性理论的规划调控城镇用地有效性）。

二　空间形态视角下耕地保护的规划有效性

（一）2006—2013 年新增耕地

由表 4-8 可知，GC 市 2006—2013 年的新增耕地斑块中，完全落在 010、020 范围内的仅为 74 公顷，占新增耕地总量的 1.4%，与新增合规耕地（强有效Ⅰ）的比值为 26.4%。这说明，在本就很少的合规新增耕地中，73.6%的斑块是跨越 010、020 界限的，部分落在 010、020 范围内，部分落在范围外。属于规划有效等级的新增耕地主要位于 KX 县境内，占 GC 全市的 93.2%。

表 4-8　　GC 市空间形态角度新增耕地的规划有效性统计　　单位：公顷、%

地区	规划有效等级			规划次有效等级		规划无效等级
	面积	与强有效Ⅰ的比值	面积	占新增耕地比重	面积	与强失效Ⅱ的比值
GC	74	26.4	4812	90.0	458	9.0
XD	0	0.0	45	46.7	52	53.3
HD	0	—	417	100.0	0	0.0

续表

地区	规划有效等级		规划次有效等级		规划无效等级	
	面积	与强有效Ⅰ的比值	面积	占新增耕地比重	面积	与强失效Ⅱ的比值
WD	3	14.0	135	59.3	90	43.0
BD	0	—	81	75.7	26	24.3
XX	0	0.2	1316	97.6	32	2.4
KX	69	34.7	388	71.4	86	25.1
FX	0	0.6	2006	92.1	171	8.0
QX	1	20.2	425	99.3	2	0.4

注：计算比值时若分母为零，则值取“—”；ND 区、YD 区因没有新增耕地而未纳入统计范畴。

案例区新增耕地中，属于规划无效等级的面积为 458 公顷，占新增耕地的比重为 8.6%，与新增违规耕地（强失效Ⅱ）的比值不足 10.0%。XD 区和 WD 区规划无效等级耕地与新增违规耕地的比值较大，KX 县和 BD 区两者间的比值也超过 24.0%。

属于规划次有效的耕地达 4812 公顷，占 GC 市新增耕地总量的 90.0%。其中，HD 区的比重达到 100.0%，QX 市、XX 县和 FX 县的比重超过 90.0%。这说明，GC 市绝大部分新增耕地的斑块与 010、020 界限接壤或交叉（见图 4-10，GC 市新增耕地平均斑块面积不足 0.7 公顷，KX 县甚至不足 0.1 公顷，研究区全域图片的示意效果很不理想，因此仅选取 FX 县为例，选取的标准是新增耕地数量较多、新增耕地平均斑块面积较大）。

虽然 GC 市新增耕地的违规率较高，但绝大多数新增耕地与现状合规耕地是邻接的，有利于提高耕地连接度和成片化。这一发现为上节从用地演化角度得出规划在引导新增耕地开垦布局方面显著失效的结论提供了一定的慰藉。从图 4-10 中也可以看出，010、020 的布局非常破碎化，导致新增耕地斑块易于超出规划范围。

（二）2006—2013 年被转用耕地

由表 4-9 可知，GC 市被转用耕地中，斑块完全落在 010、020

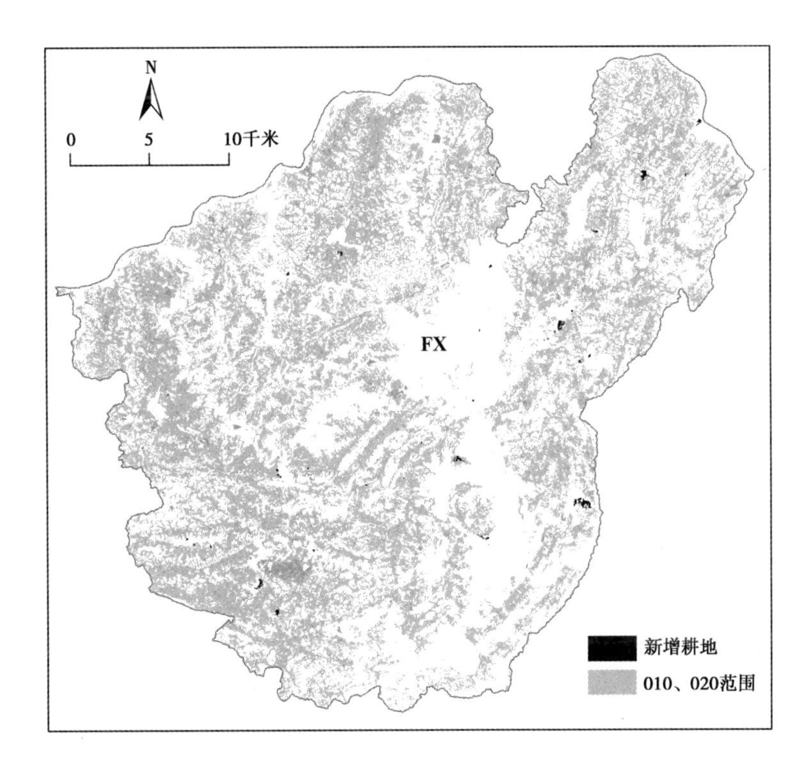

图 4-10　FX 县新增耕地与 010、020 空间位置关系

范围外的达 8299 公顷，占被转用耕地总量的 59.5%；属于规划次有效等级的为 2322 公顷，占 16.6%；完全落在 010、020 内的地块面积为 3338 公顷，占 23.9%。在各区县中，XD 区、BD 区属于规划有效等级的非农化耕地地块占总转用耕地量的比重超过 80.0%；FX 县、XX 县和 KX 县属于规划无效等级的被转用耕地占各自所有被转用耕地的比重也较高，分别为 35.0%，77.6%和 65.6%。

表 4-9　　GC 市空间形态角度转用耕地的规划有效性统计　　单位：公顷、%

地区	规划有效等级		规划次有效等级		规划无效等级	
	面积	与强有效Ⅱ的比值	面积	占转用耕地比重	面积	与强失效Ⅰ的比值
GC	8299	93.3	2322	16.6	3338	65.9
ND	765	99.4	123	12.8	74	38.5
XD	467	95.6	55	10.0	34	50.0

续表

地区	规划有效等级		规划次有效等级		规划无效等级	
	面积	与强有效Ⅱ的比值	面积	占转用耕地比重	面积	与强失效Ⅰ的比值
HD	2012	95.1	247	9.2	428	74.9
WD	2049	93.5	637	21.2	324	39.6
BD	1493	99.0	83	4.5	284	80.6
XX	63	96.1	60	10.9	425	88.2
KX	87	39.4	663	30.4	1429	73.0
FX	275	97.9	163	24.2	236	60.0
QX	1087	87.1	292	19.6	105	44.7

注：YD 区没有耕地保护任务，因而所有的耕地转用都是合规的，表中未将 YD 区纳入；相应地，表中 GC 市的数据也未包括 YD 区。

可见，GC 市位于主城区的五个区被转用耕地中属于规划有效等级的面积占所有被转用耕地面积的平均比重为 74.8%，显著高于四个县市的 31.0%，属于规划无效等级的非农化耕地比重显著更低。可能的解释是，主城区五个区的 010、020 范围更小，降低了违规风险；而被转用耕地更加集中，其他几个县市的被转用耕地更加破碎化、分散化（前者被转用耕地的平均斑块面积为 0.8 公顷，比后者高出 33.3%），导致后者更可能占用合规耕地。就同一个区县内部而言，属于规划有效等级的被转用耕地分布相对较为集中、斑块面积较大，大多被转为城镇用地；其他等级被转用耕地分布较为破碎化、分散化，转用后的用途较为多样。图 4-11 展示了不同有效性等级被转用耕地的上述空间分布与斑块面积特征。由于很多被转用耕地地块面积小，以 GC 市全域展示空间形态角度下被转用耕地有效性状况的可视性效果较差，笔者仅选取 GC 市局部区域（BD 区、KX 县和 WD 区东部片区）进行展示。这一区域位于 GC 市东北部，同时含有区位条件较好的区和位置较为偏远的县，且耕地转用量较大。

GC 市属于规划有效等级的被转用耕地面积与强有效Ⅱ（转用违规耕地）面积的比值达 93.3%，说明绝大部分被转用的违规地块都完全

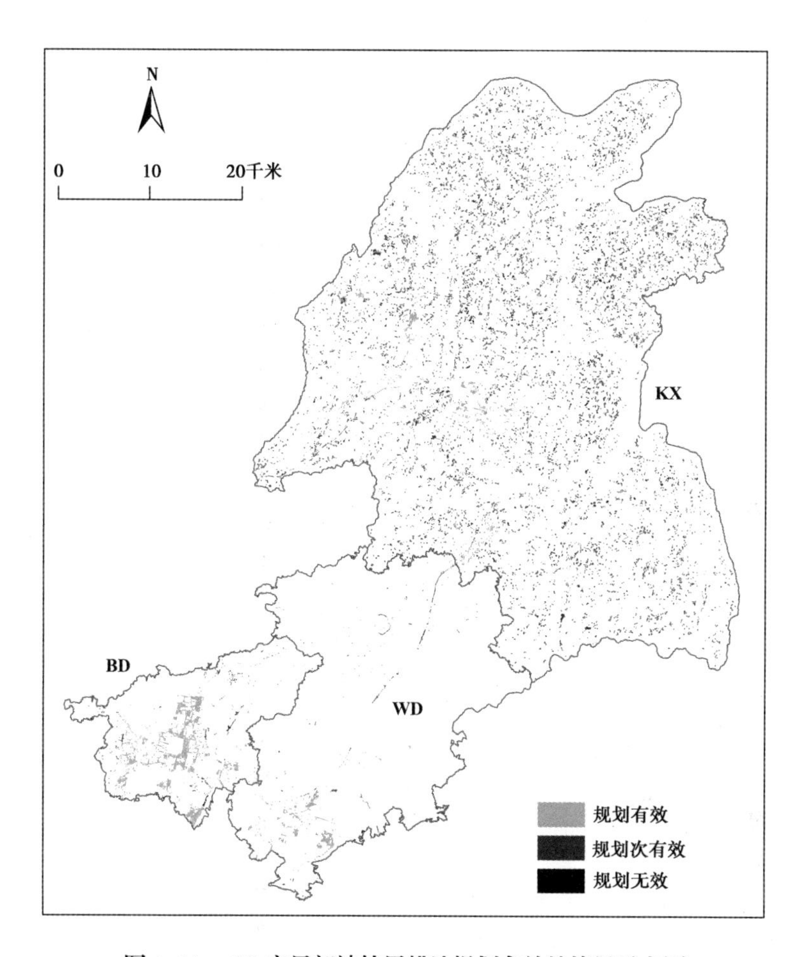

图 4-11　GC 市局部被转用耕地规划有效性等级示意图

注：大部分被转用耕地斑块很小，为便于显示，在制图时对地块设置了宽度为 1 个单位的边框。这会造成图中被转用耕地斑块的人为放大。

落在 010、020 范围外。但 KX 县的这一比值不足 40.0%。从图 4-11 可以看出，KX 县被转用的耕地散布于全县各个区域，城镇地区所占比重并不突出，农村地区耕地转用多发导致规划有效性等级下降。

GC 市属于规划次有效等级的被转用耕地面积占所有被转用耕地面积的比重为 16.6%，除 KX 县的比重为 30.4%以外，其余均低于 25.0%。全市被转用的合规耕地（强有效Ⅱ）中，有 65.9%的斑块完全位于 010、020 范围内。这种情形的耕地转用行为对规划保护耕地效力的损害性最强。其中，BD 区和 XX 县的比重超过 80.0%。

三　空间形态视角下规划调控城镇用地的有效性

由表 4-10 可知，GC 市基期城镇建设用地中有 6967 公顷属于规划有效等级，2013 年上升为 9704 公顷，增长 39.3%，但占全市城镇用地总量的比重由 53.1%下降至 37.8%。在基期，ND 区城镇建设用地中属于规划有效等级的面积达 2055 公顷，WD 区和 HD 区超过 1000 公顷，QX 市超过 600 公顷，其余区县则在 500 公顷以内；而在 2013 年，WD 区属于规划有效等级的城镇用地面积达 3302 公顷，增长 147.9%，HD 区和 ND 区超过 1000 公顷。在所有区县中，ND 区和 QX 市属于规划有效等级的城镇用地规模大幅下降，分别减少 49.5%和 29.1%。城镇用地中属于规划有效等级的面积比重：在基期，FX 县达到 100.0%，QX 市、XX 县和 HD 区接近或超过 99.0%，YD 区、XD 区和 BD 区不足 50.0%；2013 年末，仅 FX 县超过 90.0%，部分区县不足 30.0%。从基期到现状，仅 YD 区属于规划有效等级的城镇用地占城镇用地总量的比重上升，由 17.0%提高至 23.4%；不少区县出现大幅度下降的现象。

表 4-10　空间形态视角下规划调控城镇用地各有效性等级面积　单位：公顷

地区	规划有效等级		规划次有效等级		规划无效等级	
	基期	现状	基期	现状	基期	现状
GC	6967	9704	6036	15488	108	477
ND	2055	1037	1310	3304	7	17
YD	414	846	2017	2760	1	4
XD	299	498	887	1815	15	41
HD	1011	1494	125	716	0	13
WD	1332	3302	943	2869	1	17
BD	284	740	639	2438	33	77
XX	377	634	11	357	3	210
KX	203	284	98	139	49	93

续表

地区	规划有效等级		规划次有效等级		规划无效等级	
	基期	现状	基期	现状	基期	现状
FX	349	413	0	15	0	3
QX	643	456	6	1075	0	2

注：HD、WD、KX、FX 和 QX 五个区县仅包含中心城区的城镇用地；表中 GC 市数据等于各区县相应指标数据之和。

与此形成鲜明对比的是，属于规划次有效等级的城镇用地规模及其所占城镇用地总量的比重呈快速上升势头。GC 市次有效等级城镇用地规模现状较基期扩张 9452 公顷，增幅达 156.6%，用地规模占城镇用地总量的比重由 46.0%上升至 60.3%。这说明案例区新增城镇用地大部分位于 030 范围边缘带。所有区县属于规划次有效的城镇用地规模均出现大幅度增长的现象；基期仅两个区（YD 和 ND）属于规划次有效等级的城镇用地规模超过 1000 公顷，而 2013 年有六个区县超过 1000 公顷；除 YD 区和 KX 县以外，其余区县规划次有效等级的城镇用地面积占城镇用地总量的比重显著上升。

GC 市基期属于规划无效等级的城镇用地规模较小，其所占城镇用地总量的比重也较小；但 2006—2013 年增幅较大，规模和比重分别增加了 341.7%和 125.6%。其中，XX 县和 KX 县 2013 年规划无效等级的城镇用地占全市所有无效等级城镇用地总量的 63.5%，占各自城镇用地总量的比重达 17.5%和 18.0%。

图 4-12 和图 4-13 分别展示了 GC 市各区县空间形态视角下基期和现状各规划有效性等级城镇用地的空间分布状况。从图 4-12 可以看出，基期四个偏远县市（KX、FX、XX 和 QX）属于规划有效等级的城镇用地占各自城镇用地总量的比重较高，而规划次有效等级的城镇用地主要位于 GC 市主城区的六个区。规划有效等级的城镇用地集聚度和连片化程度更高；规划次有效等级的城镇用地相对破碎化，但 YD 区和 BD 区有明显的大斑块型规划次有效等级城镇用

地分布；规划无效等级的城镇用地主要位于城镇用地边缘区，平均斑块面积仅为规划有效和规划次有效等级的1/6左右。

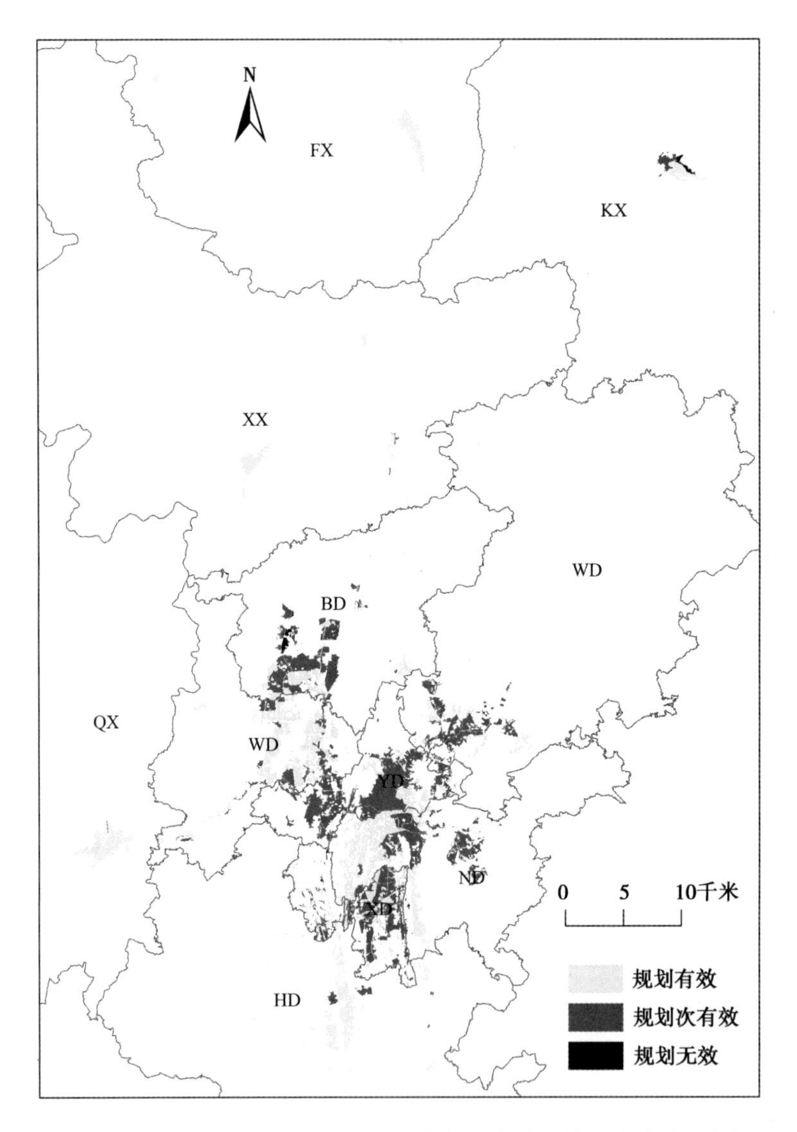

图4-12　GC市空间形态视角下基期各规划有效性等级城镇用地分布

在现状城镇用地中，规划次有效等级城镇用地呈现出明显的成片化和集聚化发展的特征，在ND、BD、QX和XD等区县表现尤为明显。WD区和XX县则连片化扩张和散点状增长并存。与之相对应

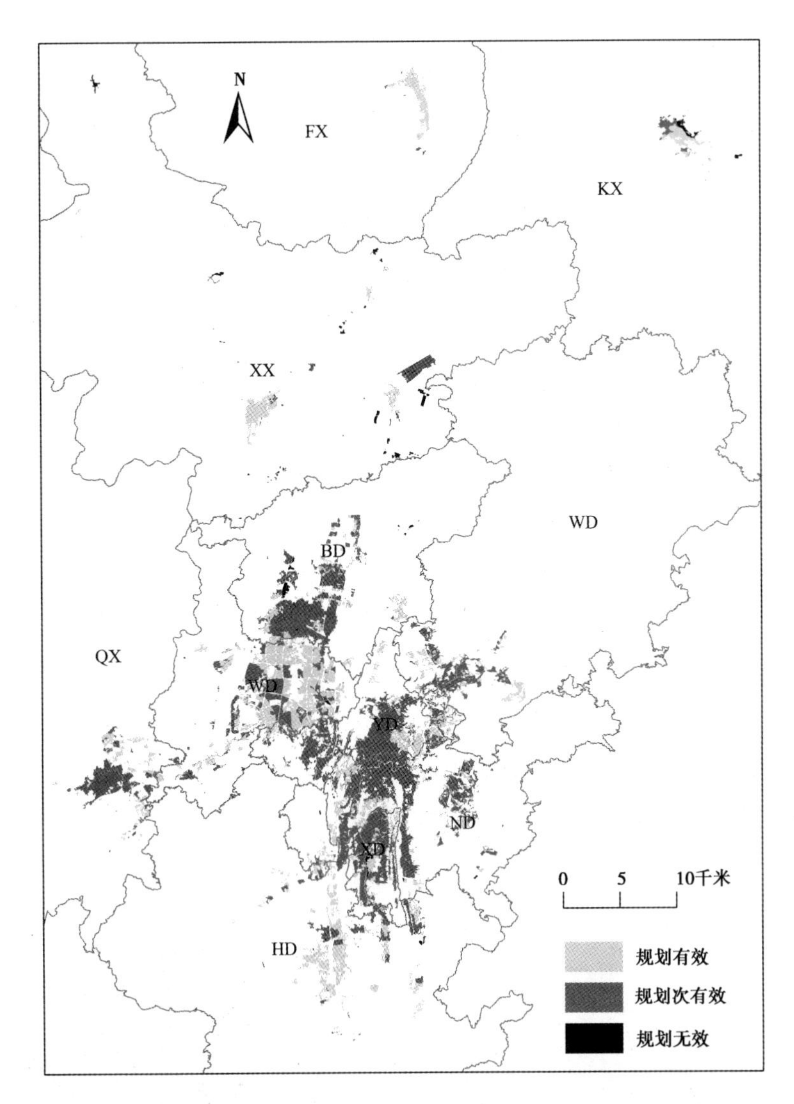

图 4-13　GC 市空间形态视角下现状各规划有效性等级城镇用地分布

的是规划有效等级城镇用地的零散化。规划无效等级的城镇用地呈点状扩散的态势。规划有效、规划次有效和规划无效等级城镇用地斑块的平均面积分别为 4.9 公顷、32.5 公顷和 1.5 公顷。

对比图 4-12 和图 4-13 可以发现，对于新增城镇用地，QX、HD、BD、WD、FX 等区县属于规划有效等级、规划次有效等级的面积均有显著增长；XD 区、KX 县和 ND 区以规划次有效等级城镇用地居多；YD 区以规划有效等级用地为主，主要位于该区东部和北部；XX 县规划次有效等级和规划无效等级的城镇用地规模均得到扩张明显。

需要说明的是，一些在基期属于规划有效等级的城镇用地是不连接的，属于不同斑块；而在现状，新增规划次有效等级城镇用地将这些基期属于有效等级的城镇用地连接为一体，化为一个斑块。因而，很多在基期属于规划有效等级的城镇用地斑块因并入了规划次有效等级的新增城镇用地而变成了规划次有效等级地块。这种现象在 QX 市、BD 区、XD 区和 ND 区尤其明显。

以例说明。如图 4-14 所示，QX 市 2013 年斑块面积最大（面积为 741 公顷，占该市城镇用地总量的 48.3%）的规划次有效等级城镇用地地块吞并了基期若干个面积较大的属于规划有效等级的城镇用地地块。因此，如果没有发生城镇用地斑块合并的现象，即很多在基期属于规划有效等级的城镇用地在现状不会被转化成规划次有效等级地块，那么，研究区规划有效等级城镇用地增加幅度会更大，规划次有效等级城镇用地增加量将显著少于表 4-10 中所报告的结果。

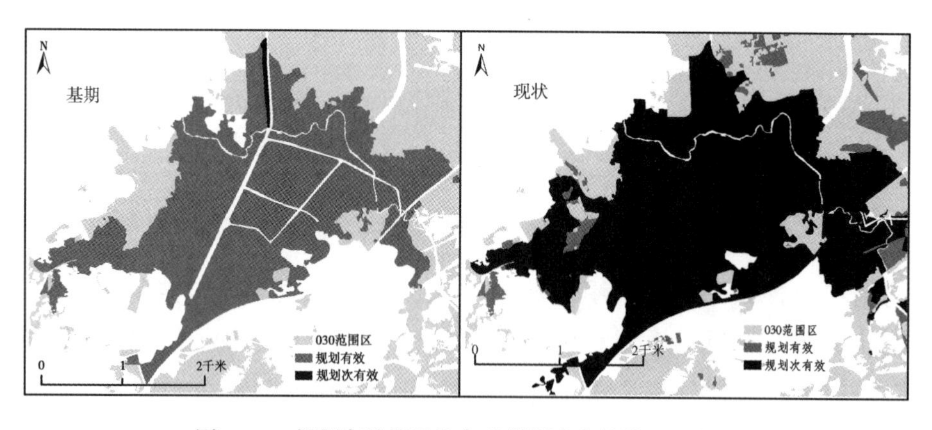

图 4-14 规划有效等级演变成规划次有效等级示意图

第六节　本章小结

根据第三章所建立的空间规划有效性分析框架，本章首先基于结果与规划一致性的视角对案例区土地利用总体规划在保护耕地和调控城镇用地扩张方面的有效性进行评价。主要结论如下。

（1）指标的落实情况：新增建设占用耕地指标消耗量已达整个规划期配额的75.0%，而土地整治补充耕地进展滞后，“快占慢补”导致耕地总量下降较为明显，但仍符合耕地保有量指标和基本农田保护面积指标的要求；城镇用地方面，除YD区和HD区的指标剩余量较多外，其余区县的指标或是接近罄尽，或已被突破。

（2）案例区2013年末较规划基期耕地和城镇用地的合规率均显著下降。前者归因于大量合规耕地被转用和极低的新增耕地合规率；后者主要是因为违规城镇用地的快速扩张。与此同时，030范围内却仍有大量未开发用地，说明与规划不一致的城镇扩张行为并非由030范围不足造成的。从空间形态的角度，新增违规耕地和违规城镇用地主要属于规划次有效等级，在事实上能够起到降低破碎度、提升连接度的作用。被转用耕地中，完全落在耕地保护区内的所占比重也很低；新增的城镇用地中，完全落在030范围以外并与其不邻接的地块也比较少。这说明，案例区规划010、020和030范围的高度破碎化是造成土地开发利用结果与规划图则不一致的一个重要原因。

第五章

规划对决策影响力的评价

上一章从土地利用结果与规划一致性的角度分析了规划保护耕地和调控城镇用地扩张的有效性。本章继续沿着第三章所建立的空间规划有效性分析框架，从规划效能的第一层内涵——规划对决策的影响力角度评价案例区土地利用总体规划的实施有效性。规划制定的规则和政策被后续决策参考和采纳情况是体现规划影响力的核心指标（Mastop & Faludi，1997；Hopkins，2001；Lyles et al.，2016）。因此，评价规划效能时首先需要识别哪些决策与所评价规划相关、应受规划影响（Faludi，1989；Mastop，1997）。

比如已有的研究中，有学者考察了西北欧部分地区规划对欧洲空间发展战略规划的参考度（Faudi，2004）；有学者以地区土地利用决策对受州政府监管执行的规划的忠诚度和执行度评价规划效能（Norton，2005）；有学者以美国佛罗里达州五项控制城市蔓延的规划政策在地区综合规划中的采纳状况反映这些政策的效能（Brody et al.，2006a）；有学者分析了新西兰地区规划对上级规划的参考度，以此反映上级规划的效力和成功度（Berke et al.，2006）；有学者分析了县级规划是否采纳了区域级规划的相关规定与措施（Waldner，2008）；有学者以是否出台专项规划和配套性政策措施来落实中国土地利用总体规划（1997—2010）反映其效能（Zhong et al.，2014）。

中国土地利用总体规划有关约束性指标是逐级下达的，集权式特征明显（彭建超等，2015）：下一级的规划要以上一级规划为参照，上一级的规划也需要通过下一级规划的实施加以实现（Zhang et al.，2014）。另外，地方政府特别是地级市和区县级政府是土地整治、征收、出让、开发建设等方面的直接决策者（王贤彬等，2014；赵文哲、杨继东，2015；Cai，2016）。土地利用总体规划的内容是综合性的，其贯彻实施离不开同级其他相关部门的协调合作（蔡玉梅等，2005；Xu et al.，2015）。

借鉴已有研究经验和中国土地利用总体规划的体制特征，本章考察下级土地利用总体规划相关内容对上级土地利用总体规划的参考情况，同级政府（以年度政府工作报告相关内容为例）、相关部门（以这些部门制定的规划为例），以及土地利用总体规划实施的直接责任部门——土地管理部门（以国土部门制定的专项规划）对本级土地利用总体规划的参考情况。

以上属于从总体上考察规划对后续决策的影响力。本章还将以若干违规新增城镇用地地块为例，探讨不一致情形下规划是否对这些地块的开发建设决策产生了影响。

第一节　后续决策与规划方案的符合度

一　后续决策对规划方案的总体参考情况

（一）市级土地利用总体规划被区县级规划的参考情况

经市级土地利用总体规划文本与区县级土地利用总体规划文本的对比分析发现，对于各类控制性指标，案例区区县级规划均与上级下达的指标一致或略高于上级要求。下文不再赘述规划指标方面下级规划对上级规划的参考情况，将重点关注下级规划中有关耕地保护与城镇用地空间布局和管控措施方面的内容对上级规划的参考情况。结果如表5-1所示。

表 5-1　　区县土地利用总体规划对 GC 市级规划的参考情况

序号	相关内容在上下级规划中的表述		决策参考度
	市级规划	区县级规划	
1	落实耕地和基本农田任务，加大投入，推进质量建设，提高耕地质量	除了没有耕地和基本农田保护任务的区县，其他区县均将这些要求纳入规划	完全参考
2	重点通过土地整理复垦增加耕地面积，适度推进耕地开发	ND 的规划中提出：以综合整治为主及少量开发的形式补充耕地；其他区县规划整理复垦开发补充耕地比为：HD 21∶0∶79；WD 71∶4∶25；BD 73∶12∶15；XX 23∶28∶49；KX 66∶9∶25；FX 55∶4∶41；QX 3∶10∶87	部分区县复垦比重低、开发比重高
3	防护林等生态建设尽量避免占用耕地，确需占用的，履行补偿义务；农业结构调整必须在种植业内部进行	与上级规划一致的区县：HD、BD、XX、QX。KX 县仅指出农业结构调整需在种植业内。ND、WD、FX 未提及	部分区县参考
4	基本农田划定标准Ⅰ：优质耕地，良好农业设施和水土保持设施的耕地，粮棉油基地等	ND 区和 QX 县指出：将优质耕地优先划入，无具体标准；其他区县表述与市级规划一致	基本参考
5	基本农田划定标准Ⅱ：城镇周边及交通沿线的耕地，优先划入；城镇村规模边界内保留的耕地，原则上划入	ND、HD、XX、KX 等区县指出：将交通沿线的耕地、规划建设区周边的耕地划入；仅 KX 县指出将城镇村规模范围内保留的耕地划入	部分区县参考
6	基本农田划定标准Ⅲ：中心城区和重点城镇允许建设区和有条件建设区内不划基本农田保护区	ND、HD、XX 和 KX 等区县在允许和有条件建设区划入的基本农田保护区面积分别为：<0.5 公顷、11 公顷、1 公顷和 1 公顷，其余区县未划入	HD 区划入一定数量，其余基本参考
7	北部乡村发展区（包含 XX、KX 和 FX 三县）土地利用以耕地和基本农田保护为主导，零星非农建设用地和其他农用地优先调整为基本农田，不能调整的，可保留，但不得扩大规模	XX：提出可适度减少耕地，用于农业结构调整和生态建设，进行迁居并点、农村废弃地和闲置宅基地整理。FX：与市级规划完全一致。KX 未提及相关内容	FX 参考，XX 部分参考，KX 无相关内容
8	指定的耕地和基本农田保护重点区域：HD 六个乡镇；WD 六个乡镇；BD 两个乡镇；XX 七个乡镇；KX 九个乡镇；FX 五个乡镇；QX 六个乡镇	被指定乡镇新增建设占用耕地配额获得量在所属区县的排名如下。HD：13/14，10/14，14/14，9/14，4/14，8/14。WD：10/13，8/13，12/13，11/13，7/13，3/13。BD：3/5，5/5。XX：8/10，6/10，10/10，7/10，9/10，3/10，5/10。KX：6/16，2/16，1/16，7/16，15/16，11/16，14/16，12/16，8/16。FX：4/10，5/10，9/10，7/10，10/10。QX：7/11，6/11，5/11，8/11，10/11，9/11	部分属于耕地重点保护区的乡镇获得了较多占用耕地配额

续表

序号	相关内容在上下级规划中的表述		决策参考度
	市级规划	区县级规划	
9	被指定的基本农田集中区：ND两个乡镇；HD五个乡镇；WD五个乡镇；BD一个乡镇；XX五个乡镇；KX五个乡镇FX六个乡镇；QX七个乡镇	基本农田保护面积专业化指数。ND：2.54，0.97。HD：0.76，1.39，0.73，1.53，1.11。WD：1.01，1.75，1.87，1.59，1.13。BD：2.28。XX：1.32，1.30，1.17，0.74，0.75。KX：1.05，0.99，1.07，1.22，0.99。FX：1.24，1.10，1.42，1.28，0.96，0.55。QX：1.04，1.35，0.90，0.79，0.87，1.09，1.25	约1/3的乡镇专业化指数 < 1.0，部分 < 0.8，不符基本农田集中区的要求
10	鼓励对建设占用耕地的耕作层进行剥离再利用	仅HD、XX规划文本中提出进行表土剥离的要求	少量区县参考
11	建立耕地保护的年度考核制度和包括面向农民在内的激励机制	与上级规划一致的区县：BD、KX。QX仅指出建立年度考核制度。ND、HD、WD、FX和XX未提及	少量区县参考
12	尽量少占耕地，避让基本农田、水域、地质灾害危险区和重要生态环境用地，以适宜性评价为依据布局新增城镇工矿用地	与上级规划一致的区县：WD、BD、XX、KX、FX等。HD未提到在布局城镇用地时进行适宜性评价。ND提出城镇用地布局少占耕地、要符合环境适宜性，但没有其他内容。QX提出少占耕地，尽可能避让基本农田、生态屏障用地。YD没有相关内容	多数区县参考
13	城镇建设要充分利用荒地、劣地、坡地和废弃地，盘活存量用地	WD、BD、KX、FX、QX规划与上级一致。ND、YD、HD、XX提到充分利用低效、废弃用地和存量土地	基本参考
14	在大面积城镇建设用地连片分布区内穿插布局一定规模的耕地、园地、林地、草地或水面等用地类型，作为城市内部的绿色生态空间	与上级一致的区县：BD与KX。XX提出城镇组团之间可保留一定的农田、林地或果园。YD提出在城区布局林业用地。ND、HD、WD、FX、QX没有相关内容	部分区县参考
15	采取措施强化保护城镇用地区内担负基础生态功能的自然公园、湖面、大面积绿地等用地	YD、WD、BD、KX、FX、QX没有相关内容；ND提出通过综合治理流经城区的河道改善生态环境；HD提到城区布局生态走廊、发挥河流的生态功能；XX强调保护城区河流、湖泊、山林等生态用地，不得擅自改变用途	少数区县参考

续表

序号	相关内容在上下级规划中的表述		决策参考度
	市级规划	区县级规划	
16	中部城市建设核心区（包含ND、YD、XD和WD西部片区）推进都市工业园建设、“城中村”改造和地上地下空间复合利用，提高土地利用效率	ND提出全面推进全区“城中村”改造建设，涉及工业园建设的内容较少，未提及地下空间开发；YD未提地下空间开发；WD未提“城中村”改造	部分内容被参考
17	中东部及南部城市边缘发展区（含BD、WD和HD）优化开发和保护生态，引导项目和用地集中布局，结合环城林带遏制城镇用地盲目扩张	BD、WD和HD规划文本仅提到引导工业用地集中布局，未提到利用环城林带遏制城镇扩张	参考度较低
18	西部城乡复合发展区（QX）以优化开发和旅游资源保护为主导，控制人均用地和城镇规模	QX区的规划文本涉及一定的旅游资源开发保护安排和较多工程项目；强调优先利用现有低效建设用地、严格控制建设用地规模	基本参考
19	北部乡村发展区（含XX、KX和FX）保障旅游及其服务业用地，新增建设用地主要用于特色产业及基础设施、公共设施	XX重视旅游开发、资源开发等特色产业发展，布局风景旅游用地近1500公顷；KX强调城镇中心区产业用地主要布局服务业和旅游业、轻工业，突出磷煤化工特色产业的发展；FX强调旅游业的开发发展	基本参考
20	三个开发区布局为：国家高新区重点向BD和XX所属的三个乡镇拓展；GC经济技术开发区向HD所属的一个乡镇转移和延伸；BD经济技术开发区向该区某乡镇发展	BD强调了被指定乡镇的高新技术经济带和BD经济开发区的城镇用地开发策略，用地指标向这些地区倾斜；HD被指定乡镇在该区各乡镇中获得了最多的新增建设占用耕地指标；XX被指定乡镇被定位为GC卫星城镇、省重点建设小城镇，及GC北部医药、新材料、物流中心和工业新城	基本参考
21	HD建成省级综合型高等教育基地，QX建设重要的职业教育基地，WD布局建设全市大型的体育设施	HD将省大学城扩建、大学创业园列为重点项目；QX将职业教育园区建设列为重点项目；WD提出建立体育运动中心、布局体育产业，并列出多个涉及体育的重点项目	基本参考
22	城镇工矿用地重点布局乡镇：HD、WD、XX、BD、KX、FX和QX分别有两个乡镇、一个乡镇、四个乡镇、两个乡镇、三个乡镇、四个乡镇和三个乡镇	被指定乡镇新增建设占用耕地指标在所在区县的排名如下。HD：3/14，1/14。WD：2/13。BD：4/5，1/5。XX：2/10，1/10，3/10，5/10。KX：10/16，4/16，1/16。FX：2/10，6/10，1/10，5/10。QX：2/11，3/11，9/11	基本参考，但部分乡镇获得的指标较少

续表

<table>
<tr><th rowspan="2">序号</th><th colspan="2">相关内容在上下级规划中的表述</th><th rowspan="2">决策参考度</th></tr>
<tr><th>市级规划</th><th>区县级规划</th></tr>
<tr><td>23</td><td>提高供地门槛，强化批后监管，严格执行经营性用地招标、拍卖、挂牌出让制度</td><td>XX 提出提高工业项目用地的规划控制指标和加强批后监管；ND、YD、HD、WD、BD、KX、FX、QX 等区县仅提到充分利用市场机制</td><td>参考度不高</td></tr>
</table>

注：YD 区没有耕地保护任务，故规划未涉及耕地保护有关内容；XD 区没有编制自己的规划，仅包含在 GC 市中心城区土地利用总体规划内，因此不纳入本表的分析范畴；新增建设占用耕地配额排名，以 13/14 为例，表示该乡镇的新增建设占用耕地配额量在所在区县所辖的 14 个乡镇中居第 13 位；借鉴经济学专业化指数（盛丹、王永进，2013）构建基本农田保护面积专业化指数，计算方法为：（某乡镇基本农田保护面积/乡镇国土总面积）/（所在区县基本农田保护面积/区县国土总面积），数值大于 1.0，说明区域内耕地保护具有相对集聚度。

在耕地保护方面（序号 1—11），区县级土地利用总体规划对市级规划的参考情况表明，有关耕地和基本农田数量保持、质量建设等的总体要求，各区县的规划参考度较高，其表述与 GC 市级规划基本一致，体现了耕地保护在土地利用总体规划中的重要地位。但在补充耕地数量、维持耕地质量（表土剥离）的具体措施和要求及耕地保护重点区域空间布局方面，对上级的参考度有所降低。

在城镇用地扩张管控方面，区县级规划对城市化和工业化消耗土地的类型、充分挖潜存量用地、开发区与城镇化重点区域布局等方面的内容与上级规划一致性较高。关于《GC 市土地利用总体规划（2006—2020 年）》中城镇用地内部的环境与绿色空间设计、土地利用综合分区及各区域的发展与用地供给方向、规划实施保障措施等方面内容，下级规划的参考度总体较低。

总体上，下级规划中违背或部分违背上级规划的情形较少，与上级规划一致或部分一致的情形的频率最高。BD 区、XX 县、KX 县和 WD 与上级规划一致的情形较多；ND 区、WD 区、FX 县和 QX 市不参考上级规划内容的情形较多，体现了上级规划影响力的区县差异（见表 5-2）。

表 5-2　区县规划对表 5-1 中 GC 市级规划 23 项内容的参考度统计

地区	基本一致	部分一致	部分违背	完全违背	无上级规划相关内容
ND	1，2，6	4，5，9，12，13，15，16，23	—	—	3，8，10，11，14
YD	—	13，14，16，23	—	—	12，15
HD	1，3，4，10，22	5，8，9，12，13，15，17，23	6，9	2	11，14，21
WD	1，4，6，9，12，13，21，22	2，8，15，17，23	—	—	3，5，10，11，14，15
BD	1，2，3，4，6，8，9，11，12，13，14，20	17，22，23	22	—	5，10，15
XX	1，3，4，6，8，10，12，19，20，22	5，7，9，13，14，15，23	2，9	—	11
KX	1，4，5，6，11，12，13，14，19	2，3，8，9，22，23	8，22	—	7，10，15
FX	1，4，6，7，8，12，13	2，9，19，22，23	9，22	—	3，5，10，11，14，15
QX	1，3，6，8，13，18	4，9，11，12，20，22，23	9	2	5，10，14，15，21

注：数字即表 5-1 中的序号；YD 区没有耕地保护任务，因而不含序号 1—11；XD 区没有编制区级规划而未被纳入分析范畴；一些序号仅出现于部分区县，主要原因是上级规划的内容仅针对这些区县。

（二）《GC 市土地利用总体规划（2006—2020 年）》被本级政府和有关部门参考的情况

地方政府是地方土地利用总体规划编制和实施的责任主体，以 2006—2013 年 GC 市政府工作报告中的相关内容为例考察本级政府后续决策对规划的参考情况。有关部门的后续决策以《GC 市城市总体规划（2011—2020 年）》和《GC 市土地整治规划（2011—2015 年）》为例。考察城市总体规划对土地利用总体规划的参考情况，有助于揭示土地利用总体规划能否促进部门间协调合作；国土部门是土地利用总体规划编制和实施的责任部门，土地整治规划是土地利用总体规划的重要专项规划，借此可以反映是否出台后续政策、专项规划来落实土地利用总体规划。为保证所选案例与土地利用规划的强相关性，本书在政府工作报告、土地整治规划和城市总体规划中只选取与耕地保护、城镇用地布局与管控直接相关的决策，如表 5-3 所示。

表 5-3　政府和有关部门对 GC 市级土地利用总体规划的参考情况

序号	来源	相关表述	对土规的参考情况
1	2006 年	落实最严格的耕地保护制度，加强基本农田建设，搞好中低产田改造	与土规耕地保护内容类似
2	2006 年	强力推进 GC 新区（主要位于 WD 西部片区）建设；加快老城区成片改造，重点在 YD、ND、XD、BD 开展城中村改造；抓好区县政府所在地等重点小城镇和示范小城镇的建设	与土规土地利用综合分区（见表 5-1 中 16—19 号决策）、区县城镇用地布局一致
3	2006 年	加快三个开发区（见表 5-1 中 20 号决策）的发展，落实支持性政策措施，加大基础设施建设力度，促进产业集群，实现跨越式发展	与土规强调产业用地向开发区集中、用地指标向开发区倾斜等相符
4	2007 年	加强耕地，特别是基本农田的保护，逐步改善农业的基本生产条件；2007 年计划进行基本农田基础设施建设 30000 亩、中低产田改造 50000 亩	体现了规划关于基本农田保护、耕地质量建设等内容
5	2007 年	加强老城区人居环境建设，推进城区“城中村”改造；加快中心城镇、卫星城镇等重点小城镇建设；支持新区先行发展，引导 YD、BD、WD 加快与新区融合，支持 ND、HD、WD 共同开发相邻三个乡镇组成的片区，建设临空经济区，支持 BD、XX、FX、KX 发展特色经济；推进开发区加快发展	与土规土地利用综合分区、开发区发展、重点小城镇建设的政策措施较吻合
6	2008 年	落实最严格的耕地保护制度，2008 年计划中低产田改造 42600 亩，基本农田建设 20000 亩	体现了土规耕地、基本农田保护和耕地质量建设等内容
7	2008 年	中心城区重点发展服务业、高新技术产业和先进制造业，HD 片区重点发展旅游、文化产业，QX、XX、FX、KX 重点发展旅游业、现代农业和加工业，加快县城和重点镇建设	与土规土地利用综合分区、产业布局、中心城区发展和重点乡镇建设较吻合
8	2008 年、2009 年	加快工业园区建设，加快特定区域的高新技术生态产业经济带建设和装备制造业产业带基础设施建设	与土规一致
9	2009 年	加快高新区“北拓”；通过“南延”推进 HD、XD 等城市化进程和产业聚集；通过“西连”促进老城区与新区融合；启动特定片区集群建设，推进“东扩”；推进城中村、棚户区改造，提升中心城区品质；加快新区建设	与土规土地利用综合分区相符，但与“北拓南延西连东扩”的具体方向略有出入
10	2009 年	盘活低效用地，处置闲置土地，遏制土地违法；对原地扩建的工业项目，不征收土地价款，鼓励提高土地利用率和容积率；落实占补平衡责任	体现了土规节约集约用地、挖掘存量用地和保护耕地等方面内容

续表

序号	来源	相关表述	对土规的参考情况
11	2010年	加快部分中心乡镇的规划建设	体现了土规城镇工矿用地重点布局乡镇、小城镇发展分类指导等内容
12	2010年	重点抓好BD高新技术产业园、XD装备制造业生态工业园、QX煤化工铝加工循环经济生态工业园、KX磷煤化工生态工业示范基地、FX精细磷煤化工基地、临空特色食品工业园建设	与土规提到的十大工业园区中的六个相符，但政府工作报告未提其他四个工业园区
13	2011年	抓好农业综合开发土地整治项目，实施高标准基本农田建设和中低产田改造60000亩	体现了基本农田和耕地质量建设等要求
14	2011年	中心城区围绕“一城三带多组团”，继续实施“北拓南延西连东扩”；加快工业园发展；推进HD高校聚集区、QX职业教育聚集区建设	这些表述在土地利用规划中均可以找到。由于规划文本中没有详细说明，因此不确定与“北拓南延西连东扩”的具体布局是否一致
15	2012年、2013年	高标准建设“三区五城五带”	与土规保障“三区五城”发展用地的要求相一致，但土规中未提及“五带”
16	2012年	通过存量再开发、增减挂钩、低丘缓坡荒滩开发、废弃矿山采空区土地再利用、节约集约用地等多种措施，提高用地效率；棚户区、城中村改造率超80.0%	反映了土规挖掘存量、土地整治、旧城改造、节约集约利用、少占耕地等内容
17	2013年	新增标准化农田30000亩	反映了土规耕地保护与质量建设的要求
18	2013年	大力加强县城、重点集镇和工业集中区建设；按照“用地集约、布局集中、企业集聚、产业集群”的原则实施园区水平升级计划，加快水、电、路、气、信息网络为重点的设施建设	城规与土规在重点乡镇建设、产业集中布局、工业园建设、节约集约高效利用土地等方面的内容与要求相符
19	城规	城镇扩展充分利用荒地、劣地、坡地和废弃地，少占或不占耕地；到规划期末，耕地保有量保持在2531平方千米以上，基本农田保护面积在2018平方千米以上；加强基本农田及其他农用地保护，补偿占用耕地、复垦灾毁耕地，数量质量并重	体现了规划保护耕地和基本农田、占补平衡和数量质量并重的要求，但耕地保有量指标较土规少1787公顷
20	城规	节约集约利用土地，2020年市域城镇建设用地规模控制在372平方千米左右	城规城镇建设用地规模与土规城镇工矿用地指标相当

续表

序号	来源	相关表述	对土规的参考情况
21	城规	逐步形成层次分明的城镇体系网络，确定了12个重点城镇	这些乡镇均属于土规城镇工矿用地重点布局乡镇
22	城规	QX城区以运动休闲旅游、物流、医药食品、现代制造和高科技产业为主导，向东向北拓展；KX城以精细磷化工和商贸为主导，向东南方向拓展；XX城区以文化旅游、商贸、物流为主，向东向南发展；FX城区以磷及磷化工、商贸服务业、休闲度假、会议、旅游为主，向西、南方向发展；XX某镇以冶金、物流、制药、新材料为主，向西向南发展	各区县城区产业布局与土规基本吻合；对城区拓展方向的规划，与土规的一致性较高；XX某镇与土规的规定基本一致，获得较多用地指标
23	城规	形成两个开发区、三个产业基地和若干工业园区：国家高新区，向BD两镇发展；国家经济技术开发区，向HD某乡镇方向延伸，打造XD—HD某乡镇工业走廊；KX国家级磷煤化工生态工业示范基地，向三乡镇布局；QX煤化工、铝工业基地，向东向西布局；FX循环经济磷煤化工示范基地，向某乡镇布局；其他园区包括XX某乡镇钢铁医药工业园、临空特色食品工业园、WD医药食品工业园等	与土规的出入在于：城规将省级BD开发区纳入国家高新区，故开发区减少；城规将XX某乡镇医药工业园改为钢铁医药工业园、临空食品轻工业园改为特色食品工业园；未提到土规十大工业园之一的石材工业园
24	城规	建立建设用地定额指标和集约利用评价指标体系，推行单位土地面积的投资强度、土地利用强度、投入产出率等指标控制制度，提高产业用地的集约利用水平	体现了土规集约用地、提高效率的要求及提高供地门槛、“退低进高”、批后监管等规划保障措施
25	城规	中心城区以老城区为中心，实施“北拓南延西连东扩”的空间发展策略，逐步形成“一城三带多组团、山水林城相融合”的空间布局结构	与土规表述一致
26	城规	主城区发展策略：老城区“退二进三”，加大旧城改造力度；新区向某两乡镇拓展，发展现代服务业；特定区域促进新区与老城区连接，加快旧城改造和整体开发；XD区域打造XD—HD某乡镇工业走廊；某区域建设物流园区；BD区域发展新材料、铝工业等产业，向某乡镇拓展，推进BD南片区开发，与新区连片	与土规相关表述基本相符
27	土整	坚持最严格的耕地保护制度，大力开展高标准基本农田建设，建设旱涝保收高标准基本农田。加强耕地质量建设，对于建设占用地力肥沃的城郊耕地，在土壤没有严重污染、不影响生态的前提下必须进行耕作层剥离再利用	体现了土规耕地和基本农田保护、耕地质量建设和改善农业设施等方面的要求

续表

序号	来源	相关表述	对土规的参考情况
28	土整	到2015年，土地整理补充耕地387公顷，工矿废弃地复垦补充176公顷，土地开发补充237公顷，共计800公顷；到2020年，农地整理新增耕地833公顷，工矿废弃地复垦新增249公顷，土地开发新增533公顷，共计1615公顷	2011—2020年耕地补充计划显著少于土规；复垦占耕地补充量不足16.0%，而土地开发比重较高，不符土规重点通过土地整理复垦增加耕地的要求
29	土整	土地整理复垦开发补充耕地指标分解	较土规指标减少；部分区县2011—2015年指标不足土规2011—2020年指标的1/4
30	土整	实行最严格的节约用地制度，有序推进农村建设用地和城镇工矿建设用地整治，充分挖掘存量建设用地潜力，积极探索低丘缓坡开发建设和增减挂钩，优化城乡用地结构和布局，提高建设用地节约集约利用水平；城镇建设用地整治以旧城改造、棚户区改造和“城中村”改造为重点	体现了土规节约集约用地、提高建设用地利用效率、改善用地结构与布局、少占耕地、充分挖掘存量用地潜力等要求
31	土整	定位：YD、ND、XD协调好存量盘活与增量开发的关系；BD提高基本农田质量、打造田园城市景观，探索存量盘活、增减挂钩和低丘缓坡开发；WD以基本农田建设、盘活存量、强化用地集聚、旅游用地整治为主；HD推进高标准基本农田建设、坡耕地改造、新农村综合体建设；QX推进高标准基本农田和农田基础设施建设；KX以农地整治为主，推进高标准基本农田建设和坡耕地整治；XX推进高标准基本农田建设、农村建设用地整治和土地复垦；FX以农用地整治为主，推进高标准基本农田建设、坡耕地整治和农村建设用地整治	与土规土地利用综合分区、不同类型土地整治重点区域与重点工程布局基本相符
32	土整	工矿废弃地复垦项目主要布局在KX、XX、QX和FX；宜农未利用地开发主要分布在KX、XX、HD和FX；低丘缓坡开发成建设用地主要布局在HD、KX、WD和XX	与土规分别未将FX和HD列为重点复垦区域和重点农地开发区域相符
33	土整	提出建立耕地保护专项补助资金，补助农民自发小规模农田整治，加强投入和资金管理，奖励表土剥离，补充耕地数量按质量等级折算，建立基本农田集中保护的空间置换机制（经由主管部门核准，新增的优质耕地与零星分布的基本农田进行等量空间置换）等规划实施措施	反映了土规建立耕地保护激励机制、加大土地整治力度、数量质量并重、表土剥离、耕地与基本农田集中连片建设等内容

注：“来源”列中年份指代该年份的GC市政府工作报告；“城规”指代《GC市城市总体规划（2011—2020年）》；“土整”指代《GC市土地整治规划（2011—2015年）》；“土规”指代《GC市土地利用总体规划（2006—2020年）》。

概括而言，GC市2006—2013年政府年度工作报告、《GC市城市总体规划（2011—2020年）》和《GC市土地整治规划（2011—2015年）》对《GC市土地利用总体规划（2006—2020年）》的参考度较高，没有出现重要决策严重违背土地利用总体规划的情形，土地利用总体规划的主要目标、要求、重要空间布局和总体发展定位等均在后续决策中被体现和遵循，体现了土地利用总体规划对后续决策的影响力。总体上，定性、战略性和宏观性的决策，与土地利用总体规划的符合度较高；量化、具体和微观的决策，与土地利用总体规划存在出入的可能性较高。因此，空间布局上更为宏观、笼统的政府工作报告，相对于城市总体规划和土地整治规划违背土地利用总体规划的情形更少。

历年的政府工作报告向我们展示了当地政府的决策与土地利用规划符合度关系的以下三方面动态趋势：

（1）耕地保护与建设篇幅在政府工作报告中有所减少，体现为两方面：一是从前期政府工作报告年年强调严格落实耕地保护与质量建设到后期仅部分年份强调；二是标准化基本农田建设和中低产田改造的计划规模量逐步降低，2013年仅为2007年的3/8。

（2）挖掘存量用地潜力，提高城镇建设用地节约集约度、集聚度和效率等方面越来越受重视。

（3）城市发展和布局的定位逐渐与规划出现偏差，比如，政府工作报告更多地仅强调土地利用总体规划提及的十大工业园区中部分园区的建设与发展，个别园区从未提及；“北拓南延西连东扩”的具体方向发生一定调整；土地利用总体规划的“三区五城”演变为“三区五城五带”。

城市总体规划、土地整治规划与土地利用总体规划最明显的不一致之处在于：城市总体规划较土地利用总体规划耕地保有量指标下降，土地整治规划较土地利用总体规划补充耕地指标减少，且不符合土地利用总体规划重点通过土地整理复垦补充耕地的要求。约束性指标对于土地利用总体规划的重要性不言而喻，后续决策未严格遵循这些控制指标的现象应当引起特别关注。另外，城市总体规划中重点建设乡镇、土地整治规划中工矿废弃地复垦和宜农未利用地开发布局与土地利用总体规划存在一定出入。

总体而言，本书选取的案例中，相关后续决策与土地利用总体规划的符合度是较高的。政府工作报告关注耕地保护、耕地质量建设、控制城镇用地扩张，说明土地利用总体规划有助于引起决策者对相关问题的重视。依据《城乡规划法》，城市总体规划是面向城市地区的，但 GC 市城市总体规划不但聚焦城镇建设用地节约集约利用、城市开发尽量少占耕地，且强调耕地、基本农田保有量的约束性指标和耕地保护数量与质量并重。这说明土地利用总体规划能促进有关部门协调合作、共同推进实现规划目标。作为专项性规划，GC 市土地整治规划对土地利用总体规划的部分要求做了细化，以便贯彻落实。比如，后者仅原则性地提及表土剥离的要求，而土地整治规划提出了表土剥离的操作规范。提高决策对相关问题的敏感度并提供决策指导框架，为不同部门、主体搭建交流协作平台以促进规划实施，以及促进出台后续相关配套政策措施和专项规划，是体现空间规划影响力和作用的重要方面（Needham et al.，1997；Waldner，2008；Carmona & Sieh，2008；李晓江，2011；李昕等，2012）。

当然，体现了土地利用总体规划基本要求的部分后续决策可能是因其他法规、政策和上级政府，乃至中央政府的要求而采取的。然而，土地利用总体规划往往是实施这些法规等内容的重要载体，这些法规等内容也可被视作为规划提供更强的约束力，以保障其实施。从这个角度看，土地利用总体规划与这些法规等内容是一体的，后者对后续决策的影响在一定程度上也可视为土地利用总体规划对后续决策的影响。

二　不一致情形中决策对规划方案的参考情况

由表 4-1 和表 4-2 可知，部分规划指标已被突破或落实难度较高。指标的落实情况是一系列相关决策执行后的结果。规划效能评价是针对每一个决策的，因而不适宜评价指标执行与规划不一致情形下规划对决策的影响与作用（难以对相关决策进行识别分析），故未纳入本章的评价范围。但后文仍将从事后效益的视角，特别是GC市指标执行情况与效益的区县差异，以及地方政府对规划指标的执行意愿等方面入手，探讨规划指标是否对后续决策产生了有效影响和约束，指标被违背究竟是由地方实情需要、指标配额及分配不合理还是地方政府无视造成的。

如果将每一个不合规的耕地和城镇用地地块都视为由一个相应的决策及其执行产生的，那么案例区这样的决策数以万计。追寻每一个这种决策的制定者、调查每一个这种决策背后的原因、分析每一个这种决策行为对规划的参考情况是如此浩繁，乃至借一人之力无法完成。BD区是省级经济开发区、国家高新区所在地和GC市中心城区"北拓"的主要方向，城镇扩张较快；同时也分担着GC市耕地和基本农田保护任务。因此，以BD区为例具有一定的代表意义。由于条件限制，本节仅以BD区的部分新增违规城镇用地为例，探讨与规划不一致情形中决策对规划的参考作用。

我们主观选取了2006年以来BD区境内64个新增违规城镇用地地块作为样本（见图5-1）。为了尽量提高样本地块的代表能力，我们做到：①选取时完全不知道新增违规城镇地块的具体用途和开发者信息；②选取尽可能多的地块，所调研地块面积达291公顷，扣除线性地块（107公顷，都为公路用地）后，占所剩全部新增违规城镇用地的84%；③被选取的地块广泛分布于各个位置并涵盖不同面积；④从空间一致性的角度而言，那些与规划城镇用地范围不邻接的违规用地较邻接的违规用地违背规划更甚，因而选取了几乎所有属于规划无效等级的新增违规城镇用地地块，以及部分拓展式地块（新增违规城镇用地与合规用地邻接）和内嵌式地块（新增违规城镇用地被合规城镇用地包围）。

2016年10月，笔者对这些样本地块及其相关项目管理人员进行了实地调研和访谈。因此，虽然这些违规地块是利用2013年土地变更调查数据与规划城镇建设用地区叠加后提取的，而实际获取的土

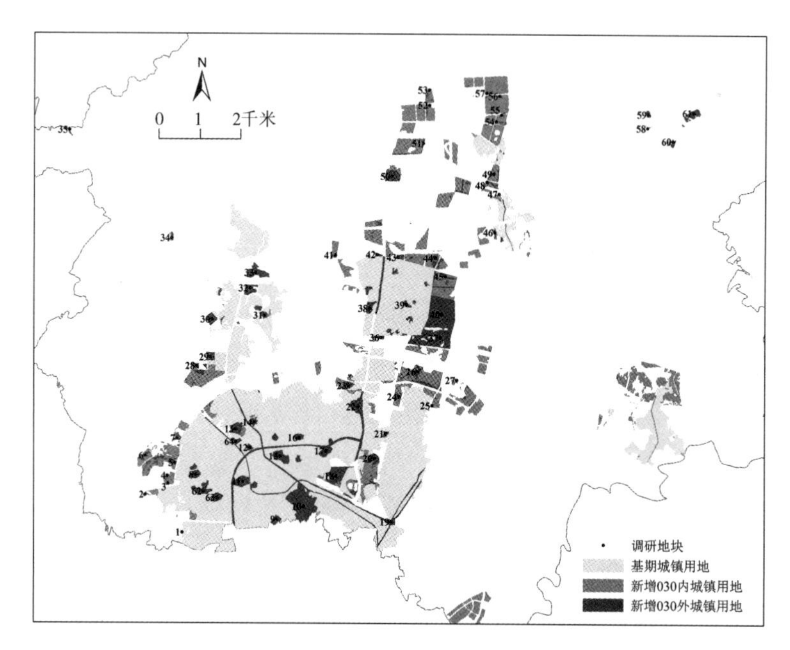

图 5-1　BD 区城镇用地和调研样本地块分布

地开发利用信息是调研时点的现状数据，部分地块项目信息（如项目年产值等）是 2015 年数据。

在调研 GC 市国土局及 BD 区分局时，相关工作人员指出，当地 030 范围外城镇用地开发主要存在五种可能情形：①拟规划调整完善类，这一类的新增违规城镇用地将在日后规划修编时纳入 030 范围；②基数调整类，将原不属于城镇用地的地类划入城镇用地范畴，但这些地块的实际土地利用并未发生改变；③低丘缓坡开发建设类；④当地所谓的城乡建设用地增减挂钩类，实则是城中村、棚户区拆迁改造下的集体建设用地减少和城镇用地增加的平衡；⑤未批新建或扩建类。未选入样本的线状地块基本都是道路用地；其中，新建道路大多属于规划调整完善的范畴，已有道路大多属于基数调整范畴（将基期的交通用地调整为城镇用地）。

030 范围外新增城镇用地属于规划调整完善类还是违章新建、扩建类的主要判断标准是：前者通过“招拍挂”等途径合法取得土地使用权或者为政府征收后的储备土地；后者属于私自建设，未取得土地使用权证书。低丘缓坡开发是在中央出台新政背景下为少占耕地而开辟的城镇用地扩张新空间，可以纳入规划调整完善的范畴。

部分样本地块既包含农村居民点征收和棚户区改造，也包含其他类型集体土地的征收。这些地块中，一些地块的农村居民点或棚户区面积比重达到 50.0%，笔者将其纳入当地所称的城乡建设用地增减挂钩的范畴；反之，纳入规划调整完善的范畴。

一些规划调整完善或城乡建设用地增减挂钩地块的实际土地利用类型未发生改变，但这些地块已纳入未来开发建设计划。这是与基数调整地块的区别所在，后者由非城镇用地纳入城镇用地范畴，但在近期并无计划改变实际土地利用。表 5-4 列出了各个样本地块的所属情形。

表 5-4　　样本地块的违规新增城镇用地情形

新增违规用地情形	样本地块编号
规划调整完善类	2，7，8，11，12，14，18，19，23，29，30，31，32，33，34，36，37，39，40，42，46，50，58，59
基数调整类	9，10，11，15，16，17，20，22，38，61，62，63
城乡建设用地增减挂钩类	3，4，5，6，13，17，24，26，27，28，41，43，44，45，47，48，49，51，52，53，54，55，56，57
未批先建、违章建设类	1，21，35，60，61，64

注：城乡建设用地增减挂钩类是前文所述的“城乡建设用地增减挂钩”概念的地方化，实为农村居民点征收或棚户区改造；由于可达性问题，没有调研所选的 25 号地块，其具体信息未知。

规划效能学派认为，即使决策与规划不符，但相关决策者能够仔细斟酌违背规划的必要性，并对此持谨慎态度，反思、检讨、调整规划，以增进规划的指导作用，而不是无视或者放弃规划，就说明规划是参与决策并产生影响的（Mastop & Faludi，1997；Faludi，2004；Millard-Ball，2013）。从空间形态上看，绝大部分属于规划调整完善情形的样本地块与基期城镇用地或者规划城镇建设用地区邻接，属于外延拓展或内部填充（地块 34 和地块 58、59 的蛙跳式开发具有合理性），反映了城市用地集聚的市场规律，应该具备突破规划的合理性，也体现了规划对 BD 区“引导项目和用地集中布局”的用途分区指导原则。特别是诸如样本号 29 和 50 等地块，新增用地是原项目用地合规但空间不足背景下的二期开发拓展，具有突破规划的必要性。但实际中无法排除决策者草率违背规划和轻易调整规划的可能。这种情况下，规划对决策的影响力是十分有限的。因此，后文还将进一步探讨这些违背规划一致性的情形与规划目标的兼容性。

属于基数调整类的情形中，样本地块 9、17、20 为集体所有的闲置土地、坑塘水面或农用地；地块 10、11、15、16、22、38、62、63 等由林地划入城镇用地，被作为城市或社区公园。这些新增 030 范围外城镇用地体现了《GC 市土地利用总体规划（2006—2020 年）》中“在大面积连片城镇建设用地间穿插布局一定规模的耕地、园地、林地、草地或水面，作为城市中的绿色生态空间”和“保护城镇用地区内担负基础生态功能的自然公园、湖面、大面积绿地等用地”的要求，因而与规划方案是相符的。地块 61 原属于政府危房改造项目用地，用于安置部分山中危房农户。由于毗邻所在乡镇市集中心，大部分安置房部分楼层被用作商业、零售、餐饮、小型作坊、汽车维修等，成了集市的一部分，被划入城镇用地。

编制规划时，当地政府为减少城市化过程中的拆迁和征地成本，将很多农村居民点未纳入 030 范围，而将这些农村居民点周围的农用地等其他土地纳入 030 范围，以用作未来开发建设。但在实施过程中，地方政府发现待开发用地中零星保留集体建设用地会产生很多问题，转而又将这些不属于 030 范围的地块纳入计划开发范围，成为当地所称的城乡建设用地增减挂钩项目。本质上，这些样本地块也可以归入规划调整完善的范畴。但这些地块违背原规划用途而纳入城镇开发的必要性和合理性是十分明确的，也体现了《GC 市土地利用总体规划（2006—2020 年）》提出的积极盘活存量用地和推进“城中村”改造的要求。因而，这些样本地块表面上违规，实质上合规。

未批先建的城镇用地开发行为是对规划乃至相关法律法规的无

视。这些情形下，规划显然是失效的，下文不再讨论涉及这些地块的规划目标的合理性。

第二节 不一致情形中决策对规划目标的作用关系

为解决与规划方案不一致情形下相关决策过程中规划效能的评价难题，笔者提出，通过分析违背规划的决策对规划目标的作用方向来考察规划对这些决策是否产生了引导作用。本节正是对这一方法的实践运用。

一 违背规划方案的决策与规划目标的相容性

表 5-1 中存在市级规划中有关内容在区县级规划中未被提及的情形，如 YD 缺乏耕地保护的有关内容，大部分区县未涉及表土剥离；而表 5-3 中，部分后续决策的内容是土地利用总体规划所没有的，如将“三区五城”改成“三区五城五带”。但这些情形并不直接违背规划。本小节讨论的违背规划的决策，只包括那些直接违背规划、与规划相矛盾的决策，涉及表 5-1 中序号 2、6、8、9、22 和表 5-3 中序号 9、19、23、28、29、32 对应的决策（见表 5-5）。

表 5-5 违背规划方案的决策与规划目标的兼容性

序号	决策与规划方案的冲突	决策与规划目标的关系
表 5-1 中的决策		
2	HD、XX、FX、QX 未利用地开发占新增耕地 40.0%以上，违背重点通过整理复垦增加耕地的要求	以整理复垦为主的目的还在于：改善农地质量、充分利用土地资源、减少生态环境影响。开发比重过高妨碍达到规划目的
6	HD 在允许和有条件建设区划入 11 公顷基本农田保护区	规划目的是避免建设占用基本农田，上述做法不利于基本保护农田

续表

序号	决策与规划方案的冲突	决策与规划目标的关系
8	六个耕地和基本农田保护重点布局乡镇获得了较多的建设占用耕地配额	其中四个乡镇基本农田保护面积分别调减66.5%、62.4%、41.6%和13.4%，违背规划目标；另外两个乡镇基本农田面积分别上调60.6%和15.6%，能兼顾规划目标
9	部分基本农田集中保护区中乡镇基本农田保护面积占乡镇国土总面积的比重远低于所在区县基本农田保护面积占该区县国土总面积的比重	以专业化指数低于0.8的六个乡镇为例，这些乡镇的基本农田保护区不仅占国土总面积的比重低，且没有集聚连片优势，与“提高耕地集中连片度”的耕地保护目标不符（见图5-2）
22	四个城镇工矿用地重点布局乡镇获得了较少的新增建设占用耕地指标	其中一个乡镇存量用地规模大，规划末期城镇工矿用地指标占所在区县用地指标的68.3%；而另外三个乡镇城镇用地指标分别仅占所在区县的4.8%、5.3%和4.6%，不利于实现“重点布局、集聚发展”的城镇用地空间布局优化目标
表5-3中的决策		
9	“北拓南延西连东扩”具体方向存在差异，政府工作报告中向HD、XD南延，向老城区和GC新区（主要位于WD西部片区）之间的片区西连，东扩至某三个乡镇片区；而土规中向HD南延、向QX西连、向上述三个乡镇中的两个乡镇东扩	XD、西连片区、东扩片区都属于GC市土规重点建设区，要“保障经济快速发展所需建设用地”，纳入这些地区有益全局，西连方向由QX改为新的片区，有助于达成规划对QX“降低人均城镇工矿用地水平，控制城镇和工业用地的外延扩张”的要求，具体方向的调整并不妨碍规划目标的实现
19	耕地保有量指标少于土规	不利于实现耕地保护目标
23	城规将三个开发区变成两个开发区	城规将省级BD开发区纳入国家级高新区是为了“统一规划、管理和实施”，有利于BD开发区的发展，对规划目标起促进作用
28	土地整治补偿耕地指标减少；新增耕地来源也不符合“重点通过整理复垦补充耕地”的要求	前者妨碍占补平衡、后者妨碍耕地质量建设和保护生态环境等目标的实现
29	各区县土地整治补偿耕地指标减少	妨碍耕地数量保护，但可能开展易地补充
32	FX和HD分别属于土地整治规划复垦和未利用地开发项目集中布局区县，但不属于土规划定的重点区县	将FX划入重点复垦区有利于推进复垦，促进提高土地利用效率和补偿耕地目标的实现；而将HD划入未利用地重点开发区可能刺激其过度开发，妨碍生态环境目标的实现

可见，有些决策虽然违背了规划的具体方案，但更有利于规划目标的实现。因此，在这些决策过程中规划仍然是有效的。而有些决策，不但违背了规划方案，也阻碍规划目标的实现。这些情形下，规划方案和规划目标都遭背弃，规划在实施过程中是缺乏效力的。但这种背弃规划方案和目标的决策行为是否损害规划效力，则要看规划的合理性和决策违背规划的正当性。这一问题将在第五章第三节讨论。

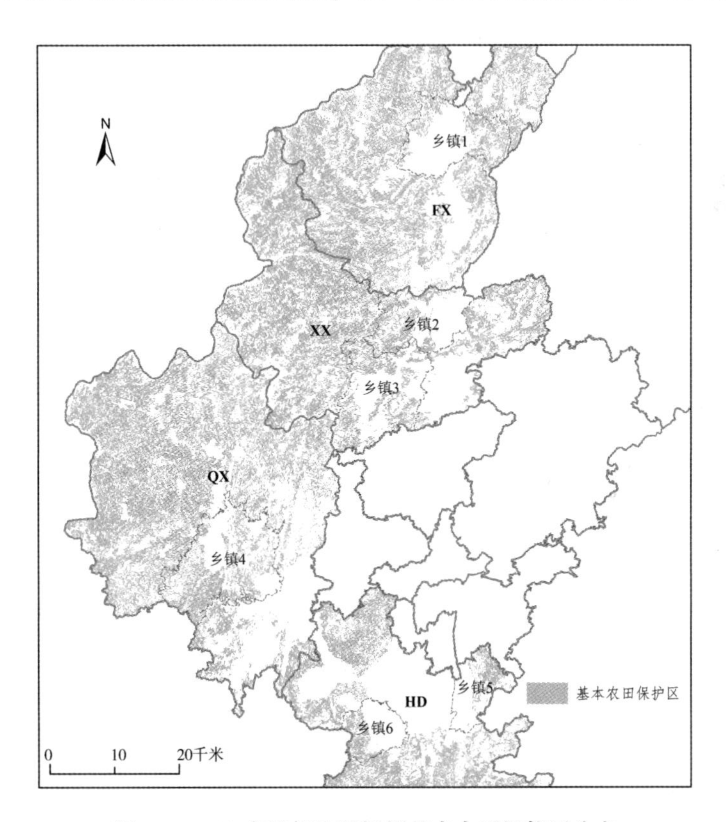

图 5-2　GC 市局部地区规划基本农田保护区分布

二　结果不一致情形与规划目标的相容性

笔者认为，相较于弱失效和弱有效情形，基期至现状用地类型发生改变的情形更能体现规划的引导作用，本小节聚焦于不一致情形中基期以来被转用的合规耕地、城镇用地，以及新增的违规耕地、城镇用地（由第五章第一节第二部分可知，规划对相当比例新增违规城镇用地所涉及的决策的影响作用仍是不明确的，有必要进一步分析其与规划目标的兼容性）对规划目标的作用关系。

GC 市现状耕地、城镇用地与规划不符的地块数以万计，难以逐一考察不合规地块与规划目标的相容性。本小节继续以 BD 区为例，深入探讨土地利用与规划图则不一致情形中 2006—2013 年新增违规耕地与城镇用地、转用合规耕地与城镇用地行为对实现规划目标的作用关系。

由图 5-3 可知，BD 区的新增违规耕地主要位于东北部和现状城镇用地主体以北、030（规划城镇建设区）范围内北部；转用合规耕地主要散布于该区东部和西部。

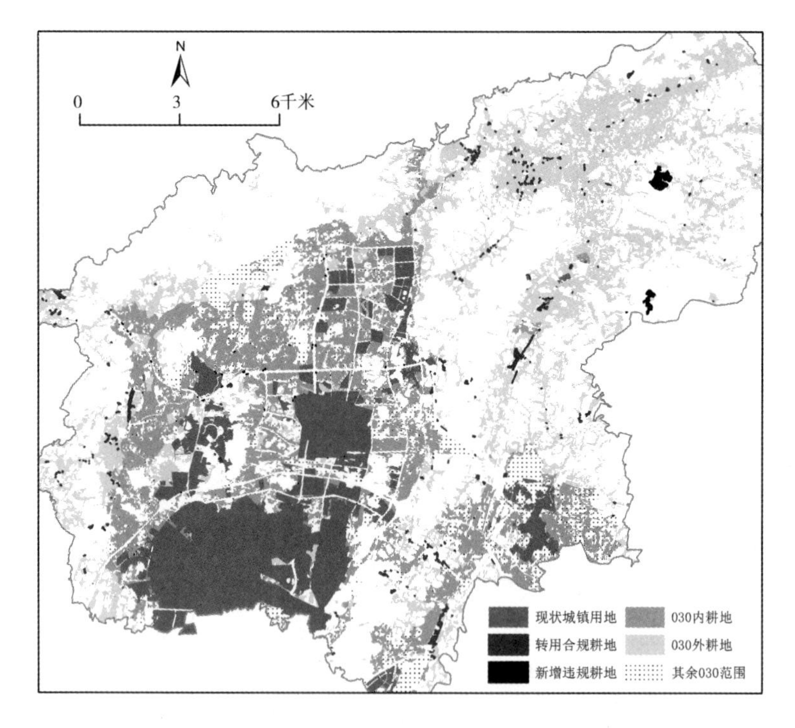

图 5-3　BD 区新增违规与被转用合规耕地的分布情况

注：为了便于显示细小斑块，图中新增违规耕地和被转用的合规耕地斑块在利用 ArcGIS 软件出图时设置了 1 个单位宽度的边框，对这些地块起到了人为放大作用。

由图 5-4 可知，与新增违规耕地和被转用的合规耕地相比，新增违规城镇用地和被转用的合规城镇用地的空间分布较为集中，主要位于 BD 区中部偏西和南部，基本与其他现状城镇用地邻接，且被 030 包围。特别是新增违规城镇用地，连接性较高，斑块面积较大。

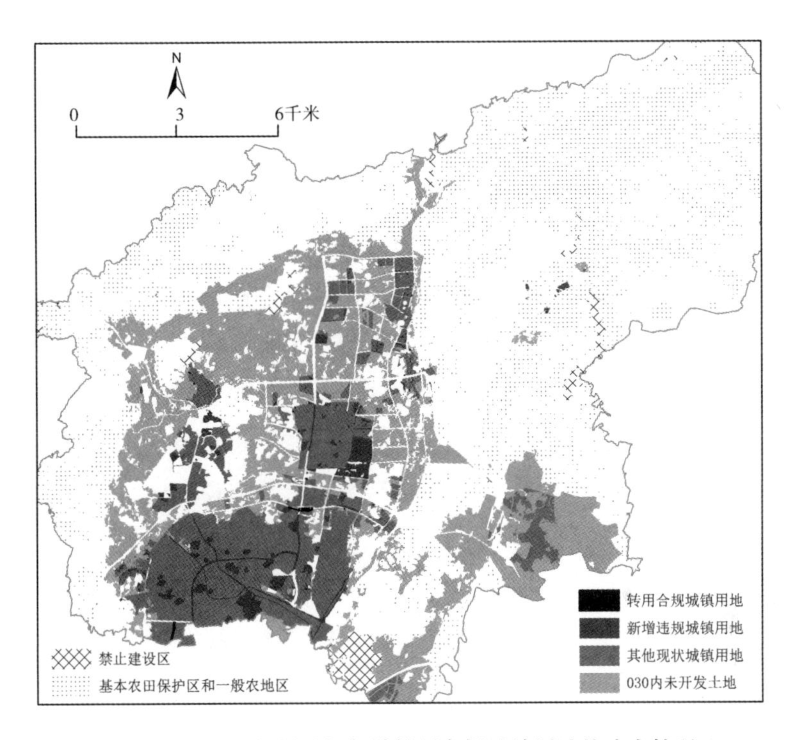

图 5-4　BD 区新增违规与被转用合规城镇用地的分布情况

注：为了便于显示细小斑块，图中被转用的合规城镇用地斑块在利用 ArcGIS 软件出图时设置了 1 个单位宽度的边框。这会对这些地块起到了人为放大作用。

根据我国土地利用总体规划的基本导向，笔者认为以下五种情形下实际土地利用与规划方案不一致的地块对规划目标的妨碍作用是明确的：

情形①：新增城镇用地落在禁止建设区内的，对规划管控城镇用地扩张和保护生态环境等方面目标起妨碍作用。

情形②：新增城镇用地侵占基本农田保护区范围内耕地的，或者被转用的耕地落在基本农田保护区范围内的（按照《基本农田保护条例》的规定，“需要退耕还林、还牧、还湖的耕地，不应当划入基本农田保护区”，因此本书不考虑基本农田保护区内因生态建设需要进行退耕的可能)，对耕地和基本农田保护目标起妨碍作用。

情形③：新增城镇用地蛙跳式落在耕地保护区内的，违反控制城镇用地蔓延、集聚发展和保护耕地等方面的规划目标。

情形④：新增耕地落在 030 范围内，且邻近现状城镇用地、位于规划确定的城镇用地重点扩张方向的，不利于耕地保护。

情形⑤：新增耕地地块全部或者部分落在 15°以上陡坡上的（为缓解水土流失和石漠化，《GC 市土地利用总体规划（2006—2020 年）》要求在规划期内完成对 15°以上坡耕地的治理)，违背生态环境保护、耕地数量保护与质量建设并重等规划目标。

上述五种情形被定义为与规划目标不相容。图 5-5 展示了 BD 区基本农田保护区与一般农地区范围外补充耕地行为和基本农田保护区与一般农地区范围内占用耕地行为的发生情况及其空间分布。

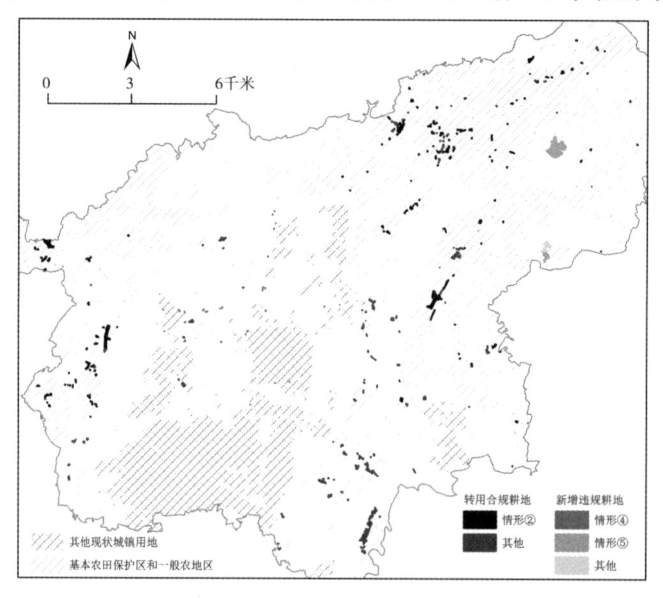

图 5-5　BD 区新增违规及转用合规耕地与规划目标的相容性

注：为了便于显示细小斑块，图中新增违规耕地和被转用的合规耕地在利用 ArcGIS 软件出图时设置了 1.5 个单位宽度的边框，对这些地块起到了人为放大作用。

图 5-6 展示了 BD 区规划 030 范围外城镇用地开发行为和规划 030 范围内转用城镇用地行为的发生情况及其空间分布。情形①在 BD 区没有发生，即当地未在禁止建设区内进行城镇用地开发。

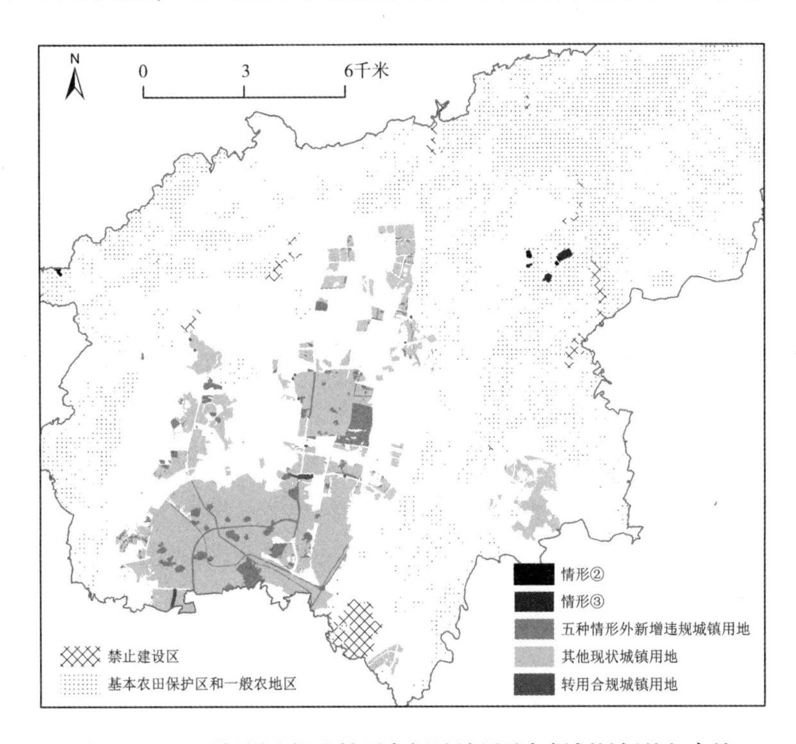

图 5-6　BD 区新增违规及转用合规城镇用地与规划目标的相容性

注：为了便于显示细小斑块，图中被转用的合规城镇用地和情形②、情形③的新增违规城镇用地斑块在利用 ArcGIS 软件出图时设置了 1.5 个单位宽度的边框，对这些地块起到了人为放大作用。

表 5-6 统计了 BD 区各种情形下新增违规耕地与城镇用地、被转用的合规耕地与城镇用地的面积。具体而言，案例区新增违规耕地中有 88 公顷来自开垦 15°以上的山坡，占新增违规耕地的 82.2%；面临巨大的城镇化侵蚀威胁（情形④）的新增违规耕地较少，为 2 公顷。不在上述五种情形内的其他新增违规耕地为 17 公顷，占新增违规耕地的 15.9%。基期以来被转用的合规耕地中，全部或部分落在规划基本农田保护区内的地块面积达 190 公顷，占转用合规耕地

总量的 54.0%。不在上述五种情形内的其他被转用的合规耕地面积为 162 公顷，占 46.0%。

表 5-6　　各情形新增违规与转用合规耕地、城镇用地面积统计　　单位：公顷

新增违规耕地			转用合规耕地		新增违规城镇用地				转用合规城镇用地
情形④	情形⑤	其他	情形②	其他	情形①	情形②	情形③	其他	
2	88	17	190	162	0	5	15	829	2

新增违规城镇用地中，没有用地分布于禁止建设区内，但有 5 公顷用地转自被划入基本农田保护区的耕地。蛙跳式落在耕地保护区（包括基本农田保护区和一般农地区）的新增违规城镇用地面积为 15 公顷。不在上述五种情形内的其他新增违规城镇用地面积达 829 公顷。总体上，情形①、情形③、情形④较少，而情形②、情形⑤较多发。新增违规城镇用地中情形②的用地面积（5 公顷）只占转用合规耕地中情形②面积（190 公顷）的 2.6%，说明城镇扩展不是 BD 区基本农田保护区内耕地被转用的重要原因。

结合图 5-5 和图 5-6 可知，情形④、情形⑤之外的其他新增违规耕地主要位于 BD 区东北部和西北部，这些耕地均与现状耕地邻接，甚至落在现状耕地内部，属于耕地的连续性向外延展，有助于扩大耕地斑块面积。即使那些落在 030 范围内的新增耕地地块，与现状耕地也是邻接的，且与现状城镇用地距离较大，短期内被开发的可能性不大（BD 区 030 范围内未开发用地面积远大于建设用地控制指标，因此有相当部分土地不会被开发；反过来，030 范围外的耕地不足以实现耕地保有量目标，030 范围内的部分耕地同样需要得到保护）。因此，这些新增耕地有利于实现耕地保护的数量目标，也有助于降低耕地破碎度。通过与基期土地利用图层的叠加分析发现，这部分新增耕地中，超过 95.0%来自开发自然保留地和复垦公路、采矿用地；而来自开垦林地的不足 0.8 公顷，生态环境代价较小。综上，这部分新增违规耕地对实现规划耕地保护目标具有正向

作用。

一般农地区内被转用的耕地主要分布于 BD 区东南部。与基本农田保护区内被转用的耕地相比，这些耕地与现状耕地邻接性较低；与之接壤的现状耕地更加破碎化，不处于耕地集中分布区，大多接近规划城镇建设区或位于其内部。因此，转用这些耕地会妨碍规划耕地保护的数量目标，但对耕地的蚕食作用较小，不会对耕地集中连片度产生显著负面影响。将这些被转用耕地与现状土地利用图层进行叠加分析，结果显示：除了 9 公顷耕地被转为设施农用地，其他均被建设占用，包括 60 公顷村庄用地、57 公顷铁路用地、22 公顷采矿用地和 9 公顷公路用地，以及少量风景名胜及特殊用地和建制镇用地。可见，转用这些耕地可能会对控制建设用地规模、集中和优化建设用地布局的规划目标产生不利影响。

结合图 5-4 和图 5-6 可知，上述五种情形外的新增违规城镇用地与其他现状城镇用地高度邻接，并被规划 030 包围，在事实上起着提高城镇用地连接度的作用，有利于实现城镇用地和产业用地“集中布局、集聚发展”。因此，这些新增城镇用地对实现优化城镇用地空间布局的规划目标具有一定正向作用。

表 5-7 进一步展示了 BD 区上述五种情形外的新增违规城镇用地的来源与分布。可知，这部分新增违规城镇用地主要来源于耕地、公路、林地、农村居民点和风景名胜用地等。虽然来源于开发耕地的用地面积占比达 28.2%，但落在规划一般农地区内的新增违规城镇用地面积仅为 23 公顷。如果以 GC 市耕地占 010（基本农田保护区）、020（一般农地区）面积的平均比率（78.9%）算，所侵占的 010、020 范围内的实际耕地面积为 18 公顷。可见，大部分被新增违规城镇用地占用的耕地并不落在 010、020 范围内。事实上，这部分耕地基本位于现状城镇用地和 030 范围内部，对其实施保护并不经济。因此，对于这部分土地而言，城镇建设导致的农地非农化对实现耕地保护目标的损害性较小。

表 5-7　情形①—⑤以外的新增违规城镇用地来源及所属用途分区　单位：公顷

其他新增违规城镇用地的基期用地类型									
采矿	风景名胜	公路	耕地	坑塘水面	林地	农村居民点	设施农用地	园地	自然保留地
9	72	165	234	27	162	123	1	4	32

其他新增违规城镇用地所属土地利用功能区					
一般农地区	村镇建设用地区	独立工矿用地区	风景旅游用地区	林业用地区	其他用地区
23	205	6	71	153	371

来源于公路部分的新增违规城镇用地主要是受地类调整的影响：随着城镇扩张，基期划为对外交通用地的公路在现状已被划入城镇用地，还有部分公路在旧城改造过程中被开发为其他建设用地。来源于风景名胜用地的新增违规城镇用地也与地类调整后原用地被并入城镇用地有关。新增违规城镇用地中来源于农村居民点用地的面积达 123 公顷。这些被开发的农村居民点用地绝大部分位于村镇建设用地区内，并与规划城镇建设区范围邻接或被其包围。由于较高的征地成本，这些农村居民点在编制规划时未被划入 030 范围。地方政府在后续城镇开发时发现城镇用地内部分散保留较多农村居民点用地会产生较大的妨碍作用，因此选择对这些农村居民点用地进行征收和开发。无论从这些土地的用地类型还是所在分区来看，进行城镇开发并没有严重背离规划方案（都属于建设用地类型和规划分区）。总之，来源于公路、农村居民点、风景名胜、采矿等用地的新增违规城镇用地不对实现规划管控城镇扩张方面的目标产生妨碍作用，反而有利于促进实现推进土地二次开发、充分利用低效用地、优化城镇用地布局、提高土地利用效率等方面的规划目标。

占用林地和坑塘水面，会破坏生态环境，阻碍“保护城市绿色生态空间”等规划生态目标的实现。但从实地调研和第五章第一节第二部分的分析可知，被新增违规城镇用地所占用的林地和坑塘水面中，有相当部分属于基数调整的情形，即这部分林地和坑塘水面在名义上被划入城镇用地，但实际利用方式并未发生改变。另外，结合城市总体规划可知，这部分土地中绝大部分被划入城市绿地。基数调整后，反而有助于对这些林地和坑塘水面以城市绿地等形式加以保护，有利于实现改善城市内部生态环境的规划目标。因此，虽然其他新增违规城镇用地中有153公顷被规划为林业用地区，绝大部分属于地类调整，实际与规划目标并不冲突；但小部分林地被开发，与规划生态保护目标不符。而城镇扩张侵占规划土地利用功能区中村镇建设用地区、风景旅游用地区（大部分属于基数调整范畴，实际用地类型未发生质变）、独立工矿用地区和其他用地区土地的情形，与规划目标的冲突性也比较小。

被转用的合规城镇用地都被用作公路用地，有助于改善局部交通基础设施，转用前后用地性质都属于建设用地，不会对实现规划目标起到妨碍作用。

第三节　与规划目标相冲突情形下决策违背规划的原因分析

前文空间规划有效性分析框架已表明，有必要区分决策同时违背规划方案与规划目标的两种不同情形：①如果规划目标是合理的，那么与规划目标相向的决策是损害规划有效性的，规划被无视而流于失效；②反之，如果规划目标是不合理的，那么决策不以规划目标为引导是正当的，这样的决策不损害规划有效性，但规划本身仍是无效的。本节试图探究违背规划目标的决策的正当性，以对上述两种情形加以区分阐述。

一　规划目标的合理性

从规划目标的积极性（如是否契合规划在耕地保护、建设用地管控、用地布局优化、生态环境保护等方面的基本功能定位）和可达性两方面入手，评价规划目标的合理性。

根据第五章第二节的分析结果，所选取的案例中与规划目标不相容的决策包括表5-1中序号2、6、9、22和表5-3中序号19、28、29、32对应的内容，以及土地利用与规划不一致情形下新增违规用地和转用合规用地中的情形②—⑤（情形①未发生）和城镇建设占用一般农地区内耕地的情形（情形⑥）。其中：表5-1中序号2和表5-3中序号32对应的均是未利用地开发占补充耕地指标比重过高的问题，表5-3中序号28和29对应的都是土地整治补充耕地指标被调低的问题。下文仅对表5-1中序号为2和表5-3中序号为28的决策所对应规划目标的合理性进行分析，不再重复探讨表5-3中序号为29和32的决策有关的规划目标的合理性。

表5-8　　与规划目标不相容的决策所对应规划目标的合理性

序号	规划目标是否积极	规划目标是否可达
表5-1中的决策所对应的的规划目标		
2	“重点通过整理复垦，少量未利用地开发补充耕地”有利于改善耕地质量和废弃土地再利用；研究区水土流失和石漠化严重，减少未利用地开垦有助于保护生态环境。目标是积极的	后续决策复垦补充耕地比例过低，如按土地整治规划中16.0%计，仅补充784公顷。GC市现状采矿用地6585公顷，损毁土地近6000公顷，加上其他低效建设用地（特别是农村建设用地），规模可观。只要及时复垦这些土地，仅小部分转为耕地就能很大程度上缓解耕地补充压力。规划要求是可行的
6	中心城区和重点建设乡镇允许和有条件建设区不划入基本农田保护区有利于保护基本农田和避免对城镇合理扩张形成障碍。目标是积极的	由图5-7可知，规划基期HD区允许和有条件建设区外非基本农田保护区有较多且较集中的耕地，有足够容量将允许和有条件建设区内11公顷基本农田保护区转出。目标是可行的
9	划定基本农田集中保护区有利于基本农田集中保护、集中建设、优化布局及促进各乡镇分类发展。目标是积极的	以专业化指数低于0.8（见表5-1）的六个乡镇为例。这些乡镇基本农田保护指标占国土面积比例小，耕地分布分散，且其中五个乡镇被作为城镇扩张方向划入了大片城镇建设区。规划将这些乡镇列为基本农田集中保护区的可行性较低
22	对城镇工矿用地在不同乡镇间进行差别化布局有利于在反映各地实际情况、基础条件和发展定位的基础上促进优化开发、集聚发展。规划目标是积极的	其中两个乡镇位置偏远，基础薄弱，2013年的现状城镇用地规模仍然很小，规划将其列为城镇工矿用地重点布局乡镇可能会缺乏可行性。另外一个乡镇位于GC国家高新区拓展方向，所在的高新技术产业园是GC市重点打造的十大工业园之一，且邻近GC市中心，列为城镇工矿用地重点布局乡镇具有较好的可行性

续表

序号	规划目标是否积极	规划目标是否可达
表 5-3 中的决策所对应的规划目标		
19	追求耕地保有量指标有助于耕地数量保护，也可能造成城镇用地过多侵占其他有特殊价值的用地类型和占补平衡引发生态环境问题等负面作用	GC 市耕地后备资源少、生态环境脆弱，且处于快速发展期，保障其快速发展对于改变区域落后面貌具有战略意义。第四章第一节表明，扣除调查技术改进等造成的耕地基数扩大面积，至 2013 年已消耗 63.0%的耕地允许减少量。另外，该市城镇土地利用程度高，如老城区平均容积率超过 2.0，全国罕见，存量挖潜空间有限，耕地保护压力较大
28	主要通过土地复垦和整理实现耕地补充指标有利于生态保护、耕地质量建设和损毁土地再利用，目标是积极的	从 GC 市及各区县土规的耕地补充潜力分析来看，耕补任务可以实现；如果能通过复垦补充更多耕地（本表前文已论证其可行性），则其他方式补充耕地压力降低，规划可行性上升
情形 ②—⑥		
②	设置基本农田保护区、在保护区内禁止耕地占用有利于更好地保护耕地和布局耕地质量建设，具有积极意义	案例区正处在快速发展期，面临高度不确定性，且规划要求"城镇周边及交通沿线的耕地，优先划入；城镇村规模边界内保留的耕地，原则上划入"，提高了基本农田的占用风险
③	在耕地保护区内禁止蛙跳式城镇用地扩张，有利于保护耕地、促进城镇用地集聚。规划目标是积极的	规划的可行性主要来自未来发展的不确定性，但相较于防止城镇用地侵占耕地保护区用地，仅严控城镇用地蛙跳式扩张更具可操作性
④	有关补充耕地不落在规划城镇建设区内，特别是与城镇用地邻接且位于规划城镇重点扩张方向上的规划要求，有利于耕地保护，避免新增耕地被建设占用	规划要求可行，只要对土地整理开发复垦项目选址进行必要管控即可
⑤	为保护生态环境和保障耕地质量，应避免新增陡坡耕地	规划要求可行，只要对土地整理开发复垦项目选址进行必要管控即可
⑥	城镇建设不占用一般农地区耕地的要求有利于优化城镇布局、管控城镇扩张和保护耕地	总体可行，但未来发展的不确定性和对一般农地区耕地保护力度相对较小可能会带来一定的执行风险

土地利用与规划不一致情形②—⑥不属于土地利用总体规划中明确提出的相关目标，而是笔者根据我国土地利用总体规划的基本目标和内容，作出的必要引申。比如情形③，规划没有明确提出蛙跳式侵占规划耕地保护区内耕地的城镇用地扩张行为较连续的外延

拓展式城镇用地扩张行为需要更强的管控力度，但离散式扩张对耕地保护和建设用地优化布局与集约利用等规划目标的实现更具破坏性（黄晓军等，2009；Jaeger & Schwick，2014）。结果见表 5-8。

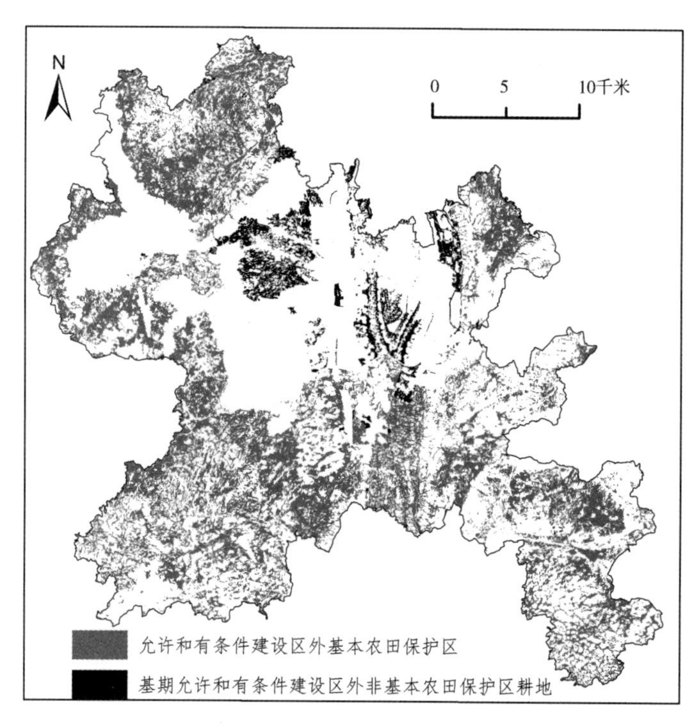

图 5-7　HD 区允许和有条件建设区外基本农田保护区及其他耕地分布

图 5-8 展示了表 5-8 中与规划目标不相容的决策所对应规划目标的积极性和可达性（圆括号数字为表 5-3 中的决策序号，带圆圈的数字为土地利用与规划不一致情形下新增违规用地和转用合规用地及城镇建设占用一般农地区内耕地等的数种情形，即表 5-8 中的情形②—⑥，其余数字为表 5-1 中的决策序号）。第一象限的规划目标合理，其他象限的规划目标不合理。可见，大部分规划目标具有积极意义。但序号为（19）的决策——耕地保有量指标可能会同时产生保护耕地数量、限制城镇用地过度扩张等正面效应和城镇用地侵占其他有价值的用地类型、耕地不合理开发等负面作用。序号为 22 的决策中将某两个乡镇列为城镇工矿用地重点布局乡镇的合理性

值得商榷，但将其他一个乡镇列为重点布局区具有合理性。

在上述决策所对应的规划目标中，有半数存在可行性问题。可行性不足主要与以下因素相关。

第一，由规划目标的高度刚性和案例区快速发展背景下的高度不确定性之间的矛盾造成，如序号为（19）、②、⑥决策所对应的规划目标。

第二，由对地方实际条件及发展定位把握不准确造成，如序号为9、(19）的决策所对应的规划目标。

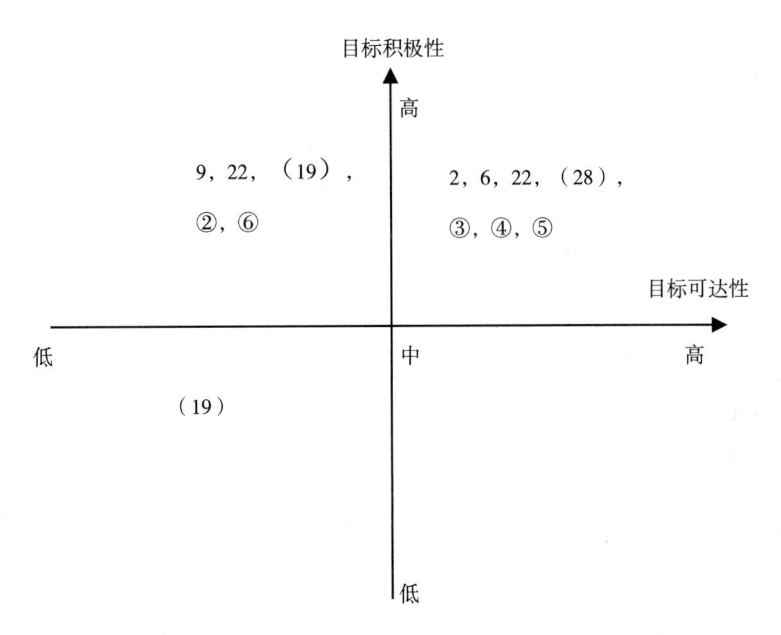

图5-8　与规划目标不兼容的后续决策所对应规划目标的合理性

第三，规划约束力不足。比如，对于序号为⑥的决策对应的规划目标，《GC市土地利用总体规划（2006—2020年）》在阐述土地利用功能分区政策时，并没有明确强调一般农地区不能进行城镇用地开发。

第四，不同规划目标间相互冲突。比如，序号为22的决策所对应的规划目标将其中一个乡镇列为城镇工矿用地重点布局乡镇和QX市重要工业基地。该镇基期建制镇用地不足90公顷，若对其进行重点开发建设，城镇扩张占用耕地在所难免，与规划将其列为 GC 市耕地和基本农田重点保护区域的目标相左。

第五，外部政策环境发生变化削弱了规划目标的可行性。例如，中央提出低丘缓坡开发试点后，GC 市十分重视、积极推进低丘缓坡开发。2012 年政府工作报告提出，通过“推进山地整治、低丘缓坡荒滩等未利用地开发来破解用地问题”。而低丘缓坡开发将不可避免地刺激林地和自然保留地开发建设。而对于序号为（19）的决策所对应的耕地保有量指标，城市总体规划小于土地利用总体规划的原因是上级政府调高了 GC 市耕地保有量任务，但城市总体规划未及时更新。耕地保有量任务的提升在一定程度上会加剧实施难度。

二 规划目标合理情形下决策违背规划的原因分析

本小节的意图在于在规划目标合理的情形下，探究决策者为什么作出与规划目标相冲突的决策（图 5-8 中位于第一象限的决策）。结合相关数据分析和实地调研，笔者总结了案例中决策违背合理规划目标的主要原因（见表 5-9）。

表 5-9 规划目标合理情况下决策违背规划目标的原因分析

序号	原因分析
2	通过统计 1999—2010 年 GC 市各区县土地整理复垦开发项目发现，整理复垦和开发总建设面积分别为 10444 公顷和 3531 公顷，总投入 37061 万元和 12281 万元，新增耕地 83 公顷和 3046 公顷，单位建设面积新增耕地产出率为 0.008 公顷/公顷和 0.86 公顷/公顷，平均新增耕地成本为 447 万元/公顷和 4 万元/公顷。可见，未利用地开发补充耕地的成本低、新增耕地产出率高。另外，土地整理复垦存在与村民沟通、事后耕地重划等较高的交易成本，而政府对通过土地开发新增的耕地有较大支配权，甚至可以通过出租新增耕地获得一定收益。因此，决策者更青睐于通过开发补充耕地，无视规划“重点通过整理复垦、适度宜农未利用地开发补充耕地”的要求
6	HD 区国土局规划处相关人员对在允许和有条件建设区划入基本农田保护区的解释是：①允许和有条件建设区内划入的基本农田保护区虽然距镇区较近，但与不在允许和有条件建设区范围内的基本农田保护区邻接（见图 5-9），且不位于未来镇区拓展方向（靠近 HD 城区的镇区北面是重点开发建设方向），可以受到保护；②上级规划“允许和有条件建设区原则上不划入基本农田保护区”是指导性的，没有法规政策明确指出不得划入；③HD 区北部靠近 GC 主城区，是全区主要发展方向，因而允许和有条件建设区外耕地较多但并不划入基本农田保护区，而基本农田保护区划入允许和有条件建设区所在的乡镇耕地较少（见图 5-7），不得已在允许和有条件建设区划入基本农田保护区

续表

序号	原因分析
22	BD 区将建设用地配额更多地分给了高新区主体所在乡镇、市中心和经济开发区所在乡镇和南部与 GC 市主城区接壤的乡镇。另一个被市级规划列入重点建设名单的乡镇所获得的建设用地配额在 BD 区排名靠后，但相对 GC 市普通乡镇仍具很大优势
(28)	补充耕地指标减少的原因是当地政府希望通过易地补充实现耕地保护目标。易地代保、代垦的代价低于通过本地整理复垦获得新增耕地的成本
③	相关国土局访谈人员表示，新增城镇用地离散式占用一般农地区耕地的情况复杂：有些是为了招商引资和发展经济的的需要；有些是未批先建；有些是为了落实单独选址的重点项目和工程（一些项目具有离散开发的必要性，如 BD 区样本案例中的输气站、油库等项目）；有些是由城镇发展方向转变造成的
④	这些新增耕地部分是由村民/居民自发开垦出来的，或者因类似都市观光休闲农业开发产生的；部分是由多年征而未供，且没有近期开发计划的城市储备用地转化而来，以减少土地闲置；部分来自低效废弃建设用地复垦（虽然这种区位条件下复垦为耕地并不利于长远的耕地保护，但能缓解近期耕保压力）；也有部分是因政府部门组织的耕地开发而造成，以实现上级下达的耕保指标
⑤	对于部分新增耕地落在 15°以上坡度上，GC 市国土局耕保处有关人员解释道：GC 市宜农后备土地资源十分匮乏，耕地保护和补充耕地的压力很大；这些新增耕地虽然落在 15°以上坡度上，但新开垦出来的耕地地块是平整的，能够满足耕作需要和防止水土流失；部分新增耕地是在对 15°以上坡耕地进行坡改梯整治后获取的，虽然在山坡上，但耕地本身是较为平坦的

正如一些学者所提出的，地方政府也是一个理性人和利益主体，保护自然资源和生态环境的意愿低于对发展经济和增加财政收入的渴望，除非存在迫使他们执行规划的强约束力（Logan & Molotch，1987；Waldner，2008）。在规划目标合理的情形下，地方政府违背规划的决策行为的主要目的是降低耕地保护的成本、尽量避免耕地保护带来的对经济增长的妨碍作用，以及保障发展和城市化。除序号为（28）的决策中土地整理复垦开发补充耕地指标外，表 5-9 中决策所对应的规划目标和规划要求大多缺乏强制力，为决策者无视规划相关内容提供了方便。

对于案例区未批先建、擅自建设的地块，建设者规划、法律意识淡薄，以及相关责任部门执法监管不力、惩处不严是重要原因。例如样本地块 61，原本为政府危房改造安置项目用地。由于地块区

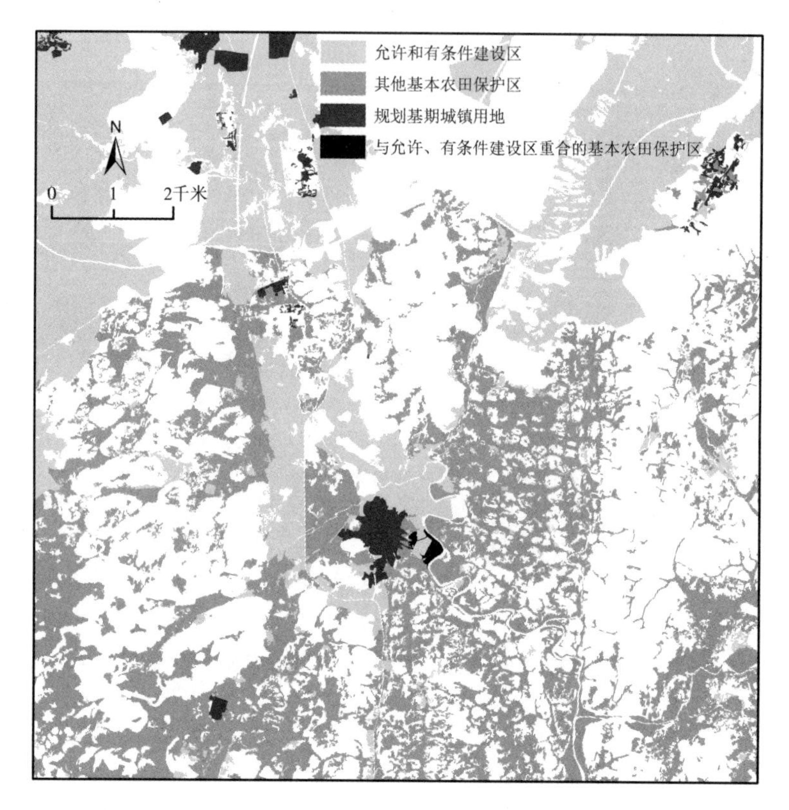

图 5-9　HD 区与允许和有条件建设区重叠的基本农田保护区

位条件较好（邻路、邻集市），刺激已建住户私自扩张和一些农户未批先建进行住房开发建设。这些住房基本在三层及以上，除最上一层用于农户自住以外其他大多用于出租或自行经营，借此获得较为可观的收入。最近两年，由于地方政府监管相对较严，违建现象大为减少，部分未批先建行为被政府叫停，处于停工状态。

第四节　本章小结

本章遵循一个逻辑、两条主线，从第一层次规划效能视角分析了案例区空间规划有效性。一个逻辑是评价规划对后续相关决策影响力的逻辑线。两条主线：一是以政府年度工作报告、区县级土地利用总体规划等为例，总体上评价《GC市土地利用总体规划（2006—2020年）》对后续决策的影响力；二是分析决策、土地开发利用结果与规划方案不一致情形中规划对决策的影响力。

总体上，GC市后续决策对规划的参考度比较高，基本采纳了规划的基本目标与要求、宏观布局，说明规划能引起人们对相关问题的重视、推动部门合作及促进制定后续政策措施保障规划实施。与规划方案有出入的主要是一些较为微观和具体的决策。部分决策虽然违背了规划具体方案，但依然能促进规划目标的实现；那些背离规划目标的决策，有些由规划目标不合理造成，有些是政府出于实现地方利益而采取的忽视规划的用地行为。

新增违规城镇用地可归纳为规划调整完善类、基数调整类、低丘缓坡开发建设类、当地语境下的城乡建设用地增减挂钩、违章新建或扩建五种类型。前四类绝大多数情况下与规划目标并不冲突，甚至有利于促进规划目标的实现；从新增违规城镇用地所占用的原始地类和所在分区来看，不一致的土地开发行为与规划图则的背离度并不十分严重。因此，未明显损害规划效力。而后一种情形是对规划的无视。部分新增违规耕地、转用合规耕地与生态环境保护、耕地保护与质量提升等规划目标不相符；耕地保护区内少量城镇用地蛙跳式扩张和侵占基本农田现象也在一定程度上损害了规划有效性。

第六章

规划对改善决策作用的分析：基于事后效益的视角

从事后效益的角度评价第二层面规划效能的可能问题在于无法确定规划与事后效益之间的因果关系。为了降低这一问题的干扰，事后效益的评价内容应与规划意图、目标和所关切的议题紧紧相关；这样也有利于从事后效益令人满意度的角度回答规划实施过程中规划目标的实现度。

占补平衡是土地利用总体规划进行耕地保护的主要思路和手段，土地利用总体规划是实施占补平衡的基本载体（张凤荣等，2005；孙晓莉等 2012）。本章从占补平衡的角度评价规划耕地保护的事后效益。建设用地开发以外占用耕地的情况，也会加剧维持耕地保有量压力；《GC 市土地利用总体规划（2006—2020 年）》指出，防护林等生态环境建设占用耕地的，也需履行补偿义务。有鉴于此，本章中占补平衡中的“占”包括基期以来所有被转用的耕地。在数据库中，无法区分新增耕地是通过土地整治还是其他方式实现的，而其他方式增加的耕地在实际中也用于实现耕地保有量指标。故本章占补平衡中的“补”不局限于通过土地整治补充的耕地，还包括所有基期不属于但现状属于耕地的地块。

目前对占补平衡实施效果关注的焦点集中在以下四个方面。第一，数量目标是否实现。有些学者认为，占补平衡的数量目标没有实现，体现于我国耕地总量持续减少、占补平衡指标普遍被突破，城市低效蔓延现象普遍，耕地被大量过度侵占（谭荣、曲福田，2006；Yew，2012；Zhong et al.，2014）；而有些学者提出，我国耕地总量的年减少量在缩减，新补充耕地规模能在很大程度上补偿建设占用数量，因而占补平衡是有效的（陶然等，2004；Lin & Ho，2005；Chien，2015）。第二，补充耕地和占用耕地的质量是否存在差距（Lichtenberg & Ding，2008；Cheng et al.，2015；Song et al.，2015）。第三，补偿耕地是否引致生态环境方面的负面影响（沈孝强、吴次芳；2013；孙蕊等，2014）。第四，我国耕地保护的根本目标是维护粮食安全，评价耕地保护效益理应考察占补平衡对农业生产的作用（Yang & Li，2000；吴泽斌、刘卫东，2009；Liao，2010；Zhang et al.，2014；聂英，2015）。综上，本书从以上四个方面评价耕地占补平衡的实施成效。其中，耕地数量保护成效在第四章第一节中已作讨论，本章不再赘述。

《GC 市土地利用总体规划（2006—2020 年）》关于建设用地布局、管控与利用政策的章节名为“建设用地节约集约利用”。可见，规划调控城镇用地的主要目的是促进土地的节约集约利用（林坚等，2013；乌拉尔・沙尔赛开等，2014）。土地、产业和人口非农化是城镇化和城镇用地扩张的关键因素和基本表现（赵新平、周一星，2002；沈孝强等，2014）。“新增建设占用耕地指标”“新增建设占用农用地指标”“建设少占或不占耕地，特别是优质耕地”等指标与要求体现出，耕地保护是规划调控城镇用地的另一个重要目标（魏晓等，2006；朱杰，2009；张景奇等，2014）。本章将从 GC 全市城镇用地的集约度，城镇扩张过程中土地、产业与人口非农化的协调性和城镇用地扩张占用耕地状况三个方面探讨规划调控城镇用地的事后效益（城镇用地数量管控效果评价见第四章第一节）。

第一节 耕地保护的总体实施绩效①

一 补充耕地与占用耕地的质量比较

GC 市耕地质量数据来自 GC 市农用地分等数据库。这一数据库是以 2011 年土地利用变更调查数据库为蓝本建立的，未包含 2012 年及以后新增耕地和 2011 年及以前被转用耕地的质量信息。但全市 2006—2011 年新增耕地量占研究期（2006—2013 年）总新增量的 80.0%以上；2012—2013 年新增建设占用耕地接近 3500 公顷，超过 2006—2013 年新增耕地总量的 65.0%。因此，考察 2006—2011 年的新增耕地与 2012—2013 年占用耕地的质量状况在很大程度上能揭示占补耕地是否存在显著质量差异。结果如图 6-1 和表 6-1 所示。

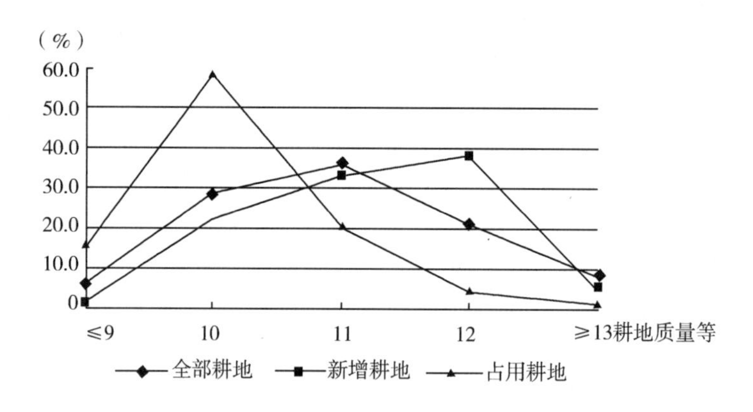

图 6-1 GC 市占补耕地质量对比

注：质量等级数据摘自农用地分等数据库“国家自然等”。

GC 市 2012—2013 年被占用耕地中，优于 11 等地的比重超过

① 本节的部分研究成果已以学术论文的形式发表，参见 Shen Xiaoqiang et al., “Local Interests or Centralized Targets? How China's Local Government Implements the Farmland Policy of Requisition-Compensation Balance”, *Land Use Policy*, Vol. 67, 2017, pp. 716-724.

70.0%，比全部耕地中优于11等地的比重高出35个百分点；而劣于10等地的被转用耕地所占比重均低于全部耕地中相应质量等级耕地所占的比重，说明研究区存在明突出的“占优”现象。2006—2011年新增耕地各质量等级中，优于12等的比重均低于全部耕地中相应质量等级耕地所占的比重，劣于11等地的比重达43.8%，比全部耕地中相同质量等级耕地所占比重高出近15个百分点，表明案例区存在明显的“补劣”问题。由此可见，GC市占补耕地存在很大的质量差距，新增耕地质量显著劣于占用耕地质量，没有达到《GC市土地利用总体规划（2006—2020年）》“补充耕地质量应等于或高于占用耕地”的要求。

表6-1　GC市占补耕地主要质量评价因子各等级比重　单位：%

指标名称	占用耕地在各质量因子等级中的比重	补充耕地在各质量因子等级中的比重
耕地坡度	1：16.6；2：37.7；3：36.9；4：6.0；5：2.9	1：16.7；2：35.9；3：32.1；4：12.0；5：3.3
表土质地	壤土：33.9；黏土：62.7；砾质土/砂土：3.4	壤土：39.2；黏土：47.1；砾质土/砂土：13.7
土层厚度	≥100厘米：37.9；60—100厘米：37.0；30—60厘米：21.2；<30厘米：3.9；	≥100厘米：11.8；60—100厘米：27.2；30—60厘米：33.2；<30厘米：27.9；
有机质含量	≥4%：10.6；3%—4%：56.3；2%—3%：25.7；<2%：7.4	≥4%：1.1；3%—4%：25.8；2—3%：30.7；<2%：42.4
土壤pH值	1：19.1；2：39.3；3：29.2；4：12.5	1：20.7；2：24.0；3：30.8；4：24.5
排灌水条件	1：34.4；2：15.4；3：3.3；4：43.5；5：3.5	1：13.5；2：6.6；3：6.7；4：57.4；5：15.7
耕地类型	水田：44.9；水浇地：1.5；旱地：53.7	水田：27.8；水浇地：0.6；旱地：71.6

注：①表中仅列出了对耕地质量影响较大的七个因子的数据，在实际评定耕地质量等时，还有其他评价因子。耕地坡度等级1—5分别代表实际坡度：<2°，2°—6°，6°—15°，15°—25°，≥25°。土壤pH值等级1—4分别指代实际值：6.5—7.5，5.5—6.5与7.5—8.0，5.0—5.5与8.0—9.0，<5.0。排灌水条件等级1—5分别表示：充分满足，基本满足，一般满足，无灌溉条件，未纳入调查（均为旱地，一般不具备排灌设施）。②因四舍五入，比重之和可能不等于100%。

对于具体耕地质量评价指标，新增耕地在表土质地方面优于被转用的耕地，并拥有相对较高比重的壤土比例和较低比重的黏土比重。耕地坡度方面，新增耕地与占用耕地的整体差距不大；但高于15°的陡坡耕地在新增耕地中所占比重是在被占用耕地中所占比重的1.7倍。这与《GC市土地利用总体规划（2006—2020年）》提出的“在规划期内完成对15°以上坡耕地的治理”的要求相冲突。对于其余表6-1中各质量评级因子，新增耕地与占用耕地之间均存在十分显著的差距。具体而言：新增耕地土壤厚度普遍偏薄，超过100厘米的仅占11.8%，厚度在30厘米以内的达27.9%；土壤有机质含量较低，超过4.0%的仅占补充耕地总量的1.1%，比重仅为被占用耕地中相应等级耕地所占比重的1/10左右；土壤pH值也显著恶化，强酸性土壤所占比例较高。另外，新增耕地的农业基础设施相当薄弱，其中仅13.5%的新增耕地的排灌水设施能充分满足农业生产需要。水田一般被认为质量好于旱地，产出能力较高。而研究区“占水田、补旱地”现象突出，补充耕地中水田面积仅占27.8%，而旱地面积比重高达71.6%。

新增耕地与占用耕地之间，乃至新增耕地与全部耕地的总体情况之间存在的显著质量差距说明，“严格执行耕地占补平衡制度。各类非农建设确需占用耕地的，建设单位必须补充数量相等质量相当的耕地”的规划要求没有实现。规划虽然提到“补充耕地质量确实难以达到被占耕地质量的，按照等级折算增加补充耕地面积”，但由表4-1可知，补充耕地进展滞后于规划控制指标要求，难以用补充更多耕地的方式来弥补新增耕地的质量不足。

二　耕地补充的生态环境影响

一方面，不同的用地类型具有不同的生态服务价值（Stephen et al.，1997）。如果将湿地、林地、草地等用地类型开垦成耕地，就会破坏土地在水土保持、气候调节、生物多样性等方面的重要生态环境功能（Foley et al.，2005；Mamat et al.，2014）。另一方面，GC市地处喀斯特地貌区，地形崎岖，成土缓慢、土层薄，植被覆盖率比较低，生态环境系统抗干扰能力和恢复能力差（Wang et al.，2004）。

石漠化是这一区域最为突出的生态环境问题（熊康宁等，2012）。因此，关于补充耕地的生态环境影响评价，本小节关注两点：一是新增耕地是否侵占了其他具有重要生态价值的用地类型；二是补充耕地行为是否加剧地区水土流失。

（一）新增耕地的来源

通过对现状土地利用数据库和基期土地利用数据库做裁剪分析，得到 GC 市各区县补充耕地的来源构成（见表 6-2）。需要指出的是，通过其他方式获得的新增耕地，如经地类调整基期不划入但现状划入耕地的地块，基期漏查但现状补查进来的地块等，可能实际利用类型并未发生改变，但基期将其归入其他地类。来源于土地开发整理复垦和来源于其他方式的新增耕地无法区分。因此，可能会对下文即将展开的新增耕地来源分析造成了一定的干扰。由表 6-2 可知，根据土地变更调查数据，案例区新增耕地的来源比较单一，主要来自林地和自然保留地。

表 6-2　2006—2013 年 GC 市新增耕地来源结构统计　单位：公顷

地类	GC	XD	HD	WD	BD	XX	KX	FX	QX
新增耕地量	5345	97	417	227	107	1348	543	2177	428
城镇用地	112	0	25	61	21	0	0	4	0
农村居民点	29	0	1	1	1	3	1	22	1
采矿用地	14	0	0	1	1	0	0	4	9
交通用地	22	0	0	2	15	0	0	4	0
水域及水利设施用地	7	0	0	1	0	0	1	4	1
园地	56	0	0	1	0	40	11	4	0
草地	38	0	0	0	0	0	0	0	38
林地	3162	45	116	148	64	108	460	1850	371
自然保留地	1852	0	275	14	5	1197	70	283	9
特殊用地	52	52	0	0	0	0	0	0	0

注：表中 ND 区和 YD 区由于没有新增耕地而未进行展示。

研究区 2006—2013 年新增的 5345 公顷耕地中，有 3162 公顷来自于林地，占 59.2%；其次是来自自然保留地开发的，占 34.6%。还有一小部分新增耕地来自城镇用地、园地、特殊用地、草地、农村居民点、交通用地、采矿用地和水域及水利设施用地，合计占 6.2%。这说明，农用地开发（将建设用地外的其他用地类型开垦成为耕地）是补充耕地最重要的途径，占耕地总补充量的 96.6%。而通过土地复垦（将建设用地或损毁的土地复垦成为耕地）等其他形式补充的耕地所占比例很小。仅 WD 区和 BD 区的新增耕地中，来源于建设用地的部分占了相对比较可观的比例。

新增耕地中来源于农村居民点用地的面积所占比重很低，说明 GC 市很少实施城乡建设用地增减挂钩这一耕地补充策略。因为相较于耕地开发，这一策略的实施成本显著增高：说服农户参与城乡建设用地增减挂钩会产生交易费用；对原居民的补偿和新房安置需要花费大量财政成本；还要花钱将原居住用地复垦成耕地，并配套基本的农业生产设施。另外，根据土地变更调查数据，2006—2013 年 GC 市沼泽地全部被转用，湖泊水面减少 66.0%，坑塘水面减少 22.0%，草地减少 10.0%，内陆滩涂减少 7.0%。这些土地中，一部分被开发成为耕地，一部分被开发成为建设用地（可以减少建设对耕地的占用，以此减轻耕地保护的压力）。

一般情况下，土地开发对生态环境的干扰和影响较大（Foley et al.，2005），而土地复垦不仅有助于实现损毁、废弃土地的再利用，对于保护生态环境也多是有益的（Hlava et al.，2015）。然而，GC 市的绝大部分新增耕地是通过土地开发获得的，违背了主要通过土地整理复垦补充耕地的规划要求；而且绝大多数来源于林地、自然保留地（包含沼泽地、内陆滩涂等湿地）等具有重要生态服务价值的用地类型（Mamat et al.，2014）。这将不可避免地对当地自然系统的环境功能和生态稳定产生负面影响。比如对林地的开垦，就会牺牲其在调节气候、净化空气与水体、消纳污染物、土壤发育、水土保持、防风固沙、保护动物栖息地、增加生物多样性、生物控制、娱乐与文化等方面的作用（Stephen，1997）。虽然在毁林的同时，

GC 市也在造林，但自然林的生态价值非人工林所能替代（Barlow et al., 2007）；而且在毁林过程中，对生物多样性的破坏是不可避免的。

（二）耕地补充对地区水土流失的影响

为了体现耕地补充对水土流失影响的人为性，本小节中的补充耕地和新增耕地专指通过土地整治（包括土地开发整理复垦）获得的增量耕地。笔者未对 GC 市土地整治所获取的新增耕地的水土流失状况进行实地调查，但以下现象为我们进行合理的推测提供了依据。

首先，案例区水土流失严重的地区，往往土地整治补充耕地的数量也较大。根据《GC 市水土保持规划（2010—2030 年）》，共有 21 个乡镇被划入该市水土流失最为严重区。这些乡镇面临的实际土壤侵蚀模数均大于 1300 t／（km^2·a）①，是区域允许土壤侵蚀模数的 2.6 倍以上。这些乡镇主要位于 FX、QX、KX 和 HD 四个区县。由表 4-1 可知，这四个区县土地整治补充耕地量占全市的比重超过七成。其中，QX 市土地整治补充耕地最多的乡镇（耕地补充量达 137 公顷，占 QX 市补充耕地总量的 35.0%），同时也是 QX 市境内水土流失最严重的乡镇，其土壤侵蚀模数超过 1700 t／（km^2·a）；贡献了 HD 区 35.5%新增耕地的乡镇，其所在流域的土壤侵蚀模数超过 1500 t／（km^2·a）；作为 FX 县新增耕地主要来源的两个乡镇，它们境内的平均土壤侵蚀模数大于 1300 t／（km^2·a）。XX 县和 WD 区也是 GC 市补充耕地较多的区县，所面临的平均土壤侵蚀模数也均超过 1000 t／（km^2·a）。

其次，《GC 市水土保持规划（2010—2030 年）》指出，水土流失主要发生在坡耕地上。由表 6-1 可知，新增耕地中大于 6°的坡耕地比重达 47.4%。更为巧合的是，水土流失严重的区县，补充耕地

① 土壤侵蚀模数是指单位时间单位面积内土壤和土壤母质的侵蚀数量，文中所用的单位“t／（km^2·a）”表示一平方千米内每年被侵蚀的土壤和土壤母质的吨数。

的数量多且坡耕地所占补充耕地的比重也高。比如，KX 县、FX 县和 QX 市大于 6°的坡耕地占新增耕地的比重均超过 60.0%。

最后，那些水土流失严重的区县不仅补充耕地多，而且开垦林地的比例也显著高于 GC 市平均水平。比如，QX 市、FX 县和 KX 县的新增耕地中，超过 85.0% 来源于林地；WD 区的比例也超多 65.0%。毁林开荒往往导致和加剧水土流失（Foley et al., 2005）。

上述三方面的空间一致性表明，耕地开垦极有可能加剧了当地的水土流失状况。但仍然需要进行说明的是，这一结论是推测而得的。

三　占补耕地对农业产出的影响

表 4-1 表明，GC 市新增建设占用耕地和补充耕地指标及其执行情况存在显著的区县差异。总体而言，南部区县占用耕地比较多、北部区县补充耕地比较多。这将导致 GC 市的耕地空间分布格局发生变化。因此，仅分析全市农业产出总量的变化，不能体现这种空间变化，也不能直观反映占补耕地的产出情况是否存在差异。

可以假设：随着耕地空间分布的变化，农业生产活动和产量的空间分布也会发生一定变化。如果两者空间变化的轨迹是相似的，则说明补充耕地和占用耕地的产出状况是比较一致的；反之，则存在差异。耕地与农业产出空间分布格局演化的不一致性也有可能是资本投入变化的空间非均衡性等土地以外的其他农业生产因素造成的，但实际调研发现，这些因素在 GC 市范围内的空间差异是不显著的，可以不予考虑。限于数据的可获得性，本书将以狭义的农业产值（不包括林业、牧业和渔业产值）、农作物播种面积、粮食产量和蔬菜产量作为表征农业产出的指标，计算 2005 年（基期）、2009 年和 2013 年（现状）这些指标以及案例区耕地数量的空间重心。通过比较分析各指标空间重心的移动方向、幅度及其差异性，揭示占补耕地的产出水平差异。结果如图 6-2 所示。

GC 市国土面积不足中国的千分之一，但耕地重心移动了 1.2 千

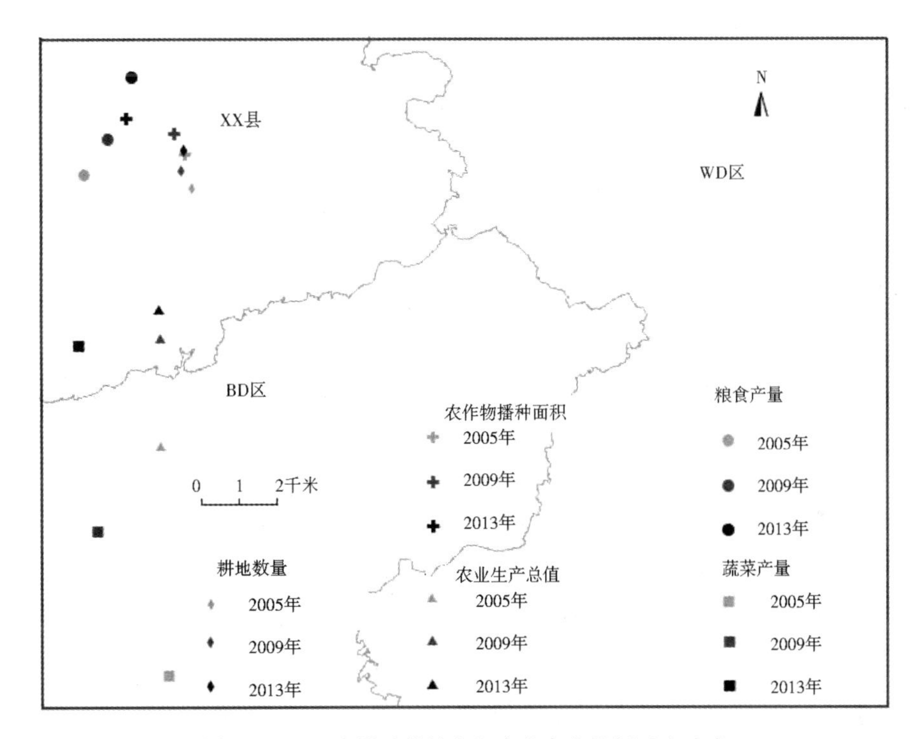

图 6-2　GC 市耕地数量和各农业产出指标重心分布

米，年均移动速度达到中国耕地数量重心移动速度（刘彦随等，2009）的 13.0%，说明该市的耕地空间分布格局正在以较快的速度发生变化。耕地数量重心向北持续移动，说明案例区北部耕地数量占 GC 全市耕地数量的比重不断上升。这与上文案例区耕地占补的空间分布特征相吻合。

与此同时，农业产值、农作物播种面积、粮食产量和蔬菜产量的重心也大致向北移动，体现了占补耕地数量地区差异对当地农业生产活动与产量空间变化所产生的驱动作用。但一个显著的特点是，这些指标重心移动速度显著快于耕地重心的移动速度。理论上，存在两种可能造成重心移动方向相同但速度不同：一是补充耕地的单位面积产出相较占用耕地更高，由此产生拉力使土地产出指标较耕地数量重心以更快的速度向补充耕地数量较多的地方转移；二是占用耕地的单位面积产出更高，单位面积耕地非农化造成的农业减产比新增耕地带来的农业增产更大，由此产生推力使上述指标重心以比耕地数量重心更快的速度偏离占用耕地较多的地区。由上文可知，补充耕地质量普遍更低，其单位产出能力高于质量更高的占用耕地的产出水平的可能性很低。因此，只有第二种解释符合实际。上述现象说明，就单位面积而言，新增耕地不能有效补偿占用耕地的农业产出能力。

在各项指标中，农作物播种面积重心较耕地重心的转移轨迹显著偏西，主要是由耕地质量造成的。一方面，GC 市城市扩张最为剧烈的东南部是全市优质耕地集中分布区。另一方面，位于东北的 KX 县的新增耕地中，自然等在 10 级及以上的仅占 2.0%，补充耕地质量在所有区县中是最差的。耕地质量影响农民耕作意愿和耕地利用强度（Yang & Li，2000），质量差的边缘耕地可能会被遗弃（Slee et al.，2014）。东南部优质耕地的非农化和西北部新增耕地较东北部相对优质，导致农作物播种面积重心向西北偏移。与此同时，农业产值重心的西移幅度却小于农作物播种面积重心的移动幅度。这是因为 GC 市的优质耕地总体上仍集中分布于东南部，单位面积产量和产值较高。粮食产量和蔬菜产量的重心则分别转向北偏东和北偏西，这主要与案例区农业结构衡调的空间不均整性相关。比如，位于西北部的 FX 县 2009—2013 年蔬菜年播种面积增长 63.0%；而位于东北部的 KX 县同期增幅为 34.0%，显著低于前者。

GC 市规划基期以来粮食播种面积减少 2.0%，2009—2013 年粮食年均产量较 2005—2009 年平均产量下降近 10 万吨。对粮食播种面积、粮食产量分别与耕地数量进行皮尔逊双侧相关性检验发现，相关系数分别达 0.592 和 0.841，分别在 0.1 和 0.01 显著性水平上显著，体现了耕地减少和占优补劣对粮食播种面积减少和粮食减产的作用。但与此同时，蔬菜播种面积和产量保持稳定快速上升，体现了市场状况对农业生产行为变化的驱动作用（蔬菜总产值增速显著快于蔬菜产量，说明价格上涨较快）。

综上，耕地占补平衡的实施对 GC 市农业生产主要产生了两方面影响：①农业生产和产出的空间分布格局发生改变，其空间重心以快于耕地数量的速度向北移动；②补充耕地的单位产出能力不如占用耕地的产出能力，不利于维持地区农业的可持续产出能力。

第二节　与规划方案不一致的占补耕地行为对耕地保护绩效的影响

第六章第一节总体上分析了案例区耕地占补的实施绩效，本节聚焦于与规划方案不一致的耕地占补行为对实现耕地保护目标的作用。不一致情形下的占补耕地包括新增的违规耕地和被转用的合规耕地。由于缺乏数据，本节仅评价实际与规划不一致情形下占用和补充耕地的质量差异状况，以及新增耕地对重要生态用地的侵占状况，不再对比分析农业产出能力差异。

一　不一致情形下补充和占用耕地的质量状况

由表6-3可知，落在规划基本农田保护区和一般农地区外的新增耕地中优于11等地的耕地数量所占比重超过25.0%，显著高于新增合规耕地中相应质量等级耕地数量所占的比重；而劣于12等地的耕地数量在新增违规耕地中所占比重低于新增合规耕地中相应等级耕地所占比重。这说明，新增违规耕地的质量总体上优于新增合规耕地的质量。

表6-3　　**不一致情形下补充和占用耕地的质量状况**　　单位：%

国家自然等	新增合规耕地	新增违规耕地	占用合规耕地	占用违规耕地
≤9	<0.5	1.3	14.2	15.9
10	11.8	24.4	44.6	60.4
11	47.1	30.0	25.7	19.6
12	34.0	39.4	12.8	3.2

续表

国家自然等	新增合规耕地	新增违规耕地	占用合规耕地	占用违规耕地
≥13	7.0	4.9	2.7	0.9

注：表中仅包含2006—2011年新增的耕地和2012—2013年被占用的耕地；占用违规耕地是指占用规划基本农田保护区和一般农地区范围外的耕地。

在被转用的合规耕地（落在规划基本农田保护区和一般农地区范围内的耕地）中，质量等级为≤9等地和10等地的比重均低于被占用的规划基本农田保护区和一般农地区以外的耕地中相应质量等级耕地所占的比重；而11等地、12等地和≥13等地的比重均高于后者。这表明，被占用的合规耕地的质量总体上劣于所占用的违规耕地的质量水平。

就规划意图而言，新增合规耕地的重要性显然高于新增违规耕地。研究区新增合规耕地的质量反而劣于新增违规耕地，进一步凸显了加强新增耕地质量保障与建设的必要性。所占用的合规耕地的质量相对劣于被转用的违规耕地，为规划所要保护耕地（落在基本农田保护区和一般农田区内的耕地）的被转用行为提供了些许慰藉；但是，这些耕地的质量总体上仍显著优于GC市全部耕地的整体质量水平。这些现象说明，规划在保障新增耕地质量和保护优质耕地方面的效力有待进一步提升。

二　新增违规耕地的来源情况

表6-4记录了新增合规耕地和新增违规耕地所占用的原始地类状况。新增合规耕地中，来自林地开垦的比重高达83.8%，其次是自然保留地，比重为9.2%；来自农村居民点、园地和水域及水利设施用地的比重总计为6.3%；其余用地来源所占比重均低于0.5%。新增违规耕地的来源中，林地和自然保留地分别占57.8%和36.1%，城镇用地、园地和特殊用地的比重总计为4.2%，其余用地比重均不足1.0%。

表 6-4　新增违规耕地和新增合规耕地的来源对比　单位：%

用地类型	新增合规耕地	新增违规耕地
城镇用地	0.1	2.2
农村居民点	3.6	0.4
采矿用地	0.3	0.3
交通用地	0.2	0.4
水域水利设施用地	1.2	0.1
园地	1.5	1.0
草地	0.0	0.8
林地	83.8	57.8
自然保留地	9.2	36.1
特殊用地	0.0	1.0

新增合规耕地和新增违规耕地均主要来自对林地和自然保留地的开发，两者所占比重合计都在93.0%以上；但新增合规耕地中来自林地的比重远远高于自然保留地，而新增违规耕地中来源于林地的比重相对显著较低。自然保留地具有一些重要的生态服务价值（杨振等，2013），但侵占林地相较于侵占自然保留地的生态环境代价一般情况下会显著更高。

两类新增耕地来源的另外一个较为明显的差异是：新增合规耕地的来源中，含有一定比例的农村居民点用地，而城镇用地比例极低；而新增违规用地的来源中，情况与之相反。当地试图通过城乡建设用地增减挂钩和农村居民点整治将部分农村居民点转为耕地，导致新增合规耕地中部分来自农村居民点。而由图 5-3 可知，部分新增违规耕地来自规划城镇建设区范围内。这可能与当地政府推动闲置、低效建设用地复垦有关。另外，新增合规耕地来源中，园地和水域及水利设施用地的比重也高于新增违规用地。

综上，在不考虑所侵占同一类型用地可能的生态功能差异（例如，不同的林地可能具有不同的生态服务价值）的前提下，就单位面积而言，新增合规耕地对具有重要生态服务价值的用地的侵占状况甚于新增违规耕地。另一方面，建设用地复垦成耕地能够提升用地生态服务功能（谭荣、曲福田，2006；陈希等，2016）。研究区新增合规用地中来源于建设用地（包括城镇用地、农村居民点、采矿用地、交通用地和特殊用地）的比重与新增违规用地相当，分别为4.2%和4.3%，说明耕地补充的生态收益无显著差别。

第三节　城镇用地扩张管控成效

一　城镇用地的集约度

土地集约利用的原意是在单位土地上投入更多的资本、劳动力等（陶志红，2000）。目前有关土地利用集约度评价研究大多已走向综合化，评价指标体系动辄包含数十个因子，囊括土地利用结构与强度、投入、产出、效益、可持续发展度等多个方面（Lau et al., 2005；邵晓梅等，2006；范辉等，2013）。综合、复杂的指标体系往往面临数据可获得性问题。本书的目的只是通过土地集约利用评价大致反映研究区城镇用地规模管控的总体事后成效。鉴此，笔者在总结筛选已有城镇用地集约度评价研究成果中使用频率与所赋权重较高的指标（王业侨，2006；曹银贵等，2010；刘浩等，2011；范辉等，2013；Cen et al., 2015；黄金升等；2015；孙平军等，2015）及参考国土资源部发布的《建设用地节约集约利用评价规程》（TD/T 1018—2008）的基础上，构建了较为简单的土地集约利用评价指标体系。此外，对各项指标主观或客观地赋予权重之后，计算集约度值的评价方式或多或少存在合理性问题。本书不打算采用这一方式，而选择逐一分析评价每一指标的实际值。

各指标的名称、计算方法和实际值如表 6-5 所示。其中城镇用地包括城市和建制镇用地，数据来自 GC 市历年土地变更调查；各年财政总收入数据来自相应年份 GC 市统计年鉴；其他数据来自《GC 统计年鉴（2014）》。由于二调地类发生调整，GC 市城镇用地规模由 2008 年的 10033 公顷调整为 2009 年 19542 公顷，使各指标的实际值在 2009 年发生异动，尤其是计算中使用城镇用地规模增幅的指标，2009 年的指标值没有参考意义。为排除这一干扰，本书对 2009 年前后进行分时段分析。

表 6-5　　GC 市城镇用地集约度评价

指标	计算方法	实际值								
		2005年	2006年	2007年	2008年	2009年	2010年	2011年	2012年	2013年
地均固定资产投资	固定资产/城镇用地规模（万元/公顷）	442	499	563	600	401	471	668	950	1108
地均劳动力数量	二三产业就业人数/城镇用地规模（万人/平方千米）	1.4	1.4	1.3	1.3	0.7	0.7	0.6	0.6	0.6
人均城镇用地面积	城镇用地规模/城镇常住人口（人/平方米）	32	33	35	38	71	73	79	83	84
地均二三产业增加值	二三产业增加值/城镇用地规模（万元/公顷）	630	699	769	827	472	493	551	627	733
地均财政收入	财政总收入/城镇用地规模（万元/公顷）	171	191	210	223	129	141	167	187	206
人口增长耗地指数	新增城镇用地/城镇常住人口增量（平方米/人）	—	92	111	118	903	109	259	220	99
经济增长耗地指数	新增城镇用地/二三产业增加值增量（公顷/亿元）	—	5.6	5.8	7.9	103.0	14.5	9.2	6.9	3.3
人口用地弹性指数	城镇常住人口增幅/城镇用地规模增幅	—	0.3	0.3	0.3	0.04	0.7	0.3	0.4	0.8
经济用地弹性指数	二三产业增加值增幅/城镇用地规模增幅	—	2.8	2.5	1.7	0.1	1.5	2.2	2.6	4.9

注：因缺少 2004 年城镇用地规模数据而无法计算 2005 年增量，所涉指标 2005 年无数据。因而，表中用“—”表示。

2005—2008 年和 2009—2013 年 GC 市城镇用地持续较快增长，分别由 7785 公顷增至 10033 公顷和由 19542 公顷增至 27343 公顷。与此同时，该市地均固定资产投资、地均二三产业增加值和地均财政总收入在前后两期实现了较城镇用地规模更大幅度的增长，且后五年的平均增速快于前四年的平均增速。经济增长耗地指数中，除

2009年和2010年外，其余均在10.0公顷/亿元以内；至2013年，新增1亿元二三产业增加值需消耗的土地降至3.3公顷。经济用地弹性系数除2009年外均在1.5以上，且近几年快速上升；至2013年二三产业增加值增速已接近城镇用地扩张速度的5.0倍。这些现象说明，研究区单位面积城镇建设用地的资本投入、产出效率在显著提高，且提升的速度在加快。

然而，全市人口增长耗地系数大幅超过人均城镇建设用地水平，且2011—2013年整体高于2006—2008年；各年份人口用地弹性指数均在0.8以内，大部分年份在0.4以内。这说明，城镇用地的扩张速度显著快于城镇人口的增长速度，造成人均城镇建设用地规模不断扩大，且2009以后的年均增长量快于之前一阶段的年均增长量。产业转型升级和经济效益的提高减少了对普通劳动力的依赖，以及城镇用地规模以显著快于人口增长的速度扩张共同导致地均劳动力的减少。

综上可知，GC市单位面积城镇用地的资本密集度和产出能力在提高，但人口供养水平在下降。

二　土地、产业和人口非农化协调性的比较分析

在简单评价城镇用地集约度的基础上，本小节就城镇化的三个核心要素——产业、人口和土地（李文，2001；刘志彪，2010；中国经济增长前沿课题组等，2011；沈孝强等，2014）的非农化协调性，将GC市和其他省会城市及直辖市进行比较分析。产业、人口和土地的非农化分别通过二三产业增加值的增长及其占地区GDP比重的变化、城镇常住人口的增长及其占地区常住总人口比重的变化，以及建成区面积的增长及其占市域国土总面积比重的变化表征。建成区面积数据来自历年《中国城市统计年鉴》，其余数据摘自各地统计年鉴。

如图6-3所示，所有省会城市和直辖市（由于无法获取其他城市的常住人口数据，仅包含图中所示的省会城市和直辖市）二三产

业增加值的年均增速均大幅大于城镇人口和建成区面积的增长速度，说明各地地均经济产出能力在增强。呼和浩特、GC、西安、重庆和福州等城市建成区扩张速度快于城镇人口增速，其他城市建成区扩张速度接近或低于城镇人口增速。与其他省会城市和直辖市相比，研究期间GC市二三产业增加值和城镇常住人口的增速均处于中等水平，但建成区面积的扩张速度显著快于其他城市。

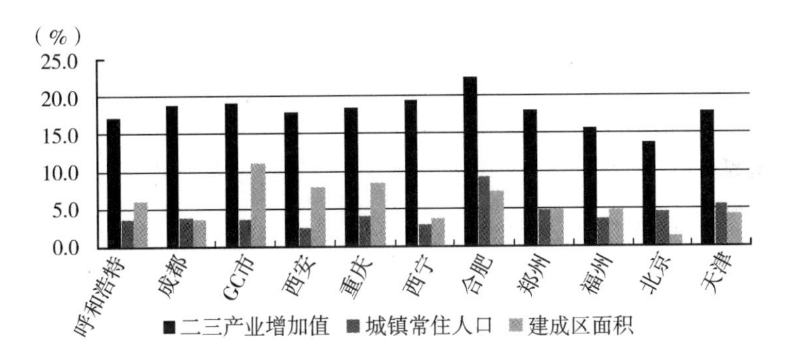

图6-3　2005—2013年各市二三产业增加值、城镇常住人口和建成区面积年均增速

表6-6显示，在规划基期：一方面GC市建成区面积占表中所有省会城市和直辖市建成区面积总和的3.3%，但二三产业增加值仅占表中所有城市的2.2%，非农产业发展的耗地水平仅略优于西宁和合肥，与其他城市存在较大差距。另一方面，GC市城镇人口占表中所有省会城市和直辖市总城镇人口的比重高于其建成区面积所占比重，说明案例区单位面积城镇用地的人口平均承载量较高。然而，较高的城镇人口比重和较低的非农产业增加值比重显示，该地区具有较低的城镇居民收入水平，城市产业可能无法承载过多的人口而产生贫困问题。至2013年，GC市建成区面积占11市总和的比重上升至5.2%，比重较2005年增长了57.6%，增幅居各市之首；但二三产业增加值比重增幅并不突出，城镇人口的比重反而有所下降。

表 6-6　各市二三产业增加值、城镇人口和建成区面积占 11 市比重　单位：%

城市	二三产业增加值			城镇常住人口			建成区面积		
	2005 年	2009 年	2013 年	2005 年	2009 年	2013 年	2005 年	2009 年	2013 年
呼和浩特	3.2	3.7	3.3	2.4	2.4	2.3	3.7	3.3	4.0
成都	9.8	9.9	11.1	11.9	11.6	11.4	10.1	9.3	9.2
GC	2.2	2.0	2.5	4.0	3.8	3.8	3.3	3.3	5.2
西安	5.6	6.1	5.9	8.3	8.1	7.1	5.9	6.0	7.4
重庆	13.4	13.9	14.8	20.6	20.4	20.0	14.9	16.7	19.4
西宁	1.0	1.1	1.2	2.0	1.9	1.8	1.6	1.6	1.5
合肥	3.9	4.7	5.6	4.2	4.5	6.0	5.7	6.0	6.8
郑州	7.1	7.5	7.7	6.9	6.6	7.1	6.7	7.2	6.7
福州	5.9	5.5	5.4	5.9	5.6	5.6	4.3	3.9	4.3
北京	30.8	28.2	24.5	21.0	21.9	21.0	30.2	28.7	22.7
天津	17.0	17.3	18.0	12.8	13.3	13.9	13.5	14.1	12.8

上述情况说明，与其他城市相比，GC 市土地的非农化速度超前于非农产业、非农人口的增长速度，城镇化的土地成本相对高昂，城镇用地承载城镇人口相对于其他城市的集约度优势已经丧失，土地的平均经济产出能力与其他城市的差距有所扩大；城市经济的发展仍然拖着城镇化的后腿，既阻碍了土地利用效率的提高，也不利于提高人口收入水平、吸纳人口进城。

三　城镇用地扩张对耕地保护的影响

（一）对耕地数量保护的影响

如表 6-7 所示，建设占用造成的耕地减少量占 GC 市 2006—2013 年耕地减少量的比重高达 73.3%。除 KX 县建设占用耕地量占耕地减少总量比重较低外，其余区县减少的耕地主要被转用成建设用地；WD 区、XD 区、XX 县和 FX 县的比重均超过 92.0%。在 GC 市的新增建设用地中，来源于转用耕地的比重达 57.1%；其中，WD

区、BD 区、XD 区和 HD 区来源于耕地的比重接近或超过 70.0%。这说明，城镇用地扩张（增量城镇工矿用地占了 GC 市建设用地增量的很大比例）是研究区耕地减少最主要的原因；而城镇用地主要来源于耕地则说明，规划中关于城镇建设要“尽量少占或不占耕地”的要求未被有效落实。

表 6-7　　2006—2013 年 GC 市建设占用占耕地情况统计　　单位：公顷、%

地区	耕地减少量	建设占用耕地量	建设占用耕地量占比	建设用地增量	建设用地增量中源于耕地的比重
GC	14845	10878	73.3	19040	57.1
ND	962	803	83.5	2536	31.7
YD	886	578	65.3	1985	29.1
XD	556	528	94.8	750	70.4
HD	2687	1755	65.3	2539	69.1
WD	3010	2996	99.5	3718	80.6
BD	1860	1531	82.3	1958	78.2
XX	548	508	92.7	1448	35.1
KX	2179	708	32.5	1114	63.6
FX	674	623	92.3	1102	56.5
QX	1485	850	57.3	1890	45.0

注：表中数据经由对 GC 市国土局所提供的土地利用变更调查数据进行空间分析、提取后获得。

（二）对耕地质量保护的影响

上文第六章第一节第二部分已经说明，2006—2013 年 GC 市被占用耕地的平均质量水平不仅显著高于新增耕地的质量水平，而且也明显高于市域全部耕地的平均质量水平。那么，在已转用耕地中，建设占用的耕地的质量状况如何？规划中提出的城镇建设尽量利用劣地、避免占用优质耕地和强化优质耕地保护的要求的执行情况如何？

由图 6-4 可知：在被占用的耕地中，城镇扩张占用的耕地质量等级优于 11 等地的比重高于其他被占用耕地中相应质量等级耕地所占的比重；城镇扩张占用的耕地中11等地及更差等别耕地的比重均低于其他被占用耕地中相应质量等级耕地所占的比重。这说明，转用成城镇用地的耕地的质量高于转用成其他用地类型的耕地的质量水平。城镇开发占用的耕地质量也大幅度高于全市平均耕地质量水平。因此，《GC市土地利用总体规划（2006—2020年）》中有关城镇扩张应充分利用劣地、避免占用优质耕地的要求没有得到有效执行。

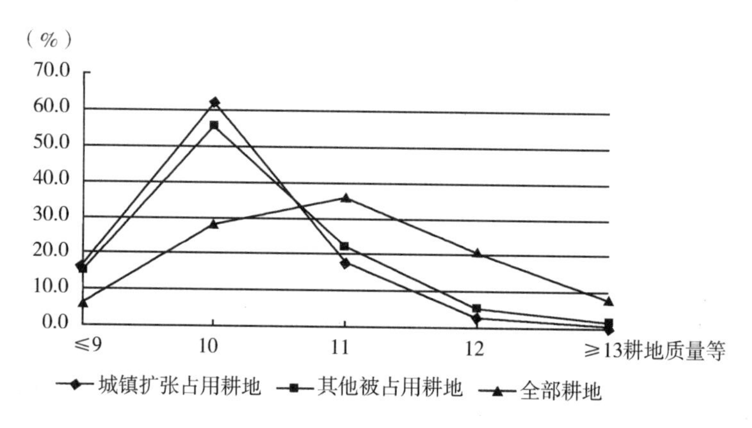

图6-4　GC市被转用成城镇用地的耕地和其他被占用耕地质量等级分布

注：HD、WD、KX、FX和QX五个区县全域土地利用总体规划成果库中030和040（村镇建设用地区）是合一的，但在中心城区是分离的；因此，这五区县以中心城区城镇用地代替全域。农用地分等数据库以2011年变更调查数据库为蓝本，故图中未包含案例区2011年及以前被转用耕地的质量状况。

（三）对耕地布局的影响

基期GC市规划城镇村建设用地范围区内包含的耕地数量显著大于规划确定的整个规划期耕地保有量的允许减少量；规划城镇村建设区和独立工矿区规模远远大于上级下达的2020年建设用地总量控制规模。也就是说，要实现上级下达的耕地总量保护目标，相当一部分规划城镇村建设区内的耕地也需要得到保护。以BD区为例，基期规划城镇建设用地区内耕地数量达4094公顷，规划期耕地允许减少量为2750公顷。如果不考虑补充耕地（BD区土地整治补充耕地指标为 212 公顷），030 范围内至少要保有 1344 公顷耕地。因此，在探讨城镇用地扩张对耕地布局的影响时，包含对 030 范围内耕地布局的影响是有意义的，也是有必要的。

一方面，为了保证图片展示效果，更深入细致地探讨城市扩张对耕地空间分布格局的影响；另一方面，BD 区处于 GC 市主城区的边缘地区，既是 GC 市城市扩张和产业发展（同时拥有国家级高新区和省级经济开发区）的重点方向之一，同时也承担着 GC 市一部分耕地保护任务，对全市而言具有一定的代表性。因此，本小节继续以 BD 区为例。

图 6-5 中的（a）和（b）分别显示了 BD 区基期和现状城镇用地、耕地的分布状况。为了聚焦城镇用地扩张的影响，图中排除了其他因素造成的耕地转用［（a）图和（b）图均采用基期耕地图层数据，但现状图中采用现状城镇用地数据］。BD 区城镇大规模、不连续地北扩不但侵占了大量 030 范围内耕地，而且对 030 范围北部的耕地集中分布区产生了显著的蚕食和破碎化作用。耕地集中区涌现离散型的新增城镇用地，会加剧后续耕地保护压力和难度，也会对存留耕地上的农业生产产生不利影响。可见，GC 市部分地区的城镇用地扩张方式会在一定程度上恶化局部耕地布局，损害规划提高耕地集中连片度目标的实现；同时，也反映出过大的 030 范围可能会刺激城镇用地蛙跳式扩张的规划问题。

第四节　违规城镇用地开发利用的事后效益

一　违规城镇用地的利用效益

本小节继续以图 5-1 中所示的样本地块为例，探讨违规新增城镇用地的开发利用效益。从实际土地利用和便于土地利用效益分析的角度对样本地块进行分类，如表 6-8 所示。其中，类型Ⅰ和类型Ⅱ没有探讨土地利用效益的必要。

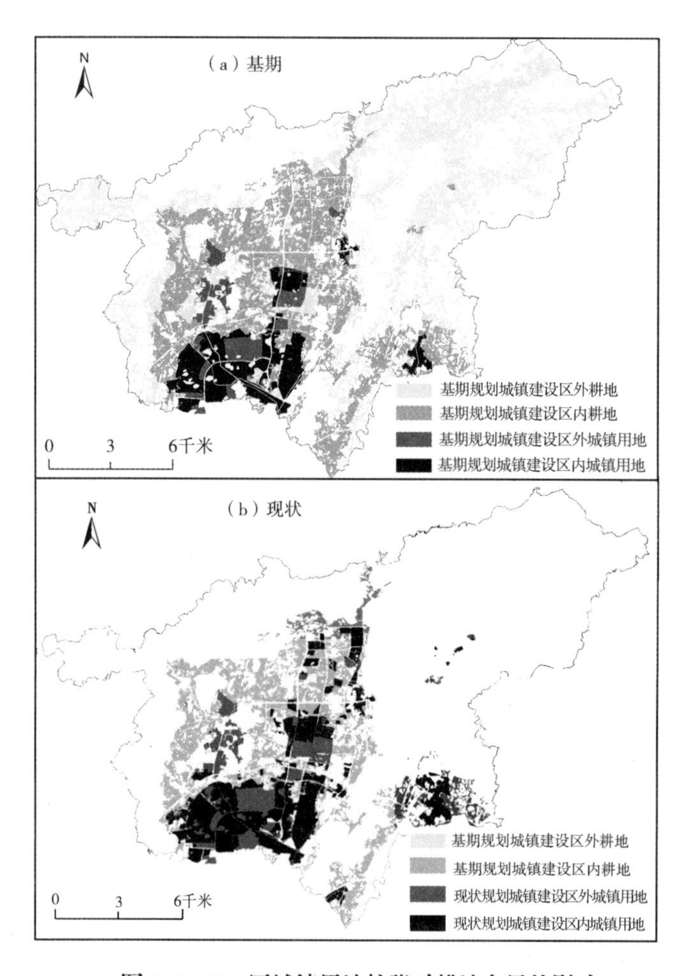

图 6-5 BD 区城镇用地扩张对耕地布局的影响

表 6-8 **样本地块实际利用情况** 单位：公顷

类型	土地利用情况	样本地块号	面积
Ⅰ	城市绿地（包括无开发计划的集体耕地、水面、闲置地）、道路、监狱、社区医疗中心、公交换乘中心、广场、输气站、油库（军事管制）、危房改造安置点等公益性用地	9，10，11（小部分），12，15，16，17（大部分），19，20，22，27，34，35，36，38，42，43，47，50，58，59，61（大部分），62，63	213.7
Ⅱ	尚未完成征收的集体土地	13，17（小部分），26，41，51，54，64	31.9
Ⅲ	已完成征收的闲置土地	2，3，4，5，6，14，28，39，44，52，53，55	35.4

续表

类型	土地利用情况	样本地块号	面积
Ⅳ	住宅或商住结合开发为主体的项目用地	1，7，8，11（大部分），18，23，30，46，48，49，61（小部分）	79.6
Ⅴ	建设中、尚未投产的产业用地	40，56，60	85.3
Ⅵ	已经投产的产业项目用地和专业化市场用地	21，24，29，31，32，33，37，45，57	119.5

根据《土地储备管理办法》中的规定——“纳入储备满两年未供应的，在下达下一年度农用地转用计划时扣减相应指标”可知，土地储备的合理期限应控制在两年以内。研究区类型Ⅲ中绝大部分土地已经空置了三年以上，部分地块空置达七八年。这些地块中，部分征而未拆，部分已拆但尚未平整，只有地块52、53正在“三通一平”过程中。类型Ⅲ虽然总面积并不大，但当地实际城镇用地的闲置比较严重，比如地块39面积虽然仅为3.2公顷，但与其相邻的、所在同一个道路网格内的土地均未开发建设，总面积为25公顷左右。这些土地没有经济产出，是对土地资源的浪费。

类型Ⅳ中，地块1和地块61属于未批先建。前者为简易单层工棚，总面积为100平方米左右。后者为农户私自扩建或新建住宅，总体上布局紧凑，一般为3层及以上楼房；但因属于违规建设，尚在施工中的住房建设项目基本已被政府叫停而处于停工闲置中。其他属于类型Ⅳ的样本地块为城市住宅、商住或CBD开发项目用地。部分地块承载了一个完整的项目，部分地块则是项目的一部分。除地块8为别墅区、容积率较低外，其余地块的投资密度、开发强度均很高，容积率（除保障房项目外）不低于3.0。比如，地块7所在项目占地204亩，容积率达4.2，设计住户容量超过5000户；地块18为BD区CBD项目的第一期，占地467亩，容积率达5.2，总投资55亿元；地块30为保障房用地，占地42亩，容积率为2.1，住户容量为1101户，现入住率>80.0%。总体上，属于类型Ⅳ的样本地块的利用集约度很高。

类型Ⅴ中，地块40为GC市“国家新型工业化产业示范基地”。地块内承载着数个占地数十亩乃至上百亩的大型工业投资项目，目前尚处于建设过程中或已建成但尚未正式投产。从已建成的项目来看，土地的利用率很高。地块56及类型Ⅵ中的地块57分别属于GC市高新中小企业孵化园的第二期、第一期开发建设项目。孵化园采用高新区管委会先投资建设标准厂房、后引进企业的模式。第一期已完成建设，已有部分企业入驻，第二期正在建设中。整个孵化园项目规划占地面积为115公顷左右，建造标准厂房达200万平方米，平均容积率超过1.7。规划土地开发利用程度较高，但土地产出率有待后续观察。地块60是规划占地1000亩、带有旅游开发性质的现代农业示范区的建筑区部分（旅游服务设施、场馆和餐饮等）。整个示范区的土地由租赁集体土地而来。

类型Ⅵ中，地块21为占地不足1公顷的露天仓库，堆放脚手架材料。地块31为专业化市场，2013年开业；但项目并不成功，目前处于半关闭状态，仅个别店铺维持营业。地块57属于高新中小企业孵化园第一期（见上段内容）。其余样本地块均为规模较大的工业项目用地，平均投资为3336万元/公顷，2015年平均产值为4345万元/公顷，略低于2014年GC市4634万元/公顷的平均水平。[①] 但如果扣除地块31（涉及4家企业，其中一家占地4公顷、闲置土地2公顷）、地块37（涉及2家企业，分别占地20公顷和13公顷，闲置土地11公顷和6公顷）中的闲置土地，则平均投资为4136万元/公顷，平均产值为5964万元/公顷（较2014年全市平均水平高出28.7%）。对照国土资源部发布的《工业项目建设用地控制指标》，样本地块投资强度大幅超出BD区所对应的8等地的控制要求；平均工业产值水平也较高。但部分大企业的土地闲置现象值得关注。

---

① 2014年GC市工业用地规模数据来自《中国城市建设统计年鉴（2014）》，工业产值数据来自《GC统计年鉴（2015）》。

二　违规开发城镇用地的耕地损耗代价

由表 4-7 可知，2006—2013 年 GC 市落在 030 外的新增城镇用地（HD 区、WD 区、KX 区、FX 县和 QX 市仅包含中心城区）达 3815 公顷，占全市新增城镇用地总量的比重接近 30.0%。本小节关注的问题是：030 外新增城镇用地中来自占用耕地的比重与 030 内新增城镇用地中来自占用耕地的比重是否有显著差异；030 内外被开发成城镇用地的耕地的质量是否存在显著差异。

通过对 GC 市 2006—2013 年新增违规城镇用地与基期地类图斑数据库的叠加分析发现，新增违规城镇用地中，来源于耕地的比重为 39.8%，较所有新增建设用地中来源于耕地的比重低 17.3 个百分点。这说明，违规城镇用地扩张的耕地成本相对较低，但仍然侵占了 GC 市 1518 公顷耕地。

对于耕地质量问题，如图 6-6 所示，新增违规城镇用地所占用的耕地中≤9 等地的耕地所构成的比重低于新增合规城镇用地中来源于耕地的比重，而新增违规城镇用地中劣于 10 等地的耕地所占比重高于新增合规城镇用地中相应质量等级耕地所占的比重，但两者差距并不悬殊。新增违规城镇用地占用的耕地的质量总体上略差于新增合规城镇用地占用的耕地，但仍显著优于全市所有耕地的平均质量水平。

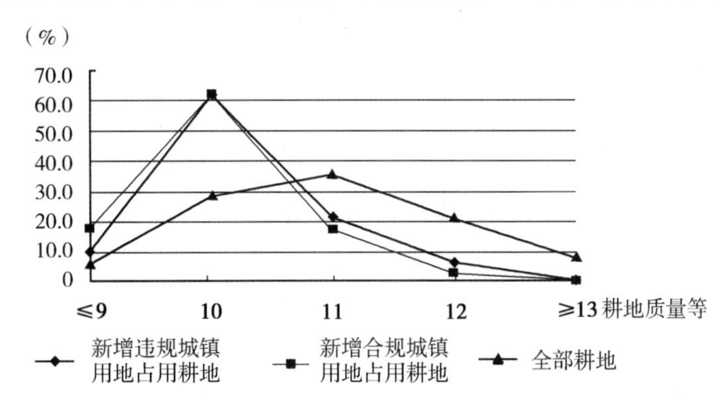

图 6-6　GC 市规划城镇建设区内外新增城镇用地占用耕地质量情况

对于新增违规城镇用地对耕地布局的影响，由表 4-10 可知，绝大部分新增违规城镇用地位于合规城镇用地内部或与合规城镇用地邻接，离散型的新增违规城镇用地不足城镇用地总量的 2.0%，说明新增违规城镇用地对耕地布局的影响和新增合规城镇用地是相似的，本小节不再赘述。从图 6-5 也可知，BD 区新增违规城镇用地对耕地布局的影响并不高于新增合规用地，反而后者对耕地的蚕食作用更加明显。

第五节　本章小结

从事后效益的角度来看，在耕地保护方面，补充耕地和占用耕地之间存在巨大的质量差距，新增耕地单位面积农业产出能力低于占用耕地。新增耕地中，近 94.0%来自开垦林地和自然保留地，损害了这些用地的生态服务功能，且耕地开垦很有可能加剧了当地的水土流失。就规划意图而言，新增合规耕地的重要性显然高于新增违规耕地，但研究区新增合规耕地的质量劣于新增违规耕地，且侵占了更多林地。

在规划管控城镇用地扩张和提高城镇用地利用效率方面，案例区单位城镇用地的资本投入、经济产出能力与产出效率在增强，但所承载的就业量和人口规模在下降。与部分其他省会城市和直辖市相比，GC 市建成区面积扩张速度显著快于非农产业发展和城镇人口增长的速度。另外，城镇用地扩张消耗了大量相对优质的耕地。新增违规城镇用地的利用效益存在显著分化：城市住宅和商住开发项目的土地投资和建设强度较高；部分储备土地长期处于闲置状态；而已投产的产业项目用地总体上投资强度和产出水平较高，但也存在一些大企业空置部分土地的现象。

第七章

空间规划有效性的影响因素与治理策略

本章的内容不属于空间规划有效性评价本身的范畴，但将其列为一章是有意义的。首先，实施空间规划有效性评价的一个重要目的是在了解规划的实际影响与作用、总结规划实施的经验与成效、发现规划实施的问题与不足的基础上提出针对性的政策建议，以为规划动态管理和提升规划实施绩效提供参考（Morckel，2010）。因此，分析空间规划有效性的影响因素并提出改善空间规划有效性的治理策略是空间规划有效性评价的应有之义。

其次，在第三章理论与方法构建之时，笔者就已经提及，应用本书所提出的理论分析框架进行空间规划有效性评价，能够有助于对规划与规划相关制度、规划实施管理、决策执行力等方面进行反思、检讨，理解空间规划有效性问题的成因，并总结提炼相关政策启示。因此，本章正是对这一理论分析框架的扩展性应用，探究以此框架为基础进行的案例研究所能揭示的案例区规划实施的影响因素以及相应的政策启示。

本章从两方面入手解释案例区空间规划有效性的影响因素。其一，对案例区土地利用空间规划有效性的影响因素进行一般性、整体性分析。本书认为一方面，规划只有通过影响相关决策行为才能产生实际影响，也正因为如此，本书的空间规划有效性评价聚焦于规划对决策的影响和作用；另一方面，土地开发利用结果是相关土地开发利用决策选择的结果（从这个角度看，一致性评价也可以纳入规划效能评价的范畴，通过评价规划实施结果与规划方案的一致性来反映规划方案对土地开发利用决策行为的约束力）。另外，管控城镇扩张是案例区空间规划有效性的主要压力源之一，不仅影响城镇扩张治理本身有关规划目标的实现，也会对耕地与生态环境保护等其他规划目标的实现带来显著影响，同时也是我国土地利用规划自上而下用地约束与自下而上用地需求之间紧张关系的主要冲突点。相应的，其二，本书还将从主体决策行为的角度在项目地块选址决策的微观尺度上解释与规划空间不一致城镇用地的扩张现象，以深入探讨地方政府、市场主体、农户与集体等土地开发利用决策关键参与主体在违规城镇用地开发过程中的偏好、角色与互动关系，以此进一步揭示案例区空间规划有效性的影响因素。

第一节　对案例区空间规划有效性影响因素的一般性检讨

一　规划方案不合理、逻辑不一致、内容不明晰等因素阻碍规划落实

规划本身的科学性问题对规划的有效性会产生深刻影响，集中体现于不合理的规划方案和相互冲突的规划目标将对规划有效实施造成负面作用。比如，部分规划目标积极性或可达性不足，导致相关后续决策违反或者背弃规划（见表5-8）。再比如，GC市基期城镇用地的合规率仅为86.1%，落在规划城镇建设区范围外的城镇用地规模达1818公顷；WD区、XD区、BD区和KX县城镇用地的基期合规率均低于75.0%（见表4-4）。转用城镇用地的成本很高（路易斯·霍普金斯，2009）。规划未把基期大量城镇用地划入城镇建设区，不利于提高实际土地利用与规划的空间吻合度。此外，案例区

在编制规划时为减轻征收和拆迁成本，未将部分农村居民点用地纳入规划城镇建设用地区范围，而只将其附近其他集体土地纳入，在城镇用地扩张与项目开发建设过程中产生了许多实际问题；继而在实践中又不得不将这些农村居民点用地纳入开发范围，提高了结果与规划的不一致性。

规划方案与规划目标相互冲突也损害了空间规划有效性。《GC市土地利用总体规划（2006—2020年）》既突出强调了耕地保护的重要性，也提出了对"保障经济快速发展所需建设用地"的责无旁贷；将某些乡镇列为耕地、基本农田重点保护区和集中保护区的同时，又将这些乡镇划入城镇工矿用地重点布局区，并分配了较多新增建设占用耕地指标；在强调对优质耕地保护的同时又将较多优质耕地纳入规划城镇用地建设区范围。如图7-1所示，案例区10等地和优于10等地的耕地主要分布于GC市东南部，这一地区恰好又是该市主城区所在地和城镇建设用地集中分布地，且被赋予了大量建设用地指标、新增建设占用耕地指标，承担较少的耕地、基本农田保护指标。结合图4-2可知，规划城镇建设区范围覆盖了许多优质耕地集中分布区。优质耕地分布与城镇用地布局的矛盾加剧了优质耕地规模流失。

此外，某些规划方案、措施和要求对后续决策的影响力与这些条款的明晰度有关。《GC市土地利用总体规划（2006—2020年）》在规划实施保障章节提出了严格实施耕地保护制度、构建节约集约用地机制、建立规划实施利益协调机制等九个方面的规划实施管理与保障措施。但这些措施大多是原则性的，缺乏直接可操作性。比如，提出限制向"投资少、占地大、产出低"的项目供地，但没有具体的评价标准；要求强化批后监管和考核评价，但没有考评的具体标准，也未明确不同考核结果下的处置办法。再比如，《GC市土地利用总体规划（2006—2020年）》中表土剥离、以整理为主的耕地补充方式，以及耕地质量保护等方面的内容相对较为笼统，没有确切的要求（如没有提出整理获得的新增耕地占补充耕地比重的下

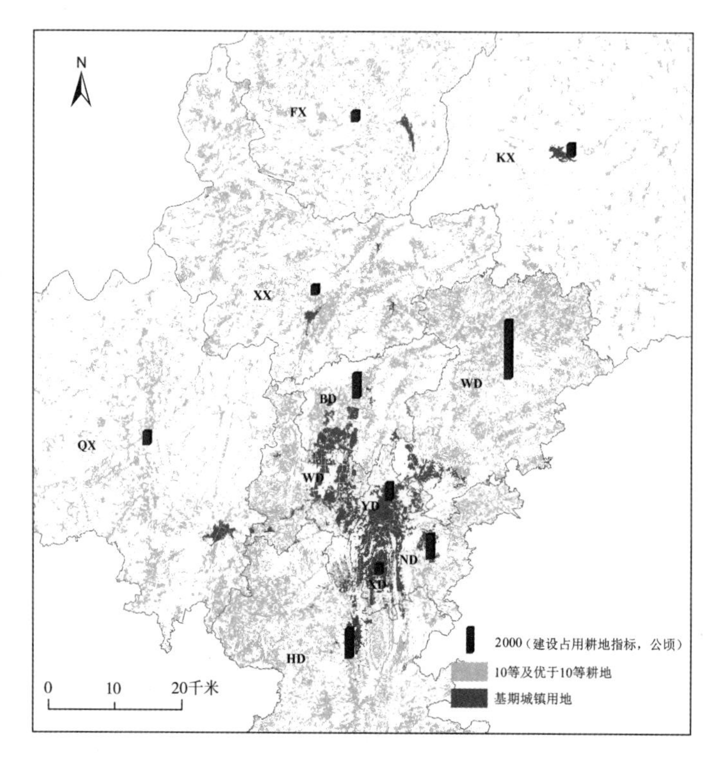

图7-1　GC市优于11等地的耕地和基期城镇用地分布

注：HD、WD、KX、FX和QX的基期城镇用地只仅包含中心城区的部分。

限要求），因而，影响力较低，很多区县级规划并未提及。而基本农田的部分划定标准十分具体、明确，促使区县级规划基本与上级规划保持一致。

二　当前规划中的刚性与弹性未能成为空间规划有效性的可靠保障

规划刚性的必要性在于确保某些公共利益的实现（Banzhaf, 2010），但空间规划存在多种不确定性和非理性因素，需要保持规划一定的灵活性（吴次芳、邵霞珍，2005）。如何平衡刚性和弹性，是规划制度、规划编制和规划实施面临的重要难题（Barthelemy et al., 2013；刘堃，2014）。规划刚性太强而弹性不足，可能造成规划不能适应实际要求，最终导致规划不能有效落实和社会效率的损失（Wang et al.，2010；邵挺等，2011；Zhang et al.，2014）；刚性不足而弹性有余，则会削弱规划的引导和控制作用，可能使某些规划目标的实现难以得到保障（张友安、郑伟元，2004；Alfasi et al.，2012）。

我国土地利用总体规划的刚性主要体现在各类土地利用约束性指标、基本农田保护、土地用途管制分区等方面。面对这些刚性，研究区地方政府采取了三种应对策略。一是建设用地配额分解向中心城区倾斜，偏远县市承担更多耕地保护任务（见表 4-1 和表 4-2）。但实施的结果却是偏远县市耕地补充更加滞后、建设用地指标不足更加突出，以及 GC 市中心城区单位城镇工矿用地经济产出及其增速低于全市平均水平（根据 GC 市国土局数据，中心城区 2013 年单位城镇工矿用地二三产业增加值为 529 万元/公顷，是 2005 年的 2.2 倍；全市平均为 590 万元/公顷，是 2005 年的 2.5 倍）。这说明，规划中的“倾斜”极有可能过了头。

二是当规划刚性与地方利益冲突时，地方政府会选择性地执行或背弃部分刚性条款，比如至 2013 年 GC 市已有七个区县突破了城乡建设用地配额这一约束性指标（见表 4-2）。

三是通过多划规划城镇用地建设区（面积远超建设用地指标）和少划禁止建设区（仅占市域面积的 1.3%）来提升空间布局上的自由度。比如，根据《GC 市土地利用总体规划（2006—2020 年）中期评估报告》，GC 市中心城区规划面积达 1224 平方千米；按照 2006—2013 年中心城区建设用地的增长速度，规划内未开发用地还可满足 50 年的城镇扩张需求。

而表 7-1 显示，城镇用地合规率与规划城镇建设用地区容余率不存在正相关关系，即提高城镇用地空间布局弹性并不能提升实际土地利用结果与规划的一致性。规划城镇用地范围过大反而造成负面影响：①把大量耕地，特别是优质耕地划入城镇建设区，不利于耕地保护；②刺激城镇用地过度、低效扩张；③容易造成城镇用地扩张多点开花、分散建设，不利于其空间布局的优化。

表 7-1　　GC 市城镇用地扩张与规划的一致性和空间布局弹性的皮尔逊相关性

项目	相关系数	显著性水平
现状合规率与基期容余率	-0.394	0.259
现状合规率与现状容余率	-0.163	0.652
新增合规比与基期容余率	-0.365	0.299
新增合规比与现状容余率	-0.234	0.515

注：表中新增合规比等于 GC 市新增合规城镇用地面积与新增城镇用地总面积的比值。

三　地方政府执行意愿低是规划失效的重要原因

地方政府是编制和实施本级土地利用总体规划的责任主体，也是土地利用总体规划的重要规制对象，其作为对空间规划有效性产生重要影响（孟晓晨、赵星烁，2007；Rithmire，2013）。很多学者认为，我国地方政府普遍依赖于以地生财、经营城市（周飞舟，2007；折晓叶，2014）：低价出让工业用地，以吸引投资、刺激经济发展（Cartier，2001；Li，2014；He et al.，2014）；高价出让居住和商业用地，借此攫取巨额财政收入（Xu et al.，2009；Lin and Yi，2011；Wu et al.，2015）。这些收入，部分用于政府投资，促进经济发展；部分用于城市建设和公共服务供给（范子英，2015）。经济的发展和城市功能的提升，又会吸引更多投资和人口，刺激用地需求（宋佳楠等，2011）。对地方政府而言，一个“土地征收→土地出让→土地收入→经济发展和城市建设→土地需求→地价上涨→土地征收”的“良性循环”形成了。然而，这个“良性循环”的一个直接后果是农地非农化。

以下种种迹象表明，案例区政府也陷入了这一循环。首先，过快消耗建设用地指标（见表 4-2）。在建设用地指标日益紧缺的情况下居住用地和工业用地出让规模仍然保持快速增长（见表 7-2），说明当地政府并未严格按照规划的要求控制城镇用地扩张。与其他省会城市和直辖市相比，GC 市土地非农化超前而非农产业、城镇人口增长滞后（见表6-6），表明当地可能存在城市低效扩张和农地过度非农化的情况。

表7-2　　GC市2008—2013年居住和工业用地出让面积统计

年份	居住用地出让面积与收入			工业用地出让面积与收入			公共财政预算内收入（亿元）
	面积（公顷）	总价款（亿元）	平均（万元/公顷）	面积（公顷）	总价款（亿元）	平均（万元/公顷）	
2008	242	21	868	175	3	171	89
2009	357	23	644	187	3	160	105
2010	473	60	1268	397	9	227	136
2011	485	81	1670	733	18	246	187
2012	458	83	1812	741	15	202	241
2013	512	83	1621	525	12	229	277

注：表中财政收入数据来自《GC统计年鉴（2013）》，此表不包括划拨用地相关数据，居住用地不包括社会保障房用地；按照相关规定，土地出让金不包含在财政预算收入内。

其次，耕地是城镇用地主要来源、城镇建设占用是耕地转用的主要原因（见表6-7）、城镇扩张侵占大量相对优质耕地（见图6-4）等现象说明：相对于耕地保护，地方政府倾向于优先满足城镇扩张的用地需求。政府主要通过农地开发补充耕地（新增耕地成本不足整理复垦补充耕地的1.0%，见表5-9）、较少开展城乡建设用地增减挂钩项目、新增耕地质量差等说明地方政府为耕地保护与质量建设投入较多财政成本的意愿较低。

最后，土地一直是当地政府增加收入和吸引投资的重要工具。如表7-2所示，2008—2013年GC市仅居住用地和工业用地的出让收入与公共财政预算内收入的平均比值已达39.7%。高居住用地地价及其增速、低工业用地地价及其增速印证了地方政府出让不同类型土地的工具价值诉求差异。笔者在实地调研时发现，对于大型产业投资项目，地方政府甚至允许投资者在一定条件内自行选址和确定用地规模。比如，调研样本地块33，政府为吸引某企业入驻而把落在030范围外的该地块全部挂牌出让。该企业的实际用地需求小得多，在政府允许下该企业又将部分土地使用权转让给其他企业，而自己保留的4公顷土地中至今仍有半数闲置。

从BD区调研样本可以看出，违规城镇用地存在三种扩张模式：一是地方政府主导，如规划建设区外的住宅与商住开发项目，工业园、产业孵化园等；二是政府与市场主体合谋，地方政府主动招商引资、开发商则提出规划区外的用地需求，并得到地方政府许可；三是市场/社会主体主导，如样本地块29、50，因用地不足要求进行二期开发，以及地块60进行的带旅游性质的现代农业示范区建设，地块61涉及的农户住房违章建设等。第三种模式中，除农户个体未批先建、违法建设的行为外，其他部分开发活动得到了地方政府的允许或默许。这说明，地方政府是当地城镇用地违规扩张的推动力之一。

四　注重区位条件的市场与规划存在内在紧张关系

克服市场失灵是规划的重要目的。但市场运行有其规律，市场与规划一定程度上会存在紧张关系（Moon，2013）。这种情况在我国尤为突出。因为我国的土地利用总体规划带有自上而下集权式的用地约束与管制要求，而用地需求大多是自下而上驱动的，容易造成规划与市场之间的脱节。市场主体根据区位进行项目选址，故此很多学者以区位变量指示土地开发的市场作用力（Rosen，1974；Long et al.，2012；韩昊英，2014）。在GC市各区县中，笔者仅对BD区新增违规城镇的具体利用状况进行过详细调研，下文继续以BD区为例，通过分析新增城镇用地的区位特征揭示市场主体偏好与需求对规划实施的影响。

参照已有学者的研究方法，以地块是否进行城镇开发为因变量（为聚焦规划的引导作用，本小节仅关注2006年以来的新增城镇用地），在2013年BD区变更调查数据库中擦除基期已是城镇用地的地块（Long et al.，2012；韩昊英，2014）。剩余土地中，地块类型为城镇用地的，赋值为1，其他用地类型的地块，赋值为0。以地块与道路距离、与市主城区中心（YA 路与 ZH 路交叉口）距离、与市新城中心（GC 市政府）距离、与区中心（BD 路与 YF 路交叉口）距离、与镇中心（基期最大城镇用地斑块的几何中心）距离、邻域土地开发状况（与基期城镇用地距离）这些区位指标为解释变量，即道路吸引力、市中心吸引力、市新城中心吸引力、区中心吸引力、镇中心吸引力、邻域开发吸引力。以基本农田保护区和禁止建设区为制度控制变量（地块落在基本农田保护区、禁止建设区内或与之部分重叠，赋值为 0，其他赋值为 1），进行二元逻辑斯蒂分析。

表 7-3　　变量统计特征和逻辑斯蒂分析结果

类别	变量名称	最小值	最大值	均值	标准差	回归系数
区位变量	道路吸引力	0.756	1.000	0.973	0.036	22.791***
	市中心吸引力	0.066	0.532	0.176	0.081	2.561*
	市新城中心吸引力	0.079	0.850	0.325	0.152	3.164**
	区中心吸引力	0.102	1.000	0.425	0.188	-2.008*
	镇中心吸引力	0.389	1.000	0.726	0.119	-0.712
	邻域开发吸引力	0.405	1.000	0.823	0.135	14.221***
制度变量	基本农田保护区	0	1	0.603	0.489	3.071***
	禁止建设区	0	1	0.986	0.119	17.469
—	常数项	—	—	—	—	-59.614

注：表中吸引力 = $e^{-\beta \times distk}$，β 取经验值 0.0001，*distk* 为地块与空间要素的直线距离，通过 ArcGIS 邻近分析获取；“***”“**”和“*”分别表示在 0.001、0.01 和 0.05 显著性水平上显著。

由表 7-3 可知，市场主体选址时对附近的交通条件和土地开发集聚度（邻域开发）有很高的依赖度。与 GC 市新城区中心距离相较于与 GC 市主城区中心距离的作用更强、显著性更高，主要是由于因为新城区与 BD 区接壤，距离更短，且近几年建设和发展速度很快；因而，对 BD 区城镇扩张方向的选择影响更大。与 BD 区中心距离的影响为负，可能的解释是：一是 BD 区中心周围开发已近饱和，增量开发规模和潜力较小；二是由于 BD 区产业园及国家高新区等主要布局在非区政府驻地所在的乡镇，这些地区成为 BD 区的重点开发建设区，导致区中心的辐射力下降。镇中心吸引力不显著的主要原因是案例区镇中心交通、集聚等优势不明显。另外，由于没有明确的镇中心，以基期最大斑块城镇用地的几何中心替代可能存在干扰。制度控制变量中，基本农田保护区能够十分显著地抑制城镇用地开发；禁止建设区对城镇开发的抑制作用不明显。此外，由表 5-6 可知，禁止建设区内并没有城镇开发现象。可能的解释是：BD 区禁止建设区面积很小，仅占该区国土总面积的 1.3%，不足以对城镇用地开发产生显著的限制作用。

总体上，新增城镇用地空间分布和地块与道路距离、地块邻域土地开发状况、地块与市主城区中心距离、地块与市新城中心距离等区位特征变量呈显著正相关关系。从所调研的样本来看，新增违规城镇用地，包括违法建筑（如地块 60 附近是风景名胜区，旅游开发具有一定基础；地块 61 的村民违建是因为该地段交通便利、靠近集市，可通过房屋出租获得收益）是受市场因素驱动的。特别是那些大型项目开发商，在土地价格、项目选址和用地规模上谈判能力很高；较低的价格又会刺激开发商的用地需求，以土地代替资本投入。BD 区调研的样本地块中，规划城镇建设用地区外产业用地大多为规模较大的投资项目，并且大型企业闲置土地现象更加常见。这种情况充分反映了上述论断。当地所谓城乡建设用地增减挂钩项目产生的新增违规城镇用地，也主要是由于规划在城市扩张区域特别是产业项目用地区零散保留农村居民点损害经济效率、违背市场规律造成的。

五　过程管理缺失导致规划应对后续问题与变化的能力不足

研究区规划实施过程中出现了一些规划内部问题（第七章第一节第一部分中已涉及，不再赘述）和外部环境变化。规划预期 2020 年全市 GDP 总量为 3060 亿元，实际已由 2005 年的 526 亿元增至 2015 年的近 2900 亿元；前八年城镇常住人口增长量已达到预计规划期末的 71.2%。双侧皮尔逊相关性检验显示，BD 区建成区面积分别与 GDP 总量、城镇常住人口存在显著的正相关关系，说明当地经济社会的快速发展和城镇人口增长是城镇扩张的重要驱动力。经济社会发展速度大幅快于规划预期可能预示着现行规划已不适应区情。GS 省是未利用低丘缓坡开发建设试点地区。截至 2013 年上半年，仅 QX 市低丘缓坡试点涉及新增建设用地就达 330 公顷[①]。随着 GC 市经历两次（2009 年和 2012 年）行政区划的重大调整，2012 年 1 月发布的《国务院关于进一步促进 GS 省经济社会又好又快发展的若干意见》提出，GA 新区发展战略与 GC 国家高新区扩区（高新区所在的图 5-1 中样本地块 36、37、46、47、56、53、41 包围的范围，是 BD 区大规模新增违规城镇用地集中分布的区域）。上述经济社会条件、政策环境等变化使当地建设与发展的空间布局发生显著变化，从而可能会造成土地利用规划难以满足变化了的现实发展需要。

规划的过程管理和动态管理是防止规划过时、提高规划应对不确定性能力和修补规划缺陷的重要手段（顾大治、管早临，2013；Goncalves & Ferreira，2015）。GC 市缺乏对规划和规划实施成效、问题、不足等进行动态评价、检讨和持续性的改进，以致不能及时解决实施过程中出现的问题和适应现实条件需要进行相应变化。当然，在自上而下的规划管理体制下，地方政府的规划动态管理与调整还需要上级有关政府部门的推动和批准。

第二节　从决策行为的角度解释新增违规城镇用地扩张现象[②]

限于数据的可获得性和前期的调研基础，本节继续以 GC 市 BD

---

① 数据来源于官方网站。

② 本节的主要研究成果已以学术论文的形式发表，参见 Shen et al.，“Interpreting Non-conforming Urban Expansion from the Perspective of Stakeholders’ Decision-making Behavior”，*Habitat International*，Vol. 89，2019b.

区为研究案例。案例研究的基本思路为：首先，建立相关主体城镇用地开发项目选址决策行为的解释框架；其次，分析 BD 区新增违规城镇用地的具体利用方式和空间分布特征；再者，以所调研的新增违规城镇用地地块（见图 5-1）为单元，在微观决策场景中逐一阐述相关土地开发决策主体选址的驱动因素；最后，对地方政府、市场主体和集体土地产权人在土地开发决策过程中的角色作用、行为机理与互动关系进行总结分析。

一　违规城镇用地开发决策行为的解释框架

从行动者的角度看，中国城市土地开发利用的有效参与者主要是地方政府、开发商和拥有土地产权的农户和集体，公众乃至移民、租客等土地开发与再开发的利益相关者处于边缘化的地位（Chai & Choi，2017；Liu & Wong，2018）。政府仍在中国的城市扩张和土地开发中扮演着十分关键的角色，但有两点显著区别于计划经济时代：一是市县级地方政府处于更加重要的位置（You，2016；Zhang et al.，2014）；二是善于充分利用市场机制（Liu et al.，2016）。出于在土地产权、土地市场制度中的有利位置，以及增加地方财政收入、发展地方经济等压力，地方政府一方面通过高价出让住宅和商业用地获得高额的收入（Wu et al.，2015），另一方面通过低价出让工业用地吸引制造业投资、促进经济发展和长远的税收收入（Tian et al.，2017）。

然而，上述原因还不足以解释与规划方案不一致的城镇用地开发行为。在实际城镇用地开发和土地利用规划实施过程中，地方政府的角色是多重的、角色间可能是相互冲突的，显著地复杂于现有研究的分析。首先，地方政府是土地利用总体规划的制定者、实施者和监管者（Gong et al.，2018）。按照相关规定，政府一般委托有资质的单位编制土地利用规划。但在划定城镇建设区范围时，规划编制单位会听取政府的意见，按照政府的要求和指示编制规划；而且，在多数情况下，政府土地管理部门会直接参与土地用途分区的划定。概念上，地方政府负责本级规划，包括自上而下下达的规划任务的实施，按照分区布局开展城市建设，通过行政审批权等控制建设活动，并对违规开发建设活动进行监管和惩治。

其次，在中国城乡二元的土地产权制度下，地方政府是新增城镇用地的垄断供应者（Ding & Lichtenberg，2011）。集体土地是禁止开发建设的，地方政府供给城市扩展用地的一般程序是：通过征收将集体土地转为国有土地→对已征收土地进行整治和储备→出让土地使用权→土地的投资建设。地方政府可以采用招标、拍卖、挂牌等不同的土地使用权出让方式，不同出让方式下政府的土地市场干预程度和相应的土地价格也不同（Liu et al.，2016）。特别是对于制造业项目，政府不是简单、被动地按照市场竞争原则将土地使用权以价高者得之的原则出让给厂商，而是偏好投资额和产值高的项目：一方面，会携优惠措施积极主动招商引资；另一方面，会设置投资门槛和土地使用权交易投标者条件，确保将不受欢迎投资项目拒之门外，或将土地能够以低价出让给心仪的项目方。因此，理论上讲政府可以决定是否供地、供多少土地以及供什么方位的土地，采用何种供地方式和供给谁。

再次，地方政府是基础设施和公共服务的供应者，因而也是城市土地扩张的直接投资与开发者。按照规定，征收土地出让前，政府需要对土地进行平整，并完成道路、供水、排水、电力、通信、燃气等建设。同时，政府也承担着教育、医疗、公共交通、开放空间等公共服务的供给。这些都会对土地的开发价值和项目选址产生显著影响。而地方政府对这些公共产品的供给能力在很大程度上又依赖于通过出让土地使用权和收取新增城市用地相关税费获得的收入（Wu et al.，2015；Zhang et al.，2014）。

此外，地方政府负责制定和实施本地的空间发展战略与政策，并会对城市扩张和空间规划有效性产生影响。比如，在中国十分普遍的新区、开发区、工业园，以及城市土地利用的再结构化等政策（Tian et al.，2017）。这些空间措施的实施需要政府深度介入，例如：在开发区实行地价与税收优惠、资助技术更新等（Huang et al.，2017）；通过说服或迫使城市内部工业企业外迁，对其进行经济补偿，并在远郊区提供安置土地等实现工业郊区化（Zhang et al.，2018）。

另外，地方政府被要求执行集权化的土地管理政策与开发项目，比如严格保护耕地和减少建设占用耕地，促进土地集约利用、确保产业用地投资强度符合最低标准和处置土地闲置行为，落实上级政府的重点投资开发建设项目和受上级政府支持的产业项目等。这些政策和项目也会对城市扩张产生限制或刺激作用，并影响规划实施（Zhong et al.，2014）。

最后，地方政府需要积极促进地方经济发展，以增加税收、促进就业和维护社会稳定（Zhang et al.，2017）。在中国土地制度背景下，经济发展往往与城市扩张密切相关（You，2016）。

开发商和征收前的集体土地产权人在违规城镇用地开发中的角色相对于地方政府而言更加简单，但并非可忽视。前者是土地开发的投资者和建设者，是城市新增用地的直接需求者和驱动者。地方政府充分利用市场机制来促进城市扩张，并借此实现增加财政收入、发展经济等目标，意味着地方政府需要遵循市场法则，并尽量迎合开发商的需求特征（Lin & Zhang，2015；Wang，2014）。也就是说，开发商的态度和偏好会对地方政府的土地供应决策产生影响。进一步而言，不同行业的开发商对地方政府的影响力不同：制造业企业的产品大多不是本地销售，没有严格的选址限制，可以“用脚投票”，地方政府之间会为发展经济竞争制造业投资；相反，商品房和商业以本地消费为主，政府相对处于更加主导的地位（Huang et al.，2017；Liu et al.，2016）。从具体区位偏好来看，制造业开发商与商业、住宅开发商也存在一定差异：前者更看重跨区交通条件、地价、行业集聚度等因素（You，2016；Zhang et al.，2018），后者更关心教育、医疗、环境、公共交通、与市中心距离等因素（Huang & Yin，2015）。

农户和集体是城市扩张的土地原始供应者，其土地征收意愿和补偿要求会影响政府土地征收的物质与时间成本，对城市扩张的速度和选址产生影响（Wong，2015）。为了降低直接补偿的成本、提高集体的征收意愿，一些地方政府选择将部分征收后已转为国有的土地返还给原集体，允许他们开发后以出租物业为主要形式获取收益；或者土地（主要是村庄建设用地）在名义上征收转为国有土地后仍交由原集体进行开发（一般与房产开发商合作）。地方政府与集体土地产权人、市场开发商一起协商制定建设规划，并收取一定土地出让金和保留一部分土地。在这种以公私合作为特征的自由主义市场化情境下，开发商和土地产权人在城市扩张与再开发中的地位显著增强（Li et al.，2014）。此外，为了获取土地增值收益，中国还存在很多以农户为单位或者集体为单位进行不正规的集体土地开发建设现象，主要用于住房、厂房建设，以及旅游、餐饮等为主要形式的商业用地开发（Ho，2018；Liu & Wong，2018）。

结合上述分析，笔者建立了一个基于主体决策行为的违背土地利用区划的城镇用地开发解释框架，如图 7-2 所示。违规城镇开发包括正式开发和非正式开发两种情形。前者是指在拥有合法的国有土地使用权并得到官方许可的前提下进行的土地开发活动；后者是指未经允许的集体土地开发建设活动①，无法得到建设用地及所建房产的官方权利证书，属于非法建设。正规的城镇用地开发首先由地方政府将集体土地征收转为国有土地，然后出让给投资者进行住房、商业和制造业等开发建设，因此地方政府起着十分关键的作用。集体土地产权人的征收意愿主要取决于地方政府的征地补偿方案。开发商是否在规划区外选址主要受地块区位、土地价格、基础设施、邻域和优惠政策等因素影响。这些因素的好坏在很大程度上也取决

① 虽然中国法律规定城市土地属于国有，农村土地除法律规定属于国家所有的以外，属于农民集体所有，但在实际土地变更调查中，有些集体土地，特别是位于城市内部或郊区的建设程度较高的集体土地也会被划入城市土地。

于地方政府。而地方政府是否选择在规划范围外进行城市扩张主要取决于它所带来的财政收入和对政绩考核的影响，后者包括 GDP 增长、规划实施与耕地保护、地方空间政策的落实、城市功能与形象的提升以及上级开发建设项目的落实等，并进一步影响地方政府提供怎样的征地补偿标准、创造怎样的土地开发条件。

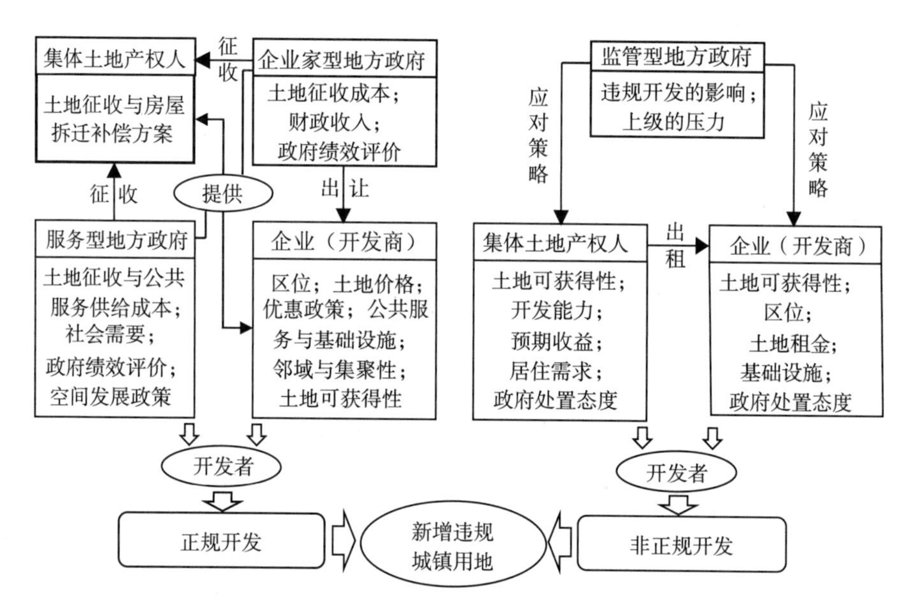

图 7-2　新增违规城镇用地开发决策行为分析框架

注：案例区所调研的样本地块中，没有集体与开发商（企业）合作进行集体土地非正规开发的现象，因而本分析框架中没有包含这种情形。此外，集体和开发商是否进行合作开发的决策行为影响因素基本上已被分别涵盖在集体土地产权人自行土地开发和开发商租赁集体土地进行非正规开发的情形中。

非正式的土地开发主要包括集体土地产权人（农户或集体）自行开发、将土地出租给开发商进行开发以获得租金收入或者与开发商进行合作开发等形式。农户或集体是否进行自行开发主要取决于特定位置土地的可获得性、自身资金状况等开发能力、对满足自身居住的需要、开发以后通过自行经营或出租可获取的收益，以及地方政府对非正式土地开发的监管、处置力度等因素的影响。开发商是否选择利用集体土地进行投资建设取决于土地价格、区位因素、正式开发所需土地的可获得性以及地方政府对非正式开发的处置力度等因素。而地方政府是否采取相应的处理和惩罚措施主要取决于非正式开发对地方政府利益的影响，以及在自上而下监督下耕地保护、规划实施与违法建设治理的压力。

二　BD 区新增违规城镇用地的具体利用方式与空间分布特征

2006—2013 年 BD 区新增城镇用地达 1067 公顷；其中，违规城镇用地面积达 452 公顷，占新增城镇用地总量的 42.4%。这说明规划分区缺乏对城镇用地扩张的空间约束力。2016 年 10 月，笔者对图 7-3 中被编号的 64 个地块进行了实地调查（样本地块的选取方式与原则见第五章第一节第二部分所述），并对 BD 区土地资源管理部门工作人员、开发商和被征地者进行了访谈。因此，虽然一致性评价限于 2006—2013 年的新增城镇用地，但是具体土地用途是基于调研时点的。

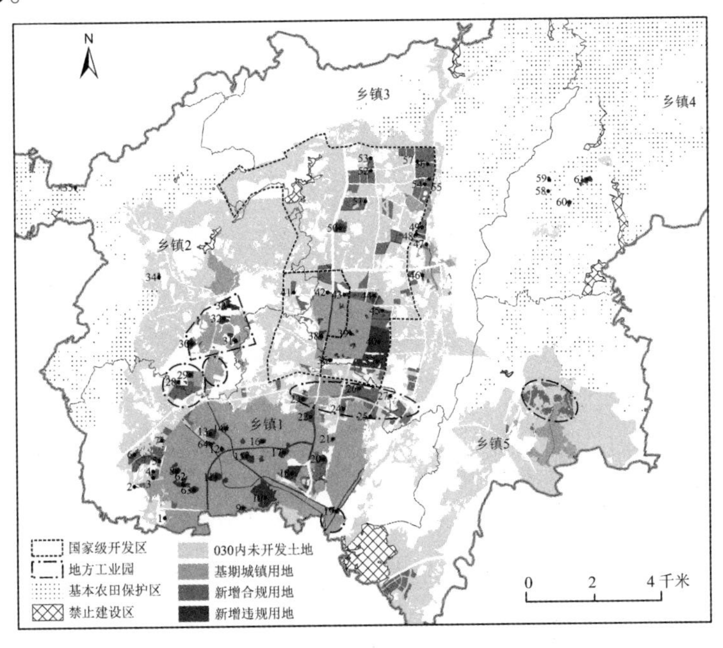

图 7-3　BD 区新增违规城镇用地的空间分布

表 7-4　　BD 区新增违规城镇用地的具体使用方式　　单位：公顷

土地利用类型	地块编号	面积
公共用地	9，11，12，15，16，17，19，20，22，27，30，34，36，38，42，43，47，50，58，59，62，63，35%的 64	81
商业和住宅用地	1，7，8，13，18，23，31，46，48，49，61，65%的 64	47
产业用地	10，21，24，29，32，33，35，37，40，45，56，57，60	141
已征收和在征收中的未开发土地	2，3，4，5，6，14，26，28，39，41，44，51，52，53，54，55	22

注：地块 30 被开发成保障性住房，但将其归入公共用地类型；地块 10 和地块 60（合计 40 公顷）为风景旅游用地，被归入产业用地类型；由于可达性问题，地块 25 未调研，因而没在表内报告；地块 13、61 和 64 还存在一些租赁集体土地而建的小厂房。另外，为便于分析，表中对所调研地块利用方式的具体分类方式较表 6-8 有一定调整。

由表 7-4 可知，在所调研的新增违规城镇用地中，产业用地面积最大，达 141 公顷，占 48%；其次是公共用地，总面积达 81 公顷，占 28%；商业和住宅用地以及已征收和在征收中的未开发土地各占 16%和 8%。

表 7-5　　BD 区新增违规城镇用地的空间分布　　单位：公顷、%

统计项	公共用地		商业和住宅用地		产业用地		已征收和在征收中的未开发土地	
	面积	占比	面积	占比	面积	占比	面积	占比
中心城区	50	62	25	53	39	28	3	14
近郊区	22	27	10	21	97	69	14	63
远郊区	9	11	12	26	5	3	5	23

将 BD 区的城镇用地划分成三个区域：中心城区、近郊区和远郊区。中心城区是指乡镇 1 范围内 2005 年的城镇用地及被其包围的新增城镇用地；近郊区包括乡镇 1 范围内的其他新增城镇用地，乡镇 2 范围内 2005 年的城镇用地及与其邻接的新增城镇用地以及乡镇 3 范围内南部最大块的 2005 年城镇用地及与其邻接的新增城镇用地；远郊区包含剩余的城镇用地（见图 7-2）。被调研的新增违规城镇用

地中，位于近郊区和中心城区的较多，分别占49%和40%，说明违规用地开发主要位于BD区的主城区及其附近。具体而言，如表7-5所示，新增违规公共用地大部分位于中心城区，其次是近郊区；违规商业和住宅用地过半位于中心城区，近郊区和远郊区也有一定分布；违规产业用地大部分位于近郊区，均为制造业项目用地，远郊区和中心城区主要是旅游用地；与规划分区不一致的闲置的已征收和在征收中的未开发土地大多位于近郊区。

三　新增违规城镇用地开发决策行为分析

（一）正规的新增违规城镇用地

1. 公共用地

公共用地开发是政府推动的，全部属于正规开发。相关决策者主要是地方政府和原土地产权人（集体和农户）。公共设施开发不能直接带来经济回报，但能产生两方面的积极作用：一是提升政府的政绩，如公共物品的提供，城市功能、形象与环境的改善，上级制定的重点工程项目的落实等；二是能够提高对投资和人口的吸引力，带动住房与商业用地价格的上升，有益于长远的城市发展和财政收入增长。

新增违规城镇用地中，公共用地占比达28%，仅次于产业用地。新增违规公共用地开发展现了当地政府出色的土地开发决策技能。一方面，尽量降低在规划城镇用地区范围外开发公共设施项目可能带来的自上而下的政治风险。一是用“公共利益”来使违规开发行为正当化。根据《土地管理法》的规定，土地征收应当服务于公共利益的需要。因此，为公共利益而违背规划方案被认为是可接受的。二是借助“上级任务”来降低违规土地开发被上级问责或驳回的风险。在中国，土地利用总体规划是集权式的，其实施受上级政府监督。另外，土地征收涉及农转用的，还要省级及以上政府批准。对此，地方政府有意地将一些上级政府制定的项目布置在了规划城镇建设区范围外。三是不在约束性最强的禁止建设区、生态安全控制区和基本农田保护区范围内进行城镇用地开发，降低土地利用与规划方案之间不一致的严重性。

另一方面，通过优化新增违规公共用地空间布局等维护和扩大地方利益。首先，将那些能促进周边房价、地价上升的公共项目布局在以居住和商业为主的中心城区，如公园与绿地（地块9、11、15、16、62和63）、广场与医院（地块12）。通过公路、大型公交站（地块42）、高铁站（地块36）建设等完善开发区的交通设施与公共交通，提高开发区的投资吸引力。其次，将不能带来显著正效应或有一定负效应的公共项目布局在近郊和远郊，以减少负效应对商业或住宅用地价格的影响和对中心城区有限土地资源的占用。再者，尽量控制用于公共设施建设的土地的征收成本。根据GC市的《房屋拆迁管理办法》和《征地区片价补偿标准》，就单位用地面积而言，征收农民住房的成本是征收耕地成本的20倍以上，而征收耕地的成本又是征收其他集体土地的2.5倍。所征土地的原始用地类型中，农村居民点用地和耕地分别为5公顷和15公顷，分别仅占被调研新增违规公共用地的6%和19%，分别显著低于所调研全部新增违规城镇用地中来源于征收农村居民点用地（15%）和耕地（30%）的比例。最后，很多地类转化只是名义上的，实际用途并未发生改变。比如，地块9、11、15、16、22、38、43、62和63等，将原来的林地和水域划入城镇用地，被作为城市绿地、水体或公园保留下来。将这些用地划入城镇用地，并通过城市详细规划明确其用途，有利于加强对这些用地的保护，也可以将这些用地的管理保护责任分摊给城市规划与建设管理部门。

而农户最关心的是房屋拆迁补偿方案，包括安置房的套数、面积与区位，以及货币补偿量。被调研的新增违规城镇公共用地涉及房屋拆迁的为地块20、30、42和47。开发前这些地块的区位较差，主要位于城镇边缘地区，基础设施与公共服务设施也比较薄弱。被拆迁农户一般能获得2—3套公寓；另外，货币补偿足以满足一套公寓的装修。这些安置房的公共服务设施配套有所改善，且可以通过出租多余的安置房获利。因此，几乎所有的农户都盼望房屋拆迁。农户也普遍愿意进行耕地征收。主要原因是：①补偿方案（每公顷补偿现金与社保资金总量的范围为 847500—1500000 元，且能够取得与城镇居民一致的养老保险标准）农户普遍能接受；②当地的人均耕地面积小于 0. 05 公顷，且大部分农村劳动力已转移至第二、第三产业，对农户而言耕地已不是重要的生产资料。

2. 商业和住宅用地

被调研的商业和住宅用地中，地块 7、8、18、23、31、46、48 和 49 是由正规开发而成的，其余地块存在非正规开发行为。包含但不限于地块 7 和地块 8 的乡镇 1 范围内的西部片区是 BD 区用于容纳城市新增人口、缓解中心城区内部用地紧张局势的重要居住和商业规划发展区。地块 7 原先为废弃的采矿用地，后被开发成商品住宅。棕地再开发在中国是尤为受鼓励的，且为地方政府带来了很高的卖地收入。地块 8 被开发成别墅小区，这种低密度的住宅开发在中国是不被鼓励的，且地价收入相对低一些。当地政府的决策选择在于：地块 8 开发前是林地，别墅开发相较于高密度住宅开发有利于林地和环境保护，土地的征收成本也比较低。而开发商认为，对林地进行别墅开发，绿化的基础好，适合开发成当地首屈一指的高端小区，能够满足日益扩大的高收入人群的高端住房需求，且地价相对低廉，因此开发意愿较高。

地块 18 及其周围邻域地区被规划成可容纳数十万人口居住的 BD 区新城市综合体和中央商务区。这一地块区位优越，地处 BD 的中心城区，相邻两条交通要道，濒临 BD 区南部的 GC 市核心主城区，并规划有地铁与其相连，周边将配套教育、医疗、大型购物商场、公园与广场等生活设施与公共服务设施。这一地块上住宅用地出让的价格在 3000 元/平方米左右，商业用地的价格在 6000 元/平方米上下，均大幅度高于 BD 区其他地区商业和住宅用地的出让价格。因此，即使地块 18 农村居民点用地和耕地占比较高（分别占

30%和 70%），征地成本也较高，但为了落实当地的空间发展战略和获取高额的土地出让收益，地方政府仍积极推动土地征收及完善周边基础设施。高企的地价也反映出开发商的投资热情。另外，这一地块上的农户大多也有较高的征地意愿，主要原因是：①开发前周边主要是农村和工业用地，居住环境并不理想；②安置房的区位较好，预期的升值空间和出租利润较大；③地区开发后，被征户能享受更好的居住环境和公共服务。

地块 23、46、48 和 49 邻近主要工业园区。开发这些楼盘可以为被拆迁户提供安置房和为园区工人提供住房。地块 23 开发前是未利用地，地块 46 是林地，土地征收成本很低。地块 48 和地块 49 都是棚户区，居住环境差，居民的拆迁改造意愿高。这些地块的出让价均在 1500 元/平方米以内，土地成本相对较低；又临近大型工业园区，园区工人对中低档住房的需求较大，且附近有教育、医疗等配套，受开发商欢迎。

地块 31 则是一个大型市场及其附属仓储用地，未占用农村居民点和耕地，土地征收成本也比较低。这一市场邻近 BD 区的众多工业园和开发区。地方政府试图通过建立这一市场促进相关产业的发展和市场经济的繁荣，以此带动地方经济发展，因此将这一土地以低价出让给投资者。投资者认为，这一市场将是中国西南规模最大的专业化工市场，能够填补区域空白，辐射范围广，且邻近的工业密集区带来了一定的市场需求，交通便利，并得到地方政府在地价等方面的扶持，值得开发。

3. 工业用地

除地块 35 与地块 60 以外，其他新增违规工业用地均属于正规开发行为。如图 7-3 所示①，地方政府将省级开发区分成多个专业性的工业园；乡镇 3 境内布局有国家级开发区，分割成面积较小的

---

① 根据案例区有关资料，图中只是大致标注了国家级开发区和地方性工业园的方位，其空间位置与规模并不十分精确，BD 区的地方性工业园也可能并未全部得到标注。

大数据产业园和面积较大的高新制造业产业园。在中国，为促进集聚发展，工业项目一般被要求进开发区（Huang et al.，2017）。相应地，BD 区绝大部分新增合规和违规工业用地是落在开发区范围内。开发区的发展状况很大程度上决定了 BD 区的发展状况，甚至会影响 GC 市乃至 GS 省的发展。因此，推动这些地方的产业开发不仅关系到地方经济、税收的增长，也影响到上级对地方的政绩考核。地方政府在上述地方大力推进基础设施建设，针对开发区的制造业投资项目制定了多种扶持政策，如土地价格优惠政策（见表 7-6）等。这些开发区大多位于郊区。因为郊区拥有大片未开发土地，且较低的农村建筑用地比例有效降低了政府的征地成本；廉价的土地征收成本又降低了公共用地的开发成本和低价出让工业用地的财政压力。

表 7-6　BD 区开发区内产业用地的价格优惠政策　单位：%

投资密度		容积率		建筑密度	
实际超出规定下限幅度	地价优惠幅度	实际超出规定下限幅度	地价优惠幅度	实际超出规定下限幅度	地价优惠幅度
0 < I ≤ 10	5	0 < P ≤ 5	5	0 < B ≤ 10	5
10 < I ≤ 20	10	5 < P ≤ 10	10	10 < B ≤ 20	10
20 < I ≤ 30	15	10 < P ≤ 15	15	20 < B ≤ 30	15
30 < I ≤ 40	20	15 < P ≤ 20	20	30 < B ≤ 40	20
I > 40	25	P > 20	25	B > 40	25

在开发区，很多项目的占地规模在 10 公顷左右。而 BD 区的规划城镇用地区范围比较破碎，阻碍了大型项目和线性基础设施的落地，开发区内部填充式的违规开发难以避免。集中连片式的开发较离散的蛙跳式开发的基础设施配套成本更低、土地利用更高效。此外，由于省级和国家级开发区在一定程度上也可视为上级政府的项目，地方官员可能认为上级监管者会放松在省级、国家级开发区内的耕地转用和城镇用地违规开发。正因为如此，像规模较大的地块 32、33、37 和 40（总面积为 88 公顷，开发前耕地占比达 80%）原先为保护耕地而未划入规划城镇建设区的土地，后续也被用于工业

开发，农转用也得到上级政府的批准。另外，和很多中国其他城市一样（Zhang et al.，2018），BD区制定了工业郊区化的空间发展政策，并把占地颇大的GS铝厂等坐落在中心城区的工业企业迁往开发区，将腾出来的土地高价出让用作商业和住宅开发。地方政府在获得高额土地出让收益的同时又促进中心城区的产业转型以及城市功能、形象与环境的改善。

郊区的工业园区基础设施较为完善，能够避免中心城区的拥堵；很多扶持政策（如地价、电价优惠和创新补贴等）仅限于开发区；工业园大多是专业性的，如食品工业园、铝工业园、物流工业园等，能够产生集聚效应。因此开发区域工业园区对工业投资商具有很大的吸引力。对于向郊区搬迁的企业而言，能获得政府的搬迁补偿和安置土地，甚至共享原土地的增值收益。大块的新增违规工业用地（如地块32、33、37和40）可以容纳数个投资项目，显著提升工业用地扩张的集聚度，充分利用已有的公共基础设施；小块的违规用地（如地块24、45、56和57）开发行为主要是因为开发商需要把项目用地内部非城镇用地范围内的土地纳入进来，否则会对大型厂房建设等产生负面影响。

地块21和29均是后续扩建项目，因与一期邻接的规划城镇用地范围内土地均已开发饱和，开发商强烈要求在毗邻的规划城镇用地区外进行扩建。与上文提到的原因相似，集体和农户大多对土地征收与房屋拆迁持欢迎态度。

地块10开发前是公园，无须征地。改建成游乐园能够改善城市形象与功能，相较于其他开发形式更能兼顾环境保护的需要。由开发商经营后还能省去公园维护费用和获得土地租金。开发商的决策主要基于以下考虑：①地块10位于BD区南部，毗邻GC市核心主城区，区位条件优越，且GC市缺乏类似等级的游乐园；②作为公园，地块本身景观优越，且有水域适合水上娱乐项目建设，降低了开发成本；③地方政府允许投资者以租赁土地的形式进行开发建设，相对于土地出让的一次性付费，能够显著降低前期投资成本。为了避免周围公众的反对，游乐园除娱乐设施外对本地居民免费开放。

4. 已征收或在征收中的未开发土地

在已征收但未开发和在征收中的新增违规城镇用地中，66%在征收前是农村居民用地，远远高于所调研的全部新增违规城镇用地中来源于农村居民点用地的面积所占比重。在编制规划时，当地政府为了降低土地征收成本而尽量避免征收农村居民点用地，很多农村居民点虽然被规划城镇用地区所包围，但并未被纳入进去。这一做法降低了城镇用地的连片度，对土地开发和基础设施布局等产生妨碍作用。因而在实际土地开发过程中，政府又对这些土地进行了征收，造成城镇扩张与规划的不一致。

正在拆迁的土地中，征用农村居民点用地的面积占比达90%，且已经征了数年之久。这些地块普遍存在由农户违规扩建造成的非正规开发现象，主要目的在于获得更多的房屋拆迁补偿[①]。地方政府虽然对农户再三声明，非正规建设不会获得补偿，但农户通过与政府博弈往往能够得到一定的补偿。这一博弈过程显著增加了土地征收的交易成本。对于农户而言，他们更渴望将居民点用地和耕地等其他集体土地一并征收，这样相较于只征收其他集体土地可以获得多得多的补偿，并改善居住质量。农户与地方政府在房屋拆迁中的主要矛盾在于非正规建设住房的补偿问题。这些地块上非正规建设的目的（获得更多补偿）也恰恰反映了农户对土地征收与房屋拆迁所持的欢迎态度。

按相关规定，土地储备不应超过两年。由于过度征收、缺乏投资项目以及城市空间发展政策与布局调整等原因，那些被调研的已征收土地大多已被储备3年以上。比如地块2—6及邻近土地，被规

① 由于这类非正规土地开发行为的特殊性，且违规建筑在征收过程中会被拆除，图7-2所建构的新增违规城镇用地开发决策行为分析框架中未包含此类非正规开发行为。下一部分“（二）非正规的违规城镇用地开发”的论述中同样也不包含此类非正规土地开发行为。

划成BD区商业中心和住宅区，但当前BD区住宅和商业开发的中心在地块18及附近邻接片区。地块2—4位于城市边缘，区位不理想，且邻域住宅开发放缓，开发商的投资意愿较低。另外，地方政府可以将这些储备土地进行抵押融资，增加财政收入。在中国，有很大部分的债务是地方政府通过储备土地的抵押融资产生的（Huang and Chan，2018）。

（二）非正规的违规城镇用地开发

所调研的地块中，涉及非正规开发的，有地块1、13、35、60、61和64（不包含前文述及的以获得更多拆迁补偿为目的的农房扩建行为）。地块1是林场内部违规搭建的简易工棚，作为林场管护人员的居住场所。由于不会进一步扩建及林场的国有属性，地方政府并未对违建行为采取强制措施。

地块13和50%的地块64是城中村，邻近市中心，区位条件更优，大部分为正规开发，但也存在城中村占用邻近林地向外拓展式或未经审批进行加盖农房的非正规开发行为。新建住房主要用于自住和出租。另外，村集体和村民在道路旁建造了很多临街小型便利店和办公场所。村集体所建物业作为集体不动产进行出租，农户自建物业一般由农户自己经营。

地块61中的部分土地起先是地方政府搬迁住在危房的贫困农户的安置点，属于正规开发。但由于临交通要道和乡镇4的镇集市区，区位优越，很多其他具备一定建房能力且在附近有承包地的农户也在未经地方政府批准的情况下在此开发建造住房。这些农户的新建住房大多达3—4层，底层出租或自营用作临街商铺或小型生产作坊，顶层自住，中间楼层作为住房出租。部分户主由此获得的收入在家庭总收入的构成中占有重要比例。因此，此处不规则住房开发的原因主要是：①受到政府组织搬迁的刺激；②改善自身居住条件；③通过住房出租或自营等获取收益。

地块13、61和64还存在一些租赁集体土地进行非正规的小型工业企业和汽车修理厂开发利用的现象。投资者在此租赁土地的原因在于：①地块交通便利、区位好；②毗邻城中村，不乏廉价劳动力；③土地租金相对便宜；④由于是小规模的传统产业，政府一般不会为他们提供土地用于正规开发。

虽然对已建成的非正规开发活动没有采取实质性的惩处措施，但从近两年开始，地方政府加大了对这些地块非正规开发的监管和处罚力度。由于地方政府对环境保护和景观建设的日益重视和规划控制建设用地规模任务实施的压力日益增大，当地大力禁止非正规开发的进一步扩张，一些尚未完工的建造项目被叫停。然而，这些地块的非正规开发行为侵占了邻近的林地和耕地，且带来了显著的羊群效应。此外，地块 13 和地块 64 区位优越，且规划有轨道交通；地块 61 邻近地区将要新建一个高铁站。因此，这些地块被开发的价值和可能性比较大。非正规开发会显著地增加日后征地的难度和成本，因而损害政府利益。

地块 35 和地块 60 均是租赁集体土地的非正规开发行为，且并未得到政府的严厉处置。地块 35 是一个开采和堆放建筑石材的场地，毗邻联通 GC 市不同区县的交通要道。政府默许开采的原因是：一方面为毗邻道路的修建提供地基石材，道路通车后也为 BD 区的大规模城镇开发建设活动提供石材。政府未征收土地的原因在于：①采矿结束后可以复垦成耕地，返给原集体；②场地占用了 1 公顷基本农田，征地涉及的农转用需要国务院批准，手续繁杂，耗时较长。而消耗石材的道路是 GC 市级政府的重点项目，上级政府对暂时占用少量基本农田的行为很可能不会追责。矿主投资的原因主要在于四方面：一是未占用农民住房，赔偿少；二是附近市场需求大；三是矿山开采条件较好；四是地方政府不会进行严厉处罚。对于集体和农户而言，虽然土地被占用地，但每年的租金比耕地产出高，且土地开采结束以后会被复垦并返还。

地块 60 则是一个占地近 70 公顷，集生产、展览、销售、观光和餐饮于一体的农业旅游综合开发项目的建筑区部分。在中国，集体土地被禁止开发。地方政府认为这一项目能促进经济发展，所以采取默许的态度。而投资者选址的原因在于：①毗邻主交通要道，交通条件好；②与当地的一个著名景点毗邻，旅游业有一定基础，能够产生集聚效应；③所占用的耕地之前经过一个省级土地整理示范项目的建设，农业生产条件较好。集体和农户可以获得土地租金收入，也有农户为项目投资方工作而获得收入。因此，很少有农户反对将对他们而言已不是重要生产资料的土地出租给开发商进行开发建设。

四　讨论与总结：相关主体的决策行为机理

（一）地方政府

案例研究为我们展示了地方政府在土地利用总体规划实施和城镇用地开发过程中所具有的多重属性。首先，地方政府是空间规划、战略与政策的编制者、实施者和监管者，也是土地的征收者和垄断供应者。其次，地方政府是基础设施和公共服务设施的提供者，因而也是与其相关的土地开发的决策者和投资者。地方政府是一个理性的利益主体，追求土地财政收入和经济发展，及由此带来的长远的税收收入。最后，地方政府是上级政府的代理者，特别是在自上而下的规划和土地开发利用监管体制下，地方政府需要落实上级政府布置的规划任务、重点工程项目以及工业区、开发区等空间发展布局，并接受上级政府的规划实施监督、农地非农化与土地征收监管和相关政府政绩考核。地方政府也往往不是以某个单一角色或属性进行某个特定的土地开发决策，而是在决策过程中不同的角色同时发挥着具有相互制约性的作用。

在编制土地利用总体规划时，地方政府为了降低土地征收成本、保护耕地和生态环境，而未将一些农村居民点用地、耕地和林地纳入城镇建设用地区规划范围，提高了这一规划分区的破碎度。为了便于大型开发项目、线性基础设施项目落地，提高城镇开发的集聚性、降低公共设施的配套成本，地方政府又不得不将这些规划城镇建设区外的土地进行开发，造成实际土地利用与规划方案的空间不一致。地方政府还善于通过促进公共利益、落实上级部门的重点工程项目与产业布局、避免占用禁止开发区和基本农田保护区等规划最严厉保护区的土地，来降低违规城镇用地开发被问责和得不到上级农转用与土地征收批准的风险。在供给公共服务时，地方政府也会理性地通过优化空间布局使自身利益最大化，比如将公园、绿地、医疗、义务教育等公共产品主要布局在市中心，以促进邻近地价上涨，增加土地财政收入；将能源储备与中转、社会保障房、监狱等对地价没有正向影响或有负影响的公共设施布局在郊区，减少占用稀缺的中心城区的土地。对非正规的违规城镇用地开发行为，地方政府的监管也是选择性的：默许较大型的产业投资项目；对政府利益存在潜在显著影响的非正规开发行为，或上级政府重视的非正规开发问题，地方政府会进行严厉查处，包括责令停止或拆除；对于其他非正规项目，一般不予产权认定，但较少采取实质性的惩罚。

总体上看，绝大部分与规划方案不一致的公共设施用地（不含道路）、商业与住宅用地（不含非正规开发）都位于中心城区或近郊，绝大部分工业用地（不含用作旅游娱乐的地块 10 和地块 18）均位于工业园区或开发区内，绝大部分不当征收造成闲置的土地也均规划用于商业、住宅或工业开发。既体现了工业郊区化、集聚化的空间发展战略，也体现出土地在实现地方利益中的重要工具性作用：在市中心和近郊高价出让土地用作商业和居住开发，增加财政收入；在郊区低价出让土地用于工业投资（郊区居民点密度小，征地成本地低，有助于控制供地赤字），发展经济，实现长远利益。土地出让占地方财政收入的高比重和不同类型用地出让价格及增速的巨大差异，分别反映了土地财政对地方收入的重要性以及地方政府出让不同类型用地的价值追求差异。

（二）开发商

与开发商有关的违规城镇用地开发涉及商业、住宅和工业项目用地。开发商在项目选址决策中有主导、协商和被动三种情形。在主导情形下，开发商是违规城镇用地开发的决策发起者，希望通过一定的交易形式获得某一地块的使用权。比如，地块 29 中的二期开发项目，开发商希望扩大产能而要求地方政府出让与一期相邻的土地。相对于国有土地的垄断供应，集体土地有更多的供应者，开发商拥有更多的决策主动权，如地块 60 和地块 64 上的非正规开发行为等。大多数工业企业的项目选址是通过与地方政府协商确定的。地方政府一般会要求工业开发商在工业园区或开发区内进行项目选址，而投资者则会在项目具体方位和地块规模大小等方面与地方政府进行协商。协商达成一致以后，地方政府再对相应地块进行公开出让，并按照投资者的特点设置交易限制性条件与门槛，防止其他开发商参与竞购。被动选址的情形中，项目地址由地方政府确定，开发商只能选择是否接受。一些达不到供地条件的工业投资项目或者为了降低初始投资的工业项目，会选择租赁政府或其他开发商兴建的厂房，如覆盖地块 54—57 的政府投资建设的标准厂房，地块 32 和地块 33 上获得土地使用权的开发商将多余的厂房进行出租等。但无论是哪种情形，正规开发的工业项目通常都会按照政府提出的“向工业园区/开发区集中”的原则布局。工业项目选址可以“用脚投票”，但商业与住宅消费大多是面向本地区的，政府作为供地者垄断性更强。因此，绝大部分商业与住宅开发项目的选址及地块供应规模等由地方政府按照城市规划确定。

地方政府偏好大型投资项目。不同投资规模的开发商与政府的土地供应谈判能力不同；同一项目投资者面对不同等级的政府选址，其决策权不同，高等级开发区的进入门槛更高。当地政府制定了很多只适用于国家级开发区的投资优惠政策，如《GC 国家高新区支持实体经济（工业）发展十条政策（试行）》《GC 国家高新区大数据产业招商引智十条政策措施（修订）》《GC 国家高新区促进区块链技术创新及应用示范十条政策措施（试行）》《GC 国家高新区关于促进新一代人工智能产业发展的十条政策措施（试行）》等。[①] 这些政策大多只有大型企业才可能具备享受资格，如企业通过提供区块链技术服务产生营业收入达到 1 亿元的，给予 200 万元的奖励。笔者在与地块 32 和 33 等相关投资者的访谈中曾问及，企业为什么不选址在基础设施条件更好、优惠政策更多的国家级开发区。很多企业管理者回答无法达到享受优惠政策的条件甚至是落户门槛；而当下所在地区（地方工业园区），镇级政府更重视他们，容易通过协商满足他们的一些诉求。根据 BD 市 2008—2014 年土地出让清单，国家级开发区入驻的很多是国企（其中不乏央企），而地方开发区以民营企业投资项目为主。由表 7-7 可知，国家开发区工业投资项目的平均用地规模显著大于地方开发区投资项目的用地规模，且土地价格总体上更低和更稳定。2010 年以后国家级开发区的土地出让总规模也远远高出地方开发区，说明地方政府更加重视国家级开发区的发展，将有限的用地指标主要用于此。由图 7-3 可见，相对于省级开发区，国家级开发区中既有大量小型违规开发的地块，也有大型违规开发的地块，分别由大型投资项目吞并项目用地范围内部城镇规划区外用地和完全在规划区外布局大型投资项目造成。

表 7-7　　BD 区 2008—2014 年工业用地使用权出让情况统计

年份	地方工业园区			国家级开发区		
	出让次数	次均出让面积（公顷）	平均价格（元/平方米）	出让次数	次均出让面积（公顷）	平均价格（元/平方米）
2008	2	1.3	253	0	0	0
2009	1	1.1	252	0	0	0
2010	7	1.8	244	2	27.4	227
2011	7	4.1	296	9	13.1	246
2012	13	3.2	271	11	4.4	254
2013	18	3.6	252	22	8.2	253

① 上述政策文件来源于官方网站。

续表

年份	地方工业园区			国家级开发区		
	出让次数	次均出让面积（公顷）	平均价格（元/平方米）	出让次数	次均出让面积（公顷）	平均价格（元/平方米）
2014	9	4.2	305	10	5.8	267

注：BD 区国家级开发区从 2010 年开始进行工业用地使用权出让。

案例区一些小规模企业只能租赁厂房或者租赁集体土地进行非正规开发，规模更小的项目只能依靠租赁农户住房，难以有效参与和影响地方政府的土地供应决策。

（三）集体土地产权人

在新增违规城镇用地开发过程中，BD 区集体土地产权人主要扮演了三种角色：①成为被征地者和城镇扩张的原始土地供应者；②土地开发者；③土地出租者。通过调研发现，当地农户对土地征收普遍持欢迎态度，因为他们的生计并不依赖于量少且质差的耕地，土地征收也能使他们有机会享受和市民一样的养老保险待遇。为了获得更多的补偿、改善居住条件（绅士化）和享受更好的公共服务，他们同样希望将住房纳入征收范围。地方政府一般会根据规定补偿安置房面积和货币金额，但会参考被征户的意愿、土地征收的迫切度和被征地的区位等因素确定安置房的区位。不同区位的安置房的市场价值和出租收益水平存在显著差异。另外，很多农户为了获得更多的补偿，对住宅进行加盖或扩建等形式的非正规开发。农户与政府对非正规开发住宅征收补偿的分歧及博弈成为土地征收成本与进程的重要不确定因素和影响因素。

除了为获得更多的拆迁补偿进行的住房非正规改建与扩建，其他农户进行非正规住房开发的主要目的是改善居住条件，并通过自营或出租物业获得收益。这些非正规开发的住房大多区位条件较好（如地块 61 和地块 64 等），市场租用需求较大，底楼可以用作临街店铺或小型作坊，楼上可以用于居住。因此，这种形式的非正规开发行为能够给开发者带来了显著的经济利益。但这种非正规开发一般需要投入数十万元之巨，是为获得征地补偿进行的简单加盖或扩建行为的数十倍。因此，仅有部分农户有能力承担。

这两种非正规开发行为都展现出了一定的羊群效应：部分拆迁可能性较高的村庄几乎所有的村民都参与了非法加盖；一些村民不惜举债进行住宅开发以获取出租收益。出租土地的非正式开发中，对于投资相对较多、占地较大的项目，投资者一般向集体租赁土地，以便满足土地需求和形成更加稳定的租赁关系，如位于地块 64 的较为大型的汽车保养与修理厂；对于投资小、占地少的项目，开发商大多直接向农户租赁土地，如位于地块 61 的小型汽车修理场。

第三节　案例研究的主要政策启示

一　耕地保护的战略重心应从数量平衡向产出能力平衡转移

耕地保护的根本目标是维护粮食安全（Liao，2010；聂英，2015）。农业产量除受耕地数量影响外，还取决于其他诸多因素；对于我国大部分地区而言，提高耕地质量对保障农业产量的意义高于耕地数量的维持（王静等，2011）。农地质量差、基础设施薄弱是 GC 市保持粮食稳产最重要的制约因素。比如，2011 年 GC 市遭遇较为严重的旱灾，导致粮食产量较 2010 年减少 25.5%。注重数量的耕地保护方案不但数量目标不能完全实现，且容易导致“占优补劣”和耕地补充侵占重要生态用地、加剧地区水土流失等问题，自上而下的指标分配方式也可能会造成社会效率的损失（Wang et al.，2010）。

因此，耕地保护的战略重心应从数量平衡转变为产出能力的平衡。根据案例区的实际情况，从三方面入手强化耕地农业产出能力建设。一是强化中低产田改造和保障新增耕地质量，新增耕地途径的重心应由未利用地开发转为以农地整理和土地复垦为主，重视改善新增耕地的农业生产条件。

二是突出重视优质耕地较为集中分布的 HD 区南部和西部、WD

区东部片区中部和北部、WD 区西部片区西部与北部、XX 县和 FX 县大部分地区，以及耕地分布集中度和连片度较高的 QX 市中部、西部和 KX 县大部分地区的耕地保护力度。通过数量保护、质量建设等使这些地区成为保持全市农业产出能力的支柱和稳定器。

三是强制实施占用耕地的表土剥离与再利用。由图 7-1 可知，GC 市较为优质的耕地集中分布于现状城镇用地周围。城市用地一般具有集聚性、不可分割性等特点（丁成日，2007）。为了避免占用优质耕地而使城市离散扩张是不经济的。当地的土地利用总体规划也确实将这些优质耕地纳入了城镇建设用地区范围。因此，城市扩张占用优质耕地难以避免。另外，GC 市地处喀斯特地貌区，土层薄且碎石含量多、成土缓慢（Wang et al.，2004；王升等，2015）。为了避免建设占用造成表土资源浪费，须强制对占用土地进行表土剥离，优先用于耕地重点保护区土层较薄耕地的改良。

为此，亟须在整合利用农用地分等定级成果的基础上出台有关中低产田改造、补充耕地质量保障和表土剥离再利用三方面的技术标准。相关内容应尽量涵盖农用地分等定级中耕地质量的重要影响因素，如灌溉、排水条件，土层厚土，表土质地，土壤类型、PH 值、有机质含量、砾石含量与裸露度，土地坡度/平整度，表土剥离中的剥离厚度、表土储存管护办法、回填厚度及其他技术标准等内容，以及不同等级中低产田改造的质量提升等级要求、以劣等地补充所占用的优等地的数量折算标准等。

二　结合增强约束力与提升灵活性协调规划的刚性与弹性

首先，为了保障生态环境、自然资源等方面公共目标的实现，应强化数量上的指标约束力管理和空间上的“红线”管理。协调年度指标与规划期总指标，实施指标执行情况的年度考核。对于擅自突破指标上限的政府和责任部门领导者进行问责和惩罚。对耕地集中连片分布区、粮食蔬菜主产功能区、生态环境高度敏感脆弱区、重要生态功能区等划定红线，禁止开发建设。如无法避免工程项目的占用，则严格制定和实施补偿方案，重点确保功能上的“占补平衡”。另外，对于需要严格执行的规划内容，应当制定细则，避免原则化和空洞化。

其次，从减少指标数量和优化指标分配两方面入手，增强约束性指标的灵活性。现行土地利用总体规划各类指标多达 14 个。从案例区的实施效果来看，部分指标已被突破，部分指标仍较充裕（见表 4-2）。求大求全的指标体系增加了指标编制和落实的难度。笔者认为，通过制定和严格落实耕地保有量、基本农田保护面积和建设用地总量 3 个约束性指标，就基本上能够达到耕地保护和建设用地管控的数量目标。优化指标分配方面，提出以下建议：第一，下级上报和上级审查相结合确定下级行政单位基础设施、民生工程和重点工程的项目用地需求。这部分作为基础性指标，专用于上述工程项目，不允许交易。第二，在基础指标之外，下达可异地交易的指标。第三，上级政府保留少量机动指标，用于奖励指标实施良好的行政单位。

三　提升规划对市场主体的包容性和引导力

规划的作用在于弥补市场不足，但市场具有配置资源的效率优势；过于限制市场，可能造成效率损失和规划失效。在协调规划与市场关系时，一是要发挥规划与政府在促进实现公共利益中的兜底作用。具体而言，一方面，政府需增强空间规划在保护生态环境、自然资源，保障公共产品供给等方面的有效约束力和落实度；另一方面，采取市场准入制度，加强控制和监管低效项目开发建设，提升土地利用的综合效益。在此基础上，减少政府对其他方面正常市场行为的干涉与约束。

二是推进土地市场的规范化建设，避免政府过度干预。地方政府存在利用土地引资的恶性竞争现象，热衷于以较低的土地出让价格引进大型投资项目，刺激大企业囤地或以土地替代其他要素，降低土地投资利用水平。地方政府也往往会迎合特定开发商在规划城镇用地建设区外选址的要求（谭荣、曲福田，2006；杨其静、彭艳琼，2015）。因此，需要减少政府的行政干预，特别是对产业用地价格的干预，完善土地的市场配置机制，严格执行经营性用地招标、拍卖、挂牌等出让制度。

三是通过基础设施、公共服务设施的差别化布局与供给提升规划对市场的引导力。市场主体重视项目选址的区位条件。比如，调研样本中的产业用地项目，一般都布局在交通干道沿线甚至交叉口，且不会远离市区；地块5、6、7、11、18等大型房地产和商业开发项目，与附近轨道交通建设和其他公共服务设施配套息息相关。从市场规律出发，规划城镇建设用地区的布局要考虑区块和地块层面的区位条件状况。此外，地方政府可以通过基础设施和公共服务设施的差别化布局，引导市场主体的项目选址：在规划重点开发建设区，应着力完善公共服务设施配套，改善区位条件；在规划城镇用地区外，适量配套以满足当地居民生活和农业生产所需为主的公共产品，避免基础设施和生活服务设施的过度供给，降低地块对投资项目开发选址的吸引力。

四是改善治理结构。管理实际交易的具体规则，即治理结构，可分为市场制、层级制和网状制（张舟等，2015）。市场制的失灵需要政府采用层级制的方式行使规划权，通过设置一些空间管制和土地管理方案对市场行为进行约束。但在行使规划权、制定规划方案乃至实施规划方案时，应当充分地让市场主体、土地产权人和其他社会主体及组织参与进来，以网状制的形式相互沟通、妥协并达成一致行动，弥补单纯层级制的不足。改善规划的治理结构，有助于形成更具执行力的规划方案，有助于提高公众规划意识和规划的社会接纳度，最终将有助于提升空间规划有效性。

四　改善规划实施过程管理

（一）走向“动态规划”

人的有限理性和未来发展的不确定性使动态规划成为必然（王

富海等，2013）。有必要定期对规划实施进行评估，及时发现并反馈规划实施中的问题，找出问题原因和解决措施，相应调整和改善规划与规划实施。但动态规划不是随意对规划进行修编，而是应当以问题为导向、动静结合、适应性与约束性结合、程序规范地进行动态实施管理。

（二）建立针对违背规划的决策程序规范

部分过程理性派学者认为，过程理性即政治理性，只要符合正当程序，决策违背规划就是可接受的（Linovski & Loukaitou-Sideris，2013；吴金镛，2013）。“动态规划”不是日常的，决策违背规划仍然难以避免。应当在制定违背规划的决策时，遵行相应的法定程序，包括利益相关者参与、多主体监督，乃至特定机构核准等。一方面，在集思广益的基础上促进优化决策；另一方面，避免决策者肆意违背规划。

（三）增强部门合作和社会监督

土地利用总体规划内容综合，涉及多个政府部门。研究区城市总体规划与土地利用总体规划在重要原则和重大布局上具有较高的协调性（见表5-3），但在具体布局上仍有所出入，特别是在两者各自的调整完善过程中，对接不够充分。耕地保护方面，国土部门重视耕地数量补充，农业部门关注耕地质量，林业和生态环境保护部门更加重视对林地、水面等具有重要生态服务价值的用地类型的保护。土地利用总体规划实施过程中加强多部门沟通协作和协同监管，有助于降低规划目标之间互相冲突的干扰，提高规划实施的综合效益。另外，让社会和市场主体参与监督规划实施、让农民参与耕地质量建设和耕地补充的项目验收，能够形成保障规划对决策影响力的外部监督压力，有利于打破地方政府集监管者和实施者于一体造成的规划实施困境，提升空间规划有效性。

（四）实施项目的全周期管理

案例研究显示，总体上后续决策对规划的参考度较高，但很多决策和规划方案并没有得到有效执行，与规划一致的决策没有得到规划期望的结果。因而，有必要加强后续决策（项目）的全周期管理。这里的项目是多方面的，包括土地征收、房屋拆迁与土地储备项目、开发投资项目、土地整治项目等。土地征收、房屋拆迁与土地储备项目的全周期，包含提出土地征收与房屋拆迁计划、实施土地征收与房屋拆迁、由生地变熟地的建设过程、土地储备与出让各环节。从实地调研来看，研究区存在较多计划要征收但实际长期未征收（提出征地计划，但没落实，而当地居民加盖房屋的问题严重，提高了房屋拆迁成本）、征而未补、征而未拆、拆而未建成熟地，以及长期储备土地的现象，造成土地资源浪费。今后应适度安排农转用指标和土地征收规模，严格按照项目需求实施征地，按照年度指标控制征地规模，避免征收土地的长期闲置。开发建设投资项目的全周期管理应做到项目有遴选、落地有建设、建设有投产、产后有效益，及时促进“僵尸企业”转产和低效用地再开发。耕地整治项目的全周期包含前期立项规划到后期投入农业生产的整个过程，前期应关注选址的科学性、影响评价与实施成本，中期监管工程质量，后期关注土地质量和农业产出效益等方面。

第四节　本章小结

本章探讨了案例区空间规划有效性的影响因素，以此展示所建立的空间规划有效性分析框架对规划实践所能产生的检讨与政策启示作用，并为提升案例区的空间规划有效性提供政策建议。具体而言，规划质量因素、规划及相关制度刚性与弹性的问题、地方政府实施意愿、市场作用和规划实施过程管理问题是案例区空间规划有效性的重要影响因素。

项目地块尺度的案例研究显示，在违规城镇用地开发决策过程中，地方政府常常扮演着多重角色、发挥着关键作用，并精明地将责任的履行、任务的实施和利益的实现联系起来，降低城镇用地违规开发行为的政治风险，提升违规开发的正当性和收益。集体土地产权人和不同类型与投资规模的市场开发商也对地方政府的土地供应决策产生了不同程度的影响，在正规与非正规土地开发中扮演了不同角色。综上，违规城镇用地开发是地方政府选择和市场驱动共同作用的结果，其中地方政府在充分遵循和利用市场机制的基础上扮演了更为关键的角色。

本章认为，可以从四个方面入手改善案例区土地利用总体规划的实施有效性。第一，耕地保护应聚焦于维持和稳定农业产出能力。为此，案例区政府应当大力推进耕地质量建设、加强重点区域的耕地保护和农业核心功能区建设、强制实施占用耕地的表土剥离与再利用。第二，增强约束力与提升灵活性相结合协调规划的刚性与弹性。第三，通过发挥规划与政府在促进实现公共利益中的兜底作用、推进土地市场的规范化建设和避免政府过度干预、优化基础设施与公共服务供给布局、改善治理结构等提升规划对市场主体的包容性和引导力。第四，通过动态规划管理、程度规范建设、部门合作与社会监督、项目全周期管理等改善规划实施的过程管理。

第八章

空间规划有效性评价理论与方法的比较研究

本书的第三章在整合和拓展一致性理论与规划效能理论的基础上建立了空间规划有效性分析框架，并改进或重建了分析框架中相关构成要件的具体评价方法以及现有空间规划有效性评价关键性难题的解决方案。继而，通过第四章、第五章和第六章的案例应用，验证了这一综合性理论分析框架及其构成要件具体评价方法的可行性。本章的目的在于：在上文空间规划有效性理论、方法与案例研究的基础上，结合与已有理论、方法的对比分析，进一步总结、阐释本书所提出的评价理论与方法的特别之处和可取之处。

第一节　一致性的评价方法

当前，一致性的测度方法主要有比较实际土地利用与规划的符合度、允许建设区内外规划建设许可证发放情况、允许建设区内外不动产价值与税收总量与增量，以及分析人口分布与流向、规划指标与措施的落实程度等。这些一致性的具体评价方法的优劣，笔者已在第三章第二节第一部分详细阐述。

以土地利用与规划的吻合度作为一致性衡量指标能够在很大程

度上弥补其他一致性具体评价方法的不足。特别是，我国的空间规划具有很强的空间布局约束特征（比如城市总体规划中禁建区、限建区、适建区、中心城区空间增长边界，以及绿线、蓝线、紫线等七种控制线等；土地利用总体规划中包含允许建设区、有条件建设区、限制建设区和禁止建设区的管制分区，包括基本农田保护区、城镇建设用地区等在内的土地用途区划分，以及正在开展中的城市增长边界划定、永久性基本农田划定与生态红线划定等），并且这些约束和管制主要针对土地开发利用行为。因此，十分有必要通过比较分析实际土地利用及其演变与规划的空间吻合度来展现空间规划在空间布局方面的实现度和对土地开发利用选址决策的约束力与引导力。

相关自上而下的控制指标在我国的土地利用总体规划制度中具有重要地位，是耕地保护和建设用地规模控制的具有很强约束力的核心规划方案之一。上文的案例研究显示，地方政府为了保障建设用地空间布局上的自由度，所划定的建设用地范围可达规划建设用地配额的数倍之巨；即使所有耕地保护区（基本农田保护区和一般农地区）范围内的耕地未被转用，以及规划补充耕地指标得以实现且所有新增耕地落在耕地保护区范围内，耕地保护区范围内的耕地总量仍不能够达到上级下达的耕地保有量目标。即，规划建设用地区范围内不能全部被开发建设，耕地保护区外的部分耕地也需要加以保护。这种情况下，仅依靠对比土地利用与规划的吻合度不足以反映规划的落实情况。

可见，相对于其他单一的评价方法，本书提出的土地利用和指标执行相结合的一致性测度方法能更好地结合我国土地利用总体规划的特点。

此外，本书对土地利用与规划图则吻合度的测度进行了重大改进，建立了系统化的测度指标体系。相较于以往土地利用现状与规划的简单叠加对比，改进后的评价方法具有以下三方面优势。

首先，包含合规率、饱和度和容余率的空间吻合度指标体系能够揭示土地利用与规划的总体吻合度，以及规划区外用地的增长是否由规划范围不足造成的。案例研究显示，研究区新增违规城镇用地占新增城镇用地总量的比重接近 30.0%；然而，2013 年规划城镇建设用地区内已开发土地仅占规划城镇用地区总面积的 1/3，未开发土地面积是城镇用地总量（包括合规与违规的城镇用地）的 1.5 倍以上。这说明新增违规城镇用地的快速上升并非由规划区内未开发土地不足造成。另外，耕地保护区（包括基本农田保护区和一般农地区）范围内非耕地面积占比接近 1/4，新增耕地合规率却仅达 5.3%，也值得进行反思。

其次，用地演化角度的一致性测度可以直接反映规划区内外用地的增减动态演变情况，有助于识别土地利用与规划吻合度变化的可能驱动力（合规新增用地的增加和违规存量用地的减少会导致城镇用地整体合规率的上升，违规新增用地的增加和合规存量用地的减少将造成城镇用地整体合规率的下降）。比如，XD 区和 FX 县是 GC 市耕地合规率下降幅度最大的两个区县。对于前者，新增耕地合规率低和合规耕地被转用均是重要原因；而对于后者，主要是由新增耕地合规率低造成的。

最后，空间形态角度的一致性测度可以展示相关用地，特别是违规用地的扩张形态及其与规划的空间位置关系，以此区分违规用地开发的实际意义及其对空间规划有效性的损害程度。案例区新增耕地的合规率仅为 5.3%，规划城镇建设用地区外也存在着大规模城镇用地开发扩张现象。空间形态的评价结果显示，这些新增违规耕地和城镇用地中，绝大部分是分别与规划耕地保护区范围和城镇建设用地区范围相邻接的。规划范围破碎且邻近地块开发利用饱和导致新增用地向规划区范围外连续性拓展，在事实上起到了降低破碎度、提升连接度的作用。这部分新增违规用地对空间规划有效性和实现用地空间布局优化的规划目标的损害程度显然低于蛙跳式、离散的违规用地增长现象（当然，一小部分用地离散式开发有其合理性，如样本地块 58、59 和 34，需要进行独立选址；但规划没有划定相应的预留区，仍然表明规划引导力不足）。

第二节　规划效能评价方法

现有规划效能的定义主要包含以下要点：①规划在决策过程中被考虑，乃至得到采纳和遵循；②决策可以违背规划，但决策违背规划具有正当性，规划仍是决策的一部分；③决策违背规划后，对规划进行检讨、改进，以期规划在未来能更好地参与和指导决策；④规划的关切成为人们意识的一部分，并影响日后行动；⑤规划成为决策者发现、认识、分析和解决问题的指导框架；⑥规划辅助决策，提高相关人员决策能力；⑦规划有助于解决实际问题。可见，本书所提出的规划效能两个层面的内涵——规划影响决策和规划改善决策能够涵盖当前不同学者解读规划效能内涵所包含的要点。明确规划效能内涵及内涵组成部分之间的内在联系是合理构建规划效能评价方法的前提。

表 8-1 总结了已有研究提出的规划效能测度的具体方法与指标。由此可知，当前规划效能的测度方法与指标主要包括规划被决策采纳情况、下级规划对所评价规划的引用情况、相关人员的规划意识、配套性政策措施、规划辅助决策的具体作用、面向决策者的访谈与问卷和规划的协调作用等方面，有助于从多个视角反映规划效能。可见，本书对规划效能内涵的解构方案能覆盖目前规划效能测度具体方法和指标所指向的评价内容。

表 8-1　　已有研究中测度规划效能的具体方法与指标

文献来源	规划效能具体测度方法与指标	优缺点分析
Alfasi et al., 2012	规划被修订和被违背的频次	可操作性强，比较客观；不能直接反映规划对后续决策的作用

续表

文献来源	规划效能具体测度方法与指标	优缺点分析
Nicola & Barry，2000	为实施规划投入的人力、物力和财力；是否出台保障规划实施的配套性政策措施；规划方案与目标的实现度	可操作性强，比较客观；缺乏考察实施过程中规划对土地开发利用等相关决策的影响
Faludi，2000；2001	规划的传播和认知情况；上级规划中的条款被下级规划引用情况；后续决策是否与规划一致	未解决决策违背规划方案情形中规划效能测度问题，对第二层面规划效能评价较少
Faludi，2004；Millard-Ball，2013	通过问卷调查、档案、会议纪要与相关记录分析、访谈等考察决策过程中规划的影响与作用	有助于通过当事人或还原决策情境了解规划对决策的影响；比较主观，访谈、历史资料收集面临实施困难
Waldner，2008	规划提升了相关人员对生态环境等问题的认识与意识，为决策提供了数据支撑，以此表现规划在决策中的作用	实施方法比较单一（访谈为主），不能全面反映规划的影响，结论可能较为主观
Oliveira & Pinho，2009	各类主体在规划编制与实施过程中的参与情况（参与越多，越易受影响）；规划实施的资源保障情况；通过访谈、读报等了解规划对相关人员决策与行为的影响；后续下级规划、专项规划与所评价规划的关系	前两种方法较客观，但不能直接反映规划的影响；第三种方法能直接了解决策过程中规划的作用，但较为主观；第四种方法相对客观，操作简单
Zhong et al.，2014	后续决策与行动是否寻求解决规划关切的问题；下级规划对所评价规划的参考情况；是否出台后续政策、措施来落实规划	评价方法相对比较客观、可操作性较强
Lyles et al.，2016；Soria-Lara et al.，2015	规划是否有助于改善各部门的合作和相关主体之间的沟通	主要通过访谈进行情况了解，不能直接反映规划在决策过程中的作用

总体上，一些相对客观、易操作的评价方法和指标存在着不能直接反映规划效能的不足；一些能够直接刻画规划效能的测度方法又面临过于主观、难于实施的困境。另外，已有的评价方法不能有效解决规划效能评价的两个关键难题——决策违背规划方案时如何测度规划对决策的影响力和如何评价第二层面的规划效能。由于不能解决这两个关键难点，当前的案例研究大多采取了回避的态度，较少涉及评价决策违背规划方案情形下的规划有效性（或仅关注决策违背规划的正当性）和规划对改善决策、提高实际问题解决能力的作用。

本书构建的规划效能评价方法有利于弥补以上不足，能够较客观、直接地反映规划对决策（包括违背规划方案的决策）的影响情况，且具有较好的可操作性。通过区分决策违背规划方案时“决策对规划目标的实现起促进作用”“决策与规划目标相冲突且规划目标合理”“决策与规划目标相冲突且规划目标不合理”三种情形，能够在维护规划效能理论对违背规划方案的决策的兼容性的同时，揭示规划对违背规划方案的决策的影响力差异。从事后效益的视角评价第二层面规划效能能够避开直接评价的困难，且有助于发挥规划实施评价对规划与规划实施的检讨作用。

另外，本书所建立的分析框架具有一定的开发性，可以根据需要调整具体的规划效能评价指标。由本书第五章可知，通过将不同主体的后续决策纳入评价范围，本书的规划效能评价方法可以吸收借鉴表 8-1 中的部分测度方法与指标。比如，通过评价案例区城市总体规划对土地利用总体规划的参考情况，可以表现土地利用总体规划是否有助于促进不同部门间的协作；通过考察土地整治规划对土地利用总体规划的引用情况，可以反映是否出台配套性政策措施和专项规划来落实土地利用总体规划。这说明本书的规划效能评价方法具有很强的适应力。

第三节　空间规划有效性评价理论与框架

本书在改进和融合一致性理论和规划效能理论基础上构建的空间规划有效性分析框架主要包含土地利用结果与规划方案的一致性、规划对后续决策的影响力和规划实施的事后效益三方面的评价内容。

这一分析框架与其他空间规划有效性评价理论与分析框架的联系与差别如表 8-2 所示。可见，当前不同的空间规划有效性测度理论与分析框架之间并非完全相互对立，特别是一些较为综合的分析框架，往往包含和综合了某些理论的成果，能够涵盖规划文本、规划编制和规划事后影响等内容。相对而言，本书所建立的空间规划有效性分析框架在内容上也是相对完整、综合和全面的，包含了很多其他理论和框架的基本内容，或吸收了这些理论的部分成果。比如，从事后效益的角度评价第二层面规划效能是对结果理性的借鉴；探讨决策违背规划时决策与规划目标的作用关系及规划目标的合理性则在一定程度上反映了过程理性的思想。

表 8-2　空间规划有效性测度理论与分析框架的比较分析

评价理论与框架	理论/框架的关注点	与本书分析框架的比较
一致性理论	规划方案的执行度和实现度	有效性局限于结果与规划一致或规划措施得到严格执行
规划效能理论	规划对后续决策的影响与作用	缺乏评估规划整体落实情况和具约束力的规划内容的落实情况
过程理性	后续决策的科学性或程序正当性	关注决策的理性，规划被边缘化
结果理性	对结果的满意度和可接受性	关注结果理性，规划被边缘化
规划动态监测器（Calkins，1979）	规划目标的实现度，实际与规划目标间的差距及其原因	在一致性、决策违背规划的正当性等方面有交集，但只关注结果，不关心规划对决策的影响
“4E”法	规划实施的经济效率、成本控制，规划约束力与影响力，事后正负效应在不同群体间的分担情况	将评价范围拓展至规划实施的货币化成本和收益，及事后对不同群体的影响
PPIP（Alexander & Faludi，1989）	决策、结果与规划的一致性，规划编制、决策程序和方法的规范性，实施前后规划方案的科学性，规划对决策的作用	一致性、事后检讨规划方案、规划对决策的作用等与本框架同，但规划编制过程与事前规划方案评价超出规划有效性评价范畴
PPR（Oliveira & Pinho，2009）	规划质量，规划实施过程中政府官员的规划意识、资源投入、下级规划的参考度、公共参与情况、对空间开发的引导力，规划对人口、交通、房地产、经济等的事后影响	将评价内容拓展至规划质量和规划的事后影响，部分评价内容同属本框架规划效能评价范畴
空间模拟与计量检验（Long et al.，2012；Jun，2004）	规划对土地开发、经济、房地产市场等的影响；无规划的反事实场景与有规划的现实的差异	关注规划的事后影响；通过存在规划和不存在规划的情境对比体现规划的作用，但不直接考察规划对决策的影响

续表

评价理论与框架	理论/框架的关注点	与本书分析框架的比较
多指标综合评价	建立包含规划实施结果、影响、效益等多方面内容在内的指标体系	关注规划实施结果、事后效益与影响，但较少考察规划对决策的影响；很多指标与规划之间的因果关系较为模糊

注："4E" 指 "效率—效力—经济性—公平性" 框架（Efficiency-Effectiveness-Economy-Equity）；"PPIP" 指 "政策—规划/项目—实施—过程" 框架（Policy-Plan/Programme-Implementation-Process）；"PPR" 指 "规划—过程—结果" 框架（Plan-Process-Result）。

另外，空间规划有效性评价属于规划实施评价的范畴。笔者认为，一方面，空间规划有效性评价本身不需要包含对规划质量、规划编制过程的评价；另一方面，可以而且应当从空间规划有效性评价结果的角度对规划质量与编制过程合理性进行评估和反思，以为发现问题并提出相应对策服务。

较容易引起争议的是，空间规划有效性评价是否应该包含对事后影响的评价，比如规划实施对经济、人口、土地与住房价格、生态环境、农业生产等方面的影响。一方面，从一致性理论、规划效能理论、过程理性、规划动态监测器、PPIP 等评价理论与框架来看，空间规划有效性评价应专注于与规划直接相关的后续有关决策、实施结果等方面；事后影响是基于实际结果的，与评断规划的约束力、影响力和目标实现度等不直接相关。另外，规划事后影响的评价还面临三个棘手问题：①规划在人口、经济、环境保护等方面事后影响的因果关系是不明确的，PPR、多指标综合评价法等在操作时往往仅观察了经济增长状况、人口及其分布变化和废气、废水、固体废物等排放量等，很难确定规划在这些方面的作用究竟有多大；②在规划未被严格执行的情况下，评价规划事后影响的困难更加突出，所谓的事后影响可能是由违背规划造成，而非规划造成的；③规划本身很少涉及事后影响方面的内容，比如规划可能预测经济和人口总量，但一般只将其作为编制规划的依据；因此，很难将事后影响作为空间规划有效性的评价依据。

另一方面，某些事后影响确实应当作为规划成败的判断标准。比如，为了提供休闲、锻炼场所而规划建造一座公园，但如果公园利用率低，则即使建成了公园，规划仍然是失败的（Talen，1997）；补充耕地侵占了重要生态用地、造成生物多样性减少、水土流失等生态环境负面影响，且“占优补劣”，补充耕地产出水平低，因此就算在数量上能够弥补建设占用造成的耕地减少，也不能说规划在保护耕地、维护粮食安全等方面的目标实现了（Shen et al.，2017）。

本书的分析框架采取了较为折中的方法，即在从事后效益的视角评价第二层次规划效能时，纳入了生态环境影响、农业产出、建设用地集约度等方面的事后影响，但仅纳入与规划紧密相关的内容，以避免出现事后效益与规划实施之间因果关系模糊的状况。

除评价内容上较为全面的特点外，本书分析框架的一个优势是具有较好的可操作性。表 8-2 中除了部分内涵比较狭窄的评价理论与框架（如一致性）易于实施，比较综合的分析框架大多缺乏实践可行性。比如，PPIP、规划动态监测器，至今未付诸实践。经过案例研究的检验，本书的空间规划有效性分析框架相对而言更具实践可行性。

本书所建立的分析框架的另一个优势是，利用评价结论能够对规划与规划实施等进行反思和检讨，分析规划失效的原因，进而产生政策启示。

第四节　本章小结

经过案例研究的检验，本章对所建构的空间规划有效性分析框架与其他理论、方法进行了比较分析。结合指标执行情况、土地利用与规划的吻合度测度一致性能够弥补其他方法的不足，更加符合我国土地利用总体规划的特点。建立吻合度评价指标体系、用地演化角度和空间形态角度一致性等级测度方法可以反映结果与规划的整体一致性水平及其变化的直接驱动力（是否由规划城镇用地建设区范围不足造成），并区分不同一致性情形对空间规划有效性的损害程度。

两个层次的规划效能解构方案能够涵盖学者解读规划效能的要点和当前效能测度方法/指标所指向的主要对象。所建立的规划效能的具体评价方法能够缓解当前客观评价规划效能和直接测度规划效能难以两全的困境。

总体上，本书所建立的空间规划有效性分析框架相较于一些简单的理论，在内容上更加全面；相对于一些综合性的分析框架，则具有较好的可操作性。

第九章

结论与讨论

针对当前规划实施评价学术研究与实务工作的主要困惑，这本书的主要目的是尝试推动空间规划有效性评价理论与方法的发展。围绕这一目的，在对已有研究成果进行梳理、总结的基础上，本书首先，通过整合、拓展一致性理论与规划效能理论建立了综合性的空间规划有效性分析框架，并对该框架所构建的具体测度方法进行了创新或改进。其次，将所构建的理论框架及其具体分析方法应用于案例研究，以验证理论与方法的可行性；案例研究又向我们展示了中国空间规划实际影响与作用的一个地方情境。最后，经过案例应用的验证，本书回过头来对所建构的理论框架及其评价方法与其他空间规划有效性评价理论及方法进行了比较。作为本书的结尾部分，这一章将概述以上三个阶段的主要研究结论。

第一节　主要研究结论

本书对空间规划有效性测度理论与方法的研究及其应用主要得到以下结论：

（1）指标执行情况和实际土地利用与规划图则的空间吻合度相结合是评价中国空间规划一致性相对妥帖的评价方法。前者可以通过实际土地开发利用规模与规划各类控制性指标的比较反映指标执行情况。

针对后者，现有土地利用与空间规划一致性的评价方法仅限于土地利用现状数据与规划成果的叠加分析，能够提取的信息十分有限。本书从三个方面改进了土地开发利用与空间规划一致性的评价方法：①建立包含合规率、饱和度和容余率的空间吻合度量化测度指标体系；②从土地利用演化的角度，将空间规划一致性分为强有效、弱有效、强失效、弱失效四种情形；③从土地利用与规划分区空间位置关系的角度，将空间规划一致性等级区分为规划有效、规划次有效和规划无效三个层次。改进后的评价方法能更好地揭示实际土地利用与规划的吻合度、吻合度变化的直接驱动力（即，与空间规划不一致的用地行为是否由规划分区范围不足造成的，结果与规划一致性水平的变化是由合规用地还是违规用地的增加或减少造成的），以及空间吻合度等级差异。

（2）规划效能理论的主要困境在于缺乏令人满意的评价方法。对此，本书明确界定了空间规划效能内涵并重构了规划效能评价方法。将规划效能内涵解构为规划影响决策和规划改善决策两个层面，阐明了两个层面规划效能的内在关系及其对评价规划效能的作用。进而，提出了规划效能评价的两个关键性难题：其一，在决策违背规划方案的情形下，如何考察规划对决策是否产生了影响；其二，如何评价规划对于改善决策和提升有关人员问题解决能力的作用。

为解决这两个难题，首先对规划目标和规划方案进行了定义，以将规划方案的实施区别于规划目标的实现、将决策违背规划方案区别于决策妨碍规划目标的实现。在此基础上，对于第一个难题，提出可以从违背规划方案的决策与规划目标之间的作用关系及规划目标的合理性入手评价规划目标对决策的引导力，以此反映规划目标是否对决策产生了实际影响。对于第二个难题，可通过评价规划实施的事后效益与规划目标的实现程度来反映规划对改善决策和促进解决实际问题的作用。新建的评价方法可以缓解当前客观评价规划效能与直接评价规划效能难以兼得的困局。

（3）融合和拓展一致性理论和规划效能理论的空间规划有效性分析框架能够实现优势互补，从规划对后续决策的影响、结果与规划符合度、规划实施事后效益等方面较为全面地反映规划的整体落实度和实际作用。在这一框架下，空间规划有效性的评价内容主要包括：决策执行结果与规划方案的一致性→规划方案对决策的影响→结果所带来事后效益的满意度→以事后效益及结果与规划的相关性判断规划目标是否实现→以规划目标的实现度回顾规划目标对决策的引导力。另外，规划实施的事后效益和规划目标达成度也被用于检讨规划对决策影响的积极性、结果的满意度、决策违背规划的正当性和规划的合理性。

根据结果与规划的一致性、规划方案对决策行为的影响力、事后效益的积极性、规划目标对决策行为的引导力、规划目标的合理性等，可以将规划实施的有效性划分为不同的情形。不同有效性情形下，规划实际作用与影响是存在差异的：①规划方案被采纳、结果与规划一致、事后效益较好、规划目标得以实现，规划的有效性等级最高；②决策虽然违背了规划方案，但规划目标得以实现，体现了规划目标对决策的引导作用（规划目标的实现重要于规划方案的实施），规划仍然是有效性的；③取得了较好的事后效益，但与规划的关联度低，反映了决策违背规划的正当性，从规划效能的角度看这样的决策行为并不损害规划有效性，但规划本身仍然是缺乏效力的；④规划方案被采纳，但由于规划方案不合理导致所取得的与规划内容一致的结果的事后效益较差或未能取得与规划一致的结果和预期的良好效益，说明规划方案对决策产生了错误的引导作用，有效性等级较低；⑤决策违背规划且决策执行的事后效益差，说明这样的决策缺乏合理性并损害了规划的有效性，有效性等级最低（相较而言，情形④中规划方案至少产生了一定影响）。

（4）案例区规划指标难以达成，土地利用与规划的吻合度呈下降态势。耕地开发利用与规划图则的空间吻合度下降由合规耕地被转用和新增耕地合规率低造成；城镇用地合规率下降由违规城镇用地大幅增加造成。耕地饱和度下降、容余率上升说明合规耕地和耕地总量均在减少。城镇用地饱和度显著上升的同时容余率以更大幅度下降，说明规划城镇建设用地区内外均存在大规模城镇开发活动。令人稍为慰藉的是：新增耕地中，规划无效等级的耕地开发现象较少；被转用耕地中，完全落在耕地保护区内的地块也较少；新增城镇用地中，规划无效等级比重不足2.0%。

（5）总体上，案例区的土地利用总体规划能够对后续决策产生影响和约束作用，大部分违背一致性标准的情形也不损害规划有效性。但区县级土地利用总体规划在耕地数量与质量保护的具体措施、规划实施保障措施等方面对GC市级规划参考度有所降低；以市级政府工作报告等为例的其他后续决策在土地保护、开发与利用微观布局和耕地保护指标方面与市级规划略有出入。违背一致性的情形中，损害规划有效性的行为主要体现为未批先建、少量的占用基本农田、开发陡坡耕地及在邻近城镇用地且位于城镇重点扩张方向上补充耕地等方面，大部分其他违背规划方案的决策或与规划方案不一致性的结果与规划目标不冲突，甚至有利于规划目标的实现。

（6）研究区耕地保护和城镇用地管控事后效益有待提高。耕地的建设占用显著快于规划控制要求且存在“占优补劣”的现象。单位面积新增耕地的农业产出能力劣于被占用的耕地，且以开发为主要途径的耕地补充行为侵占大量生态用地，很可能加剧了当地的水土流失状况。新增违规耕地质量与新增合规耕地没有显著差异，但后者来源于林地的比重更高。案例区单位面积城镇用地的投资强度、经济产出水平等得到显著提升，但人口承载量明显下降。与其他城市相比，研究区土地非农化超前于非农人口的增长和城市经济的发展。在违规新增城镇用地开发行为中，土地高效利用与低效闲置并存。城镇用地扩张是耕地保护，特别是优质耕地保护的主要压力源。

（7）案例区空间规划有效性受多种因素影响，需要采取相应的改进策略。具体而言，规划不合理、规划刚性与弹性及规划实施管理的缺陷、地方政府执行意愿不足和市场力量的驱动是案例区规划失效的重要原因。在项目开发选址决策行为视角下地块尺度的微观案例研究显示，违规城镇用地开发是地方政府选择和市场驱动共同作用的结果，其中地方政府在遵循和利用市场机制的基础上扮演了十分关键的角色。对此，本书提出从耕地保护战略重心由数量平衡转向稳定农业产出能力、增强约束性和提升灵活度相结合协调规划的刚性与弹性、改善对市场主体的引导力和包容性以及优化规划实施管理等方面入手，提升土地利用总体规划实施的有效性。

（8）经案例研究的检验，改进后的一致性和规划效能的测度方法，以及所构建的空间规划有效性分析框架具有以下相对优势：一是系统的一致性测度方法可以反映规划的整体落实度、空间吻合度等级差异及变化的驱动力；二是新的规划效能评价方法能够缓解当前客观评价和直接评价不能兼得的困境；三是空间规划有效性分析框架能够较为全面地评价规划的实际影响与作用，且具有良好的可操作性。另外，这一框架还能对规划与规划实施管理起到良好的检讨作用，有助于识别空间规划有效性的影响因素和汲取有关政策启示。

第二节　研究的创新之处

本书的创新点主要体现于以下五个方面。

（1）从建立包含合规率、饱和度、容余率的空间吻合度指标体系，强有效、弱有效、弱失效、强失效的地类演化角度的一致性等级，规划有效、规划次有效、规划无效的空间形态角度的一致性等级等方面，对现有静态的、过于简化的一致性评价方法进行了改进，能够充分揭示实际与规划方案的整体吻合度、吻合度等级差异和吻合度变化的直接驱动力。

（2）定义和区分了规划目标与规划方案。规划目标（如耕地保护、城市蔓延治理等）是规划的基本意图，一般具有长期的合理性和稳定性；规划方案是旨在实现规划目标的具体规划政策措施（如控制性指标、分区图则等），因自身合理性或外部环境变化而更易于被违背。规划目标的实现重要于规划方案的实施；决策违背规划方案和结果与规划不一致并不必然会妨碍规划目标的实现。区分规划目标和规划方案是评价规划方案对实现规划目标作用和分析决策违背规划方案情形下规划实际作用与影响力的重要前提。

（3）将规划效能内涵解构为规划影响决策和规划改善决策两个层面：第一层面规划效能用于评价规划能否产生实际影响；第二层面规划效能用于考察规划影响的积极性。在此基础上，本书提炼了规划效能评价所面临的两大关键难点——如何评价规划对违背规划方案的决策的影响和如何评价规划改善决策的作用。继而，提出从决策与规划目标作用关系及规划目标合理性入手解决难题一，从事后效益和规划目标实现度入手解决难题二。

（4）在融合和拓展一致性理论和规划效能理论的基础上，构建了一个新的空间规划有效性分析框架。这一框架包含结果与规划的一致性、规划对后续决策的影响力和规划实施的事后效益等方面内容。该框架可以较为全面地考察规划的实际作用，并具有良好的可操作性。

（5）归根结底，与规划方案不一致的用地行为是相关土地开发利用决策选择的结果；反过来，规划也需要通过影响相关决策行为产生实际影响和作用。本书在以地块为尺度的微观层面上，从相关土地开发项目选址决策行为的角度探讨了地方政府、集体土地产权人、市场开发商和土地利用总体规划在与规划图则不一致的城镇用地开发决策中所扮演的角色与起到的作用，以此解释案例区新增违规城镇用地的扩张机理。

第三节 研究展望

空间规划有效性研究对于促进空间规划理论和空间规划实践的发展具有重要意义。本书在改进和融合当前两种最具代表性理论的基础上建构了新的空间规划有效性分析框架并将其应用于案例研究，正是推动该领域研究的一次努力和尝试。限于笔者的研究能力和研究条件，本书还有一些不足之处，有待后续研究继续完善。

第一，规划效能评价仍显单薄，有必要结合访谈、调研、规划落实情况及大数据分析等多种途径和方法更加全面地加以评价分析。

第二，本书空间规划有效性分析框架主要针对有效性评价的理论依据问题。这一理论框架，本身蕴含着一些政策启示，如第二层面规划效能评价的检讨作用。因此，未来研究可以考虑将空间规划有效性的影响因素直接纳入这一分析框架，使这一分析框架更加体系化。

第三，本书专注于规划对后续决策、结果和事后效益的影响，但决策与结果之间的执行过程仍然空白。考察决策执行过程，可以了解规划是否在执行过程中持续发挥影响，也有助于了解一些与规划相符的决策为什么达不到规划的结果和影响空间规划有效性的现实因素。今后应着力填补这方面研究的欠缺。

第四，囿于数据的可获得性问题，本书的案例量偏少、代表性有所欠缺。所选取的后续决策案例数量较少且均来自政府的比较重大的决策，缺少对日常决策的考察。另外，本书的空间规划有效性分析框架仅被应用于评价土地利用总体规划的实施成效，对于其他空间规划的适用性，有待进一步检验。

第四节　本章小结

本章总结了全书的主要研究成果与结论。第一，本书所建立的空间规划有效性分析框架能够较为全面地反映规划的实际影响与作用。第二，新提出的评价方法通过对已有一致性评价方法的改进和规划效能评价方法的创新，改善了空间规划有效性分析框架的可操作性，有利于推动解决规划实施评价领域理论研究与实践工作相脱节的问题。第三，案例研究展示了所建构的分析框架与评价方法的理论价值与实践可操作性，也展示了案例区土地利用总体规划在耕地保护和城镇用地扩张管控中所发挥的影响与作用及所面临的问题与不足，并提供了政策启示。

由于笔者能力和某些客观条件的限制，书中仍有诸多不足。对此，本书提出了继续完善规划对决策作用的评价方法、整合拓展空间规划有效性分析框架、继续加强空间规划有效性评价中“规划—决策—执行—结果—效益—有效性”的逻辑关联和增加基于案例的理论与方法应用研究等方面的展望。

参考文献

一　中文文献

蔡博峰等:《基于遥感和GIS的天津城市空间形态变化分析》,《地球信息科学》2007第5期。

蔡玉梅等:《中国土地利用规划的理论和方法探讨》,《中国土地科学》2005第5期。

曹银贵等:《区域建设用地集约利用评价研究——以济南市为例》,《经济地理》2010第6期。

陈浩等:《大事件影响下的城市空间演化特征研究——以昆明为例》,《人文地理》2010第5期。

陈建华:《2010年亚运会对广州城市规划的影响》,《规划师》2004第12期。

陈雯等:《市县"多规合一"与改革创新:问题、挑战与路径关键》,《规划师》2015第2期。

陈西敏:《基于规划法的规划许可社会秩序辨释与探微》,《城市规划》2012年第3期。

陈希等:《湘江流域景观格局变化及生态服务价值响应》,《经济地理》2016年第5期。

陈小君:《农村集体土地征收的法理反思与制度重构》,《中国法学》2012年第1期。

陈越峰：《城市空间利益的正当分配——从规划行政许可侵犯相邻权益案切入》，《法学研究》2015 年第 1 期。
仇保兴：《城市经营、管治和城市规划的变革》，《城市规划》2004 年第 2 期。
仇保兴：《城市转型与重构进程中的规划调控纲要》，《城市规划》2012 年第 1 期。
党国英、吴文媛：《土地规划管理改革：权利调整与法治构建》，《法学研究》2014 年第 5 期。
邓红蒂、董祚继：《建立土地利用规划实施管理保障体系》，《中国土地科学》2002 年第 6 期。
丁成日：《城市空间规划——理论、方法与实践》，高等教育出版社 2007 年版。
豆建民、汪增洋：《经济集聚、产业结构与城市土地产出率——基于我国 234 个地级城市 1999—2006 年面板数据的实证研究》，《财经研究》2010 年第 10 期。
杜金锋、冯长春：《当前中国土地利用总体规划实施评价中主要问题研究》，《中国土地科学》2008 年第 10 期。
范辉等：《基于结构—功能关系的城市土地集约利用评价——以武汉市中心城区为例》，《经济地理》2013 年第 10 期。
范子英：《土地财政的根源：财政压力还是投资冲动》，《中国工业经济》2015 年第 6 期。
方创琳：《我国新世纪区域发展规划的基本发展趋向》，《地理科学》2000 年第 1 期。
方澜等：《战后西方城市规划理论的流变》，《城市问题》2002 年第 1 期。
[美] 费希尔·弗兰克：《公共政策评估》，吴爱明等译，中国人民大学出版社 2002 年版。
冯科等：《杭州市土地利用总体规划的建设用地控制成效研究——界线评价法的引进与实践》，《自然资源学报》2010 年第 3 期。

冯雨峰、陈玮：《关于"非城市建设用地"强制性管理的思考》，《城市规划》2003年第8期。
顾朝林：《论中国"多规"分立及其演化与融合问题》，《地理研究》2015年第4期。
顾大治、管早临：《英国"动态规划"理论及实践》，《城市规划》2013年第6期。
顾京涛、尹强：《从城市规划视角审视新一轮土地利用总体规划》，《城市规划》2005年第9期。
郭亮：《浅谈城市规划质量评价中的三点问题》，《国际城市规划》2009年第6期。
郭垚、陈雯：《区域规划评估理论与方法研究进展》，《地理科学进展》2012年第6期。
韩昊英：《城市增长边界的理论与应用》，中国建筑工业出版社2014年版。
何艳玲：《中国土地执法摇摆现象及其解释》，《法学研究》2013年第6期。
贺雪峰、郭亮：《农田水利的利益主体及其成本收益分析——以湖北省沙洋县农田水利调查为基础》，《管理世界》2010年第7期。
洪世键、张京祥：《城市蔓延的界定及其测度问题探讨——以长江三角洲为例》，《城市规划》2013年第7期。
胡序威：《我国区域规划的发展态势与面临问题》，《城市规划》2002年第2期。
黄金升等：《基于评价指标性状差异的工业用地集约利用评价研究——以义乌市为例》，《资源科学》2015年第4期。
黄晓军等：《长春城市蔓延机理与调控路径研究》，《地理科学进展》2009年第1期。
赖世刚：《城市规划实施效果评价研究综述》，《规划师》2010年第3期。
赖世刚、韩昊英：《复杂：城市规划的新观点》，中国建筑工业部出版社 2009 年版。
李红卫等：《Global-Region：全球化背景下的城市区域现象》，《城市规划》2006 年第 8 期。
李王鸣：《城市总体规划实施评价研究》，浙江大学出版社 2007 年版。
李王鸣、沈颖溢：《关于提高城乡规划实施评价有效性与可操作性的探讨》，《规划师》2010 年第 3 期。
李文：《城市化滞后的经济后果分析》，《中国社会科学》2001 年第 4 期。
李晓江：《总体规划向何处去》，《城市规划》2011 年第 12 期。
李昕等：《规划编制和实施过程中的部门协调》，《现代城市研究》2012 年第 2 期。
廖和平等：《土地利用总体规划实施难点及对策分析》，《西南师范大学学报》（自然科学版）2003 年第 6 期。
林坚等：《2012 年土地科学研究重点进展评述及 2013 年展望——土地利用与规划分报告》，《中国土地科学》2013 年第 3 期。
林立伟等：《中国城市规划实施评估研究进展》，《规划师》2010 年第 3 期。
凌莉：《从“空间失配”走向“空间适配”——上海市保障性住房规划选址影响要素评析》，《上海城市规划》2011 年第 3 期。
凌鑫：《土地利用总体规划实施评价体系的构建》，《安徽农业科学》2009 年第 22 期。
刘浩等：《城市土地集约利用与区域城市化的时空耦合协调发展评价——以环渤海地区城市为例》，《地理研究》2011 年第 10 期。
刘堃：《社会主义市场经济背景下韧性规划思想的显现与理论建构——基于深圳市城市规划实践（1979—2011）》，《城市规划》2014 年第 11 期。
刘庆、张衍毓：《土地集约利用的研究进展及展望》，《地理科学进展》2006 年第 2 期。

刘琼等：《土地利用总体规划与城市总体规划冲突的利益相关者属性分析及治理策略选择——以一般地级市为例》，《中国土地科学》2011 年第 9 期。

刘卫东、谭韧骠：《杭州城市蔓延评估体系及其治理对策》，《地理学报》2009 年第 4 期。

刘彦随等：《中国粮食生产与耕地变化的时空动态》，《中国农业科学》2009 年第 12 期。

刘志彪：《以城市化推动产业转型升级——兼论“土地财政”在转型时期的历史作用》，《学术月刊》2010 年第 10 期。

刘志彪、吴福象：《贸易一体化与生产非一体化——基于经济全球化两个重要假说的实证研究》，《中国社会科学》2006 年第 2 期。

龙花楼等：《生态文明建设视角下土地利用规划与环境保护规划的空间衔接研究》，《经济地理》2014 年第 5 期。

龙瀛等：《城市规划实施的时空动态评价》，《地理科学进展》2011 年第 8 期。

龙瀛等：《利用约束性 CA 制定城市增长边界》，《地理学报》2009 年第 8 期。

[美] 路易斯·霍普金斯：《都市发展——制定计划的逻辑》，赖世刚译，商务印书馆 2009 年版。

吕昌河等：《土地利用规划环境影响评价指标与案例》，《地理研究》2007 年第 2 期。

罗必良：《分税制、财政压力与政府“土地财政”偏好》，《学术研究》2010 年第 10 期。

孟晓晨、赵星烁：《中国土地利用总体规划实施中主要问题及成因分析》，《中国土地科学》2007 年第 3 期。

[英] 尼格尔·泰勒：《1945 年后西方城市规划理论的流变》，李白玉、陈贞译，中国建筑工业出版社 2006 年版。

倪尧：《城市重大事件对土地利用的影响效应及机理研究》，博士学位论文，浙江大学，2013 年。

聂英:《中国粮食安全的耕地贡献分析》,《经济学家》2015年第1期。
欧海若等:《经济全球化进程中的国土规划编制模式研究》,《经济地理》2003年第2期。
欧名豪:《土地利用规划体系研究》,《中国土地科学》2003年第5期。
欧阳鹏:《公共政策视角下城市规划评估模式与方法初探》,《城市规划》2008年第12期。
彭冲、吕传廷:《新形势下广州控制性详细规划全覆盖的探索与实践》,《城市规划》2013年第7期。
彭建超等:《基于地域性认同的土地利用规划模式反思》,《人文地理》2015年第2期。
钱欣等:《街头公园改造的收益评价——CVM价值评估法在城市规划中的应用》,《城市规划学刊》2010第3期。
曲福田等:《我国土地管理政策:理论命题与机制转变》,《管理世界》2005年第4期。
饶映雪等:《地方政府土地违法的传染效应分析》,《管理世界》2012年第8期。
任丽燕等:《浙江省杭州湾地区城市规划对耕地保护的潜在影响》,《农业工程学报》2010第5期。
阮并晶等:《沟通式规划理论发展研究——从"理论"到"实践"的转变》,《城市规划》2009年第5期。
桑劲:《控制性详细规划实施结果评价框架探索——以上海市某社区控制性详细规划实施评价为例》,《城市规划学刊》2013年第4期。
邵挺等:《土地利用效率、省际差异与异地占补平衡》,《经济学(季刊)》2011年第3期。
沈孝强、吴次芳:《ISO标准管理体系在土地整治中的应用初探》,《农村经济》2013年第10期。

沈孝强等：《规划调控城镇扩张的有效性研究——以白云区土地利用规划为例》，《经济地理》2015 年第 11 期。
沈孝强等：《浙江省产业、人口与土地非农化的协调性分析》，《中国人口 · 资源与环境》2014 年第 9 期。
盛丹、王永进：《产业集聚、信贷资源配置效率与企业的融资成本——来自世界银行调查数据和中国工业企业数据的证据》，《管理世界》2013 年第 6 期。
师武军：《关于中国土地利用规划体系建设的思考》，《中国土地科学》2005 年第 1 期。
宋佳楠等：《中国城市地价水平及变化影响因素分析》，《地理学报》2011 年第 8 期。
宋彦、彭科：《城市总体规划促进低碳城市实现途径探讨——以美国纽约市为例》，《规划师》2011 年第 4 期。
宋彦等：《城市规划实施效果评估经验及启示》，《国际城市规划》2014 年第 5 期。
宋彦等：《规划文本评估内容与方法探讨——以美国城市总体规划文本评估为例》，《国际城市规划》2015 年第 S1 期。
苏维词：《贵阳城市土地利用变化及其环境效应》，《地理科学》2000 年第 5 期。
孙平军等：《新型城镇化下中国城市土地节约集约利用的基本认知与评价》，《经济地理》2015 年第 8 期。
孙蕊等：《中国耕地占补平衡政策的成效与局限》，《中国人口 · 资源与环境》2014 年第 3 期。
孙施文：《城市规划哲学》，中国建筑工业出版社 1997 年版。
孙施文：《基于绩效的总体规划实施评价及其方法》，《城市规划学刊》2016 第 1 期。
孙施文、殷悦：《西方城市规划中公众参与的理论基础及其发展》，《国外城市规划》2004 年第 1 期。
孙施文、周宇：《城市规划实施评价的理论与方法》，《城市规划汇刊》2003 年第 2 期。
孙晓莉等:《云南省土地利用总体规划耕地保有量指标合理性分析》,《中国土地科学》2012 年第 8 期。
孙秀林、周飞舟:《土地财政与分税制:一个实证解释》,《中国社会科学》2013 年第 4 期。
谈明洪、吕昌河:《城市用地扩展与耕地保护》,《自然资源学报》2005 年第 1 期。
谭明智:《严控与激励并存:土地增减挂钩的政策脉络及地方实施》,《中国社会科学》2014 年第 7 期。
谭荣、曲福田:《市场与政府的边界:土地非农化治理结构的选择》,《管理世界》2009 年第 12 期。
谭荣、曲福田:《中国农地非农化与农地资源保护:从两难到双赢》,《管理世界》2006 年第 12 期。
陶然等:《退耕还林,粮食政策与可持续发展》,《中国社会科学》2004 年第 6 期。
陶志红:《城市土地集约利用几个基本问题的探讨》,《中国土地科学》2000 年第 5 期。
田莉等:《城市总体规划实施评价的理论与实证研究——以广州市总体规划(2001—2010 年)为例》,《城市规划学刊》2008 年第 5 期。
万广华、张茵:《中国沿海与内地贫困差异之解析:基于回归的分解方法》,《经济研究》2008 年第 12 期。
汪晖、陶然:《论土地发展权转移与交易的“浙江模式”——制度起源、操作模式及其重要含义》,《管理世界》2009 年第 8 期。
王富海等:《城市规划:从终极蓝图到动态规划——动态规划实践与理论》,《城市规划》2013 年第 1 期。
王虎峰:《公共部门规划:目标—发展重点矩阵构建及应用》,《中国行政管理》2011 年第 7 期。
王静等:《提高耕地质量对保障粮食安全更为重要》,《中国土地科学》2011 年第 5 期。
王凯：《从西方规划理论看我国规划理论建设之不足》，《城市规划》2003 年第 6 期。
王升等：《基于探地雷达的典型喀斯特坡地土层厚度估测》，《土壤学报》2015 年第 5 期。
王婉晶等：《基于空间吻合性的土地利用总体规划实施评价方法及应用》，《农业工程学报》2013 年第 4 期。
王文新等：《名家谈规划》，中国建筑工业出版社 2012 年版。
王贤彬等：《地方政府土地出让、基础设施投资与地方经济增长》，《中国工业经济》2014 年第 7 期。
王向东、刘卫东：《土地利用规划：公权力与私权利》，《中国土地科学》2012a 年第 3 期。
王向东、刘卫东：《中国空间规划体系：现状、问题与重构》，《经济地理》2012b 年第 5 期。
王小鲁：《中国城市化路径与城市规模的经济学分析》，《经济研究》2010 年第 10 期。
王兴平：《面向社会发展的城乡规划：规划转型的方向》，《城市规划》2015 年第 1 期。
王业侨：《节约和集约用地评价指标体系研究》，《中国土地科学》2006 年第 3 期。
魏晓等：《县（市）级土地利用总体规划修编思路探讨——以湖南省汨罗市为例》，《经济地理》2006 年第 3 期。
文贯中：《用途管制要过滤的是市场失灵还是非国有土地的入市权——与陈锡文先生商榷如何破除城乡二元结构》，《学术月刊》2014 年第 8 期。
乌拉尔·沙尔赛开等：《脆弱性视角的中国大城市土地节约集约利用模式的规划思考》，《经济地理》2014 年第 3 期。
吴次芳、邵霞珍：《土地利用规划的非理性、不确定性和弹性理论研究》，《浙江大学学报》（人文社会科学版）2005 年第 4 期。

吴江、王选华：《西方规划评估：理论演化与方法借鉴》，《城市规划》2013 年第 1 期。
吴金镛：《台湾的空间规划与民众参与——以溪洲阿美族家园参与式规划设计为例》，《国际城市规划》2013 年第 4 期。
吴良镛：《面对城市规划“第三个春天”的冷静思考》，《城市规划》2002 年第 2 期。
吴泽斌、刘卫东：《基于粮食安全的耕地保护区域经济补偿标准测算》，《自然资源学报》2009 年第 12 期。
夏春云、严金明：《土地利用规划实施评价的指标体系构建》，《中国土地科学》2006 年第 2 期。
肖琳等：《基于 Agent 的城市扩张占用耕地动态模型及模拟》，《自然资源学报》2014 年第 3 期。
熊康宁等：《典型喀斯特石漠化治理区水土流失特征与关键问题》，《地理学报》2012 年第 7 期。
修春亮、王新越：《人口变动的空间分异及其规划学意义——以哈尔滨、伊春为例》，《经济地理》2003 年第 5 期。
薛东前：《城市土地扩展规律和约束机制——以西安市为例》，《自然资源学报》2002 年第 6 期。
阎小培、方远平：《全球化时代城镇体系规划理论与模式探新——以广东省阳江市为例》，《城市规划》2002 年第 6 期。
杨其静、彭艳琼：《晋升竞争与工业用地出让——基于 2007—2011 年中国城市面板数据的分析》，《经济理论与经济管理》2015 年第 9 期。
杨振等：《土地非农化生态价值损失估算》，《中国人口·资源与环境》2013 年第 10 期。
姚燕华等：《广州市控制性规划导则实施评价研究》，《城市规划》2008 年第 2 期。
尹稚：《规划师的职业规划》，《城市规划》2010 年第 12 期。
余亮亮、蔡银莺：《国土空间规划对重点开发区域的经济增长效应研究》，《中国人口·资源与环境》2016 年第 9 期。
俞滨洋：《切实转变政府职能 依法实施规划管理》，《城市规划》2008 年第 1 期。
袁磊等：《云南山区宜耕未利用地开发适宜性评价与潜力分区》，《农业工程学报》2013 年第 16 期。
袁也：《总体规划实施评价方法的主要问题及其思考》，《城市规划学刊》2014 年第 2 期。
岳文泽、张亮：《基于空间一致性的城市规划实施评价研究——以杭州市为例》，《经济地理》2014 年第 8 期。
臧俊梅、王万茂：《第三轮土地利用规划修编中规划实施保障措施的研究》，《规划师》2006 年第 9 期。
张兵：《城市规划实效论：城市规划实践的分析理论》，中国人民大学出版社 2000 年版。
张凤荣等：《北京市土地利用总体规划中的耕地和基本农田保护规划之我见》，《中国土地科学》2005 年第 1 期。
张鸿雁：《中国新型城镇化理论与实践创新》，《社会学研究》2013 年第 3 期。
张杰、庞骏：《大事件背景下的旧城遗产保护规划反思》，《规划师》2011 年第 3 期。
张景奇等：《城市蔓延理性与中国城市理性蔓延探究》，《城市规划》2014 年第 7 期。
张千帆：《农村土地集体所有的困惑与消解》，《法学研究》2012 年第 4 期。
张庭伟：《构筑 21 世纪的城市规划法规——介绍当代美国“精明地增长的城市规划立法指南”》，《城市规划》2003 年第 3 期。
张庭伟：《技术评价，实效评价，价值评价——关于城市规划成果的评价》，《国际城市规划》2009 年第 6 期。
张友安、郑伟元：《土地利用总体规划的刚性与弹性》，《中国土地科学》2004 年第 1 期。

张宇等：《土地利用总体规划实施评价方法研究》，《中国土地科学》2011 年第 10 期。
张舟等：《土地资源的一级配置研究：规划还是市场?》，《华中农业大学学报》（社会科学版）2015 年第 1 期。
章光日：《从大城市到都市区——全球化时代中国城市规划的挑战与机遇》，《城市规划》2003 年第 5 期。
赵文哲、杨继东：《地方政府财政缺口与土地出让方式——基于地方政府与国有企业互利行为的解释》，《管理世界》2015 年第 4 期。
赵小敏、郭熙：《土地利用总体规划实施评价》，《中国土地科学》2003 年第 5 期。
赵新平、周一星：《改革以来中国城市化道路及城市化理论研究述评》，《中国社会科学》，2002 年第 2 期。
折晓叶：《县域政府治理模式的新变化》，《中国社会科学》2014 年第 1 期。
郑新奇等：《土地利用总体规划实施评价类型及方法》，《中国土地科学》2006 年第 1 期。
郑振源：《土地利用总体规划的改革》，《中国土地科学》2004 年第 4 期。
中国经济增长前沿课题组等：《城市化、财政扩张与经济增长》，《经济研究》2011 年第 11 期。
周飞舟：《生财有道：土地开发和转让中的政府和农民》，《社会学研究》2007 年第 1 期。
周国艳（2013a）：《城市规划实施有效性评价：从关注结果转向关注过程的动态监控》，《规划师》2013 年第 6 期。
周国艳：《西方城市规划有效性评价的理论范式及其演进》，《城市规划》2012 年第 11 期。
周国艳：《西方新制度经济学理论在城市规划中的运用和启示》，《城市规划》2009 年第 8 期。
周国艳等：《西方现代城市规划理论概论》，东南大学出版社 2010

年版。
周国艳主编（2013b）：《城市规划评价及其方法：欧洲理论家与中国学者的前沿性研究》，东南大学出版社 2013 年版。
周建军：《论新城市时代城市规划制度与管理创新》，《城市规划》2004 年第 12 期。
朱查松、张京祥：《全球化时代的空间积累与分化及对规划角色的再审视》，《人文地理》2008 年第 1 期。
朱杰：《抑制城市蔓延的可持续发展路径及对中国的启示》，《国际城市规划》2009 年第 6 期。
朱介鸣：《西方规划理论与中国规划实践之间的隔阂——以公众参与和社区规划为例》，《城市规划学刊》2012 年第 1 期。

二　外文文献

Abbott Carl and Margheim Joy, "Magining Portland's Urban Growth Boundary: Planning Regulation as Cultural Icon", *Journal of the American Planning Association*, Vol. 74, No. 2, 2008.
Albers J. Heidi, "Modeling, Ecological Constraints on Tropical Forest Management: Spatial Interdependence, Irreversibility, and Uncertainty", *Journal of Environmental Economics and Management*, Vol. 30, No. 1, 1996.
Albert Karin et al., "Achieving Effective Implementation: An Evaluation of a Collaborative Land Use Planning Process", *Environments*, Vol. 31, No. 3, 2004.
Albrechts Louis et al., "In Search of Indicators and Processes for Strengthening Spatial Quality: The Case of Belgium", *Built Environment*, Vol. 29, No. 4, 2013.
Albrechts Louis, "Bridge the Gap: From Spatial Planning to Strategic Projects", *European Planning Studies*, Vol. 14, No. 10, 2006.
Albrechts Louis, "If Planning Isn't Everything, Maybe It's Something",

Town Planning Review, Vol. 53, No. 1, 1982.

Albrechts Louis, "Shifts in Strategic Spatial Planning? Some Evidence from Europe and Australia", *Environment and Planning A*, Vol. 38, No. 6, 2006.

Albrechts Louis, "Strategic (Spatial) Planning Reexamined", *Environment and Planning B: Planning and Design*, Vol.31, No.5, 2004.

Alexander Ernest and Faludi Andreas, "Planning and Plan Implementation: Notes on Evaluation Criteria", *Environment and Planning B: Planning and Design*, Vol. 16, No. 2, 1989.

Alexander Ernest, "A Transaction-cost Theory of Land Use Planning and Development Control: Towards the Institutional Analysis of Public Planning", *Town Planning Review*, Vol. 72, No. 1, 2001.

Alexander Ernest, "Dilemmas in Evaluating Planning, or Back to Basics: What Is Planning for?", *Planning Theory & Practice*, Vol. 10, No. 2, 2009.

Alexander Ernest, "Institutional Transformation and Planning: From Institutionalization Theory to Institutional Design", *Planning Theory*, Vol. 4, No. 3, 2005.

Alexander Ernest, "Land-property Markets and Planning: A Special Case", *Land Use Policy*, Vol. 41, 2014.

Alfasi Nurit et al., "The Actual Impact of Comprehensive Land-Use Plans: Insights from High Resolution Observations", *Land Use Policy*, Vol. 29, 2012.

Alfasi Nurit, "Planning Policy? Between Long-Term Planning and Zoning Amendments in the Israeli Planning System", *Environment and Planning A*, Vol. 38, No. 3, 2006.

Alterman Rachelle and Hill Morris, "Implementation of Urban Land Use Plans", *Journal of the American Planning Institute of Planners*, Vol. 44, No. 3, 1978.

Altes Willem Korthals, “Stagnation in Housing Production: Another Success in the Dutch ‘Planner's Paradise’?”, *Environment and Planning B: Planning and Design*, Vol. 33, No. 1, 2006.

Andersen Erling, “Warning: Activity Planning Is Hazardous to Your Project's Health!”, *International Journal of Project Management*, Vol. 14, No. 2, 1996.

Bae Chang-Hee C. and Jun Myung-Jin, “Counterfactual Planning: What If There Had Been No Greenbelt in Seoul?”, *Journal of Planning Education and Research*, Vol. 22, No. 4, 2003.

Baer William, “General Plan Evaluation Criteria: An Approach to Making Better Plans”, *Journal of the American Planning Association*, Vol. 63, No. 3, 1997.

Balsas Carlos, “What about Plan Evaluation? Integrating Evaluation in Urban Planning Studio's Pedagogy”, *Planning Practice & Research*, Vol. 27, No. 4, 2012.

Banzhaf H. Spencer, “Economics at the Fringe: Non-market Valuation Studies and Their Role in Land Use Plans in the United States”, *Journal of Environmental Management*, Vol. 91, No. 3, 2010.

Barlow Jane et al., “Quantifying the Biodiversity Value of Tropical Primary, Secondary, and Plantation Forests”, *Proceedings of the National Academy of Sciences of the United States of America*, Vol. 104, No. 47, 2007.

Barthelemy Marc et al., “Self-organization versus Top-down Planning in the Evolution of a City”, *Scientific Reports*, Vol. 3, 2013.

Baum Howell, “How Should We Evaluate Community Initiatives?”, *Journal of the American Planning Association*, Vol. 67, No. 2, 2001.

Bengston David and Youn Yeo-Chang, “Urban Containment Policies and the Protection of Natural Areas: The Case of Seoul's Greenbelt”, *Ecology and Society*, Vol. 11, No. 1, 2006.

Bengston David et al., "Public Policies for Managing Urban Growth and Protecting Open Space: Policy Instruments and Lessons Learned in the United States", *Landscape and Urban Planning*, Vol. 69, No. 2, 2004.

Berke Philip et al., "What Makes Plan Implementation Successful? An E-valuation of Local Plans and Implementation Practices in New Zea land", *Environment and Planning B: Planning and Design*, Vol. 33, No. 4, 2006.

Beunen Raoul et al., "Performing Failure in Conservation Policy: The Implementation of European Union Directives in the Netherlands", *Land Use Policy*, Vol. 31, 2013.

Blacksell Mark and Gilg Andrew, "Planning Control in an Area of Out-standing Natural Beauty", *Social and Economic Administration*, Vol. 11, No. 3, 1977.

Blacksell Mark and Gilg Andrew, *The Countryside: Planning and Chal-lenge*, London: George Allen and Unwin, 1981.

Blalock Ann Bonar, "Evaluation Research and the Performance Ma nagement Movement: From Estrangement to Useful Integration?", *E-valuation*, Vol. 5, No. 2, 1999.

Bontje Marco, "'A Planner's Paradise' Lost? Past Present and Future of Dutch National Urbanization Policy", *European Urban and Regional Studies*, Vol. 10, No. 2, 2003.

Bourgoin Jeremy et al., "Toward a Land Zoning Negotiation Support Plat-form: 'Tips and Tricks' for Participatory Land Use Planning in Laos", *Landscape and Urban Planning*, Vol. 104, No. 2, 2012.

Bramley Glen and Kirk Karryn, "Does Planning Make a Difference to Ur-ban Form? Recent Evidence from Central Scotland", *Environment and Planning*, Vol. 37, No. 2, 2005.

Brody Samuel and Highfield Wesley, "Does Planning Work? Testing the

Implementation of Local Environmental Planning in Florida", *Journal of the American Planning Association*, Vol. 71, No. 2, 2005.

Brody Samuel et al., "Measuring the Adoption of Local Sprawl: Reduction Planning Policies in Florida", *Journal of Planning Education and Research*, Vol. 25, No. 3, 2006a.

Brody Samuel et al., "Planning at the Urban Fringe: An Examination of the Factors Influencing Nonconforming Development Patterns in Southern Florida", *Environment and Planning B: Planning and Design*, Vol. 33, No. 1, 2006b.

Brody Samuel, "Are We Learning to Make Better Plans? A Longitudinal Analysis of Plan Quality Associated with Natural Hazards", *Journal of Planning Education and Research*, Vol. 23, No. 2, 2003.

Butler Kelly and Koontz Tomas, "Theory into Practice: Implementing E-cosystem Management Objectives in the USDA Forest Service", *Environmental Management*, Vol. 35, No. 2, 2005.

Cai Meina, "Land for Welfare in China", *Land Use Policy*, Vol. 55, 2016.

Calbick Ken et al., "Land Use Planning Implementation: A 'Best Practices' Assessment", *Environments*, Vol. 31, No. 3, 2004.

Calkins William, "The Planning Monitor: An Accountability Theory of Plan Evaluation", *Environment and Planning A*, Vol. 11, No. 7, 1979.

Campbell Heather and Marshall Robert, "Utilitarianism's Bad Breath? A Re-evaluation of the Public Interest Justification for Planning", *Planning Theory*, Vol. 1, No. 2, 2002.

Carmona Matthew and Sieh Louie, "Performance Measurement in Planning: Towards a Holistic View", *Environment and Planning C: Government and Policy*, Vol. 26, No. 2, 2008.

Carmona Matthew and Sieh Louie, "Performance Measurement Innovation in English Planning Authorities", *Planning Theory & Practice*, Vol. 6, No. 3, 2005.

Carmona Matthew and Sieh Louie, *Measuring Quality in Planning: Managing the Performance Process*, UK: Routledge, 2004.

Carruthers John and Ulfarsson Gudmundur, "Fragmentation and Sprawl: Evidence from Interregional Analysis", *Growth and Change*, Vol. 33, No. 3, 2002.

Carter Neil et al., *How Organisations Measure Success: The Use of Performance Indicators in Government*, London: Routledge, 1992.

Carter Timothy, "Developing Conservation Subdivisions: Ecological Constraints, Regulatory Barriers, and Market Incentives", *Landscape and Urban Planning*, Vol. 92, No. 2, 2009.

Cartier Carolyn, "'Zone Fever', the Arable Land Debate, and Real Estate Speculation: China's Evolving Land Use Regime and Its Geographical Contradictions", *Journal of Contemporary China*, Vol. 10, No. 28, 2001.

Chadwick George, *A Systems View of Planning: Towards a Theory of the Urban and Regional Planning Process*, Oxford: Pergamon Press, 1971.

Chai Ning and Choi Mack Joong, "Migrant Workers' Choices of Resettlements in the Redevelopment of Urban Villages in China: The Case of Beijing", *International Journal of Urban Sciences*, Vol. 21, No. 4, 2017.

Chang Yang-Chi and Ko Tsung-Ting, "An Interactive Dynamic Multi-objective Programming Model to Support Better Land Use Planning", *Land Use Policy*, Vol. 36, 2014.

Chapin Timothy et al., "A Parcel-based GIS Method for Evaluating Conformance of Local Land-use Planning with a State Mandate to Reduce Exposure to Hurricane Flooding", *Environment and Planning B: Planning and Design*, Vol. 35, No. 2, 2008.

Chen Yi et al., "Built-up Land Efficiency in Urban China: Insights from the General Land Use Plan (2006—2020)", *Habitat International*, Vol. 51, 2016.

Cheng Liang et al., " Farmland Protection Policies and Rapid Urbanization in China: A Case Study for Changzhou City", *Land Use Policy*, Vol. 48, 2015.

Cheshire Paul and Sheppard Stephen, "The Welfare Economics of Land Use Planning", *Journal of Urban Economics*, Vol. 52, No. 2, 2002.

Chien Shiuh-Shen, "Local Farmland Loss and Preservation in China—A Perspective of Quota Territorialization", *Land Use Policy*, Vol. 49, 2015.

Clawson Marion, "Urban Sprawl and Speculation in Suburban Land", *Land Economics*, Vol. 38, No. 2, 1962.

Coombes M. et al., *Developing Idicators to Assess the Potential for Urban Regeneration*, London: HMSO, 1992.

Crot Laurence, " 'Scenographic' and 'Cosmetic' Planning: Globalization and Territorial Restructuring in Buenos Aires", *Journal of Urban Affairs*, Vol. 28, No. 3, 2006.

Crowley Kate and Coffey Brian, "New Governance, Green Planning and Sustainability: Tasmania Together and Growing Victoria Together", *The Australian Journal of Public Administration*, Vol. 66, No. 1, 2007.

Cullen Drea et al., "Collaborative Planning in Complex Stakeholder Environments: An Evaluation of a Two-tiered Collaborative Planning Model", *Society & Natural Resources*, Vol. 23, No. 4, 2010.

Dallas Rogers, " Monitory Democracy as Citizen - driven Participatory Planning: The Urban Politics of Redwatch in Sydney", *Urban Policy and Research*, Vol. 34, No. 3, 2016.

Damme L. Vail et al., "Improving the Performance of Local Land-use Plans", *Environment and Planning B: Planning and Design*, Vol. 24,

No. 6, 1997.

Dempsey Judith and Plantinga Andrew, "How Well Do Urban Growth Boundaries Contain Development? Results for Oregon Using a Difference-in-difference Estimator", *Regional Science and Urban Economics*, Vol. 43, No. 6, 2013.

Deyle Robert et al., "The Proof of the Planning Is in the Platting: An Evaluation of Florida's Hurricane Exposure Mitigation Planning Mandate", *Journal of the American Planning Association*, Vol. 74, No. 3, 2008.

Di Corato Luca Di et al., "Land Conversion Pace under Uncertainty and Irreversibility: Too Fast or too Slow?", *Journal of Economics*, Vol. 110, No. 1, 2013.

Ding Chengri and Lichtenberg Erik, "Land and Urban Economic Growth in China", *Journal of Regional Science*, Vol. 51, No. 2, 2011.

Drazkiewicz Anna et al., "Public Participation and Local Environmental Planning: Testing Factors Influencing Decision Quality and Implementation in Four Case Studies from Germany", *Land Use Policy*, Vol. 46, 2015.

Driessen P., "Performance and Implementing Institutions in Rural Land Development", *Environment and Planning B: Planning and Design*, Vol. 24, No. 6, 1997.

Dvir Dov and Lechler Thomas, "Plans Are Nothing, Changing Plans Is Everything: The Impact of Changes on Project Success", *Research Policy*, Vol. 33, No. 1, 2004.

Esnard Ann-Margaret et al., "Coastal Hazards and the Built Environment on Barrier Islands: A Retrospective View of Nags Head in the Late 1990s", *Coastal Management*, Vol. 29, No. 1, 2001.

Fahmi Fikri Zul et al., "Leadership and Collaborative Planning: The Case of Surakarta, Indonesia", *Planning Theory*, Vol. 14, No. 5, 2015.

Faludi Andreas and Altes Willem Korthals, "Evaluating Communicative

Planning: A Revised Design for Performance Research", *European Planning Studies*, Vol. 2, No. 4, 1994.

Faludi Andreas, "Conformance vs. Performance: Implications for Evaluation", *Impact Assessment*, Vol. 7, No. 2-3, 1989.

Faludi Andreas, "Evaluating Plans: The Application of the European Spatial Development Perspective", in Alexander Ernest, eds., *Evaluation and Planning, Evolution and Prospects*, Aldershot England: Ashgate, 2006.

Faludi Andreas, "The Application of the European Spatial Development Perspective: Evidence from the North-west Metropolitan Area", *European Planning Studies*, Vol. 9, No. 5, 2001.

Faludi Andreas, "The European Spatial Development Perspective and North-west Europe: Application and Future", *European Planning Studies*, Vol. 12, No. 3, 2004.

Faludi Andreas, "The Performance of Spatial Planning", *Planning Practice & Research*, Vol. 15, No. 4, 2000.

Faludi Andreas, *A Decision-centred View of Environmental Planning*, Oxford: Pergamon Press, 1987.

Faludi Andreas, *Critical Rationalism and Planning Methodology*, London: Pion, 1986.

Foley Jonathan et al., "Global Consequences of Land Use", *Science*, Vol. 309, No. 5734, 2005.

Frenkel Amnon, "The Potential Effect of National Growth-management Policy on Urban Sprawl and the Depletion of Open Spaces and Farmland", *Land Use Policy*, Vol. 21, 2004.

Friedman John and Hudson Barclay, "Knowledge and Action-guide to Planning Theory", *Journal of the American Institute of Planners*, Vol. 40, No. 1, 1974.

Gaffney Christopher, "Between Discourse and Reality: The Un-sustainability of Mega–event Planning", *Sustainability*, Vol. 5, No. 9, 2013.

Garmendia Eneko et al., "Social Multi–criteria Evaluation as a Decision Support Tool for Integrated Coastal Zone Management", *Ocean & Coastal Management*, Vol. 53, No. 7, 2010.

Geneletti Davide et al., "Spatial Decision Support for Strategic Environmental Assessment of Land Use Plans: A Case Study in Southern Italy", *Environmental Impact Assessment Review*, Vol. 27, No. 5, 2007.

Gennaio Maria–Pia et al., "Containing Urban Sprawl—Evaluating Effectiveness of Urban Growth Boundaries Set by the Swiss Land Use Plan", *Land Use Policy*, Vol. 26, 2009.

Goncalves Jorge and Ferreira José Antunes, "The Planning of Strategy: A Contribution to the Improvement of Spatial Planning", *Land Use Policy*, Vol. 45, 2015.

Gong Jianzhou et al., "Urban Expansion Dynamics and Modes in Metropolitan Guangzhou, China", *Land Use Policy*, Vol. 72, 2018.

Gross Bertram, "Planning in an Era of Social Revolution", *Public Administration Review*, Vol. 31, No. 3, 1971.

Gunton Thomas et al., "The Role of Collaborative Planning in Environmental Management: The North American Experience", *Environments*, Vol. 31, No. 2, 2003.

Hall Peter, *Urban and Regional Planning* (3rd edn), London: Routledge, 1992.

Halleux JeanMarie, "The Adaptive Efficiency of Land Use Planning Measured by the Control of Urban Sprawl: The Cases of the Netherlands, Belgium and Poland", *Land Use Policy*, Vol. 29, 2012.

Han Haoying et al. "Effectiveness of Urban Construction Boundaries in Beijing: An Assessment", *Journal of Zhejiang University–Science A*, Vol. 10, No. 9, 2009.

He Canfei et al., "Land Use Change and Economic Growth in Urban China: A Structural Equation Analysis", *Urban Studies*, Vol. 51, No. 13, 2014.

He Jianhua et al., "A Counterfactual Scenario Simulation Approach for Assessing the Impact of Farmland Preservation Policies on Urban Sprawl and Food Security in a Major Grain-producing Area of China", *Applied Geography*, Vol. 37, 2013.

Hill Morris, "A Goals-achievement Matrix for Evaluating Alternative Plans", *Journal of the American Institute of Planners*, Vol. 34, No. 1, 1968.

Hlava Jakub et al., "Earthworm Responses to Different Reclamation Processes in Post Opencast Mining Lands during Succession", *Environmental Monitoring and Assessment*, Vol. 187, No. 1, 2015.

Ho Peter, "Institutional Function versus Form: The Evolutionary Credibility of Land, Housing and Natural Resources", *Land Use Policy*, Vol. 75, 2018.

Hoch Charles, "Evaluating Plans Pragmatically", *Planning Theory*, Vol. 1, No. 1, 2002.

Hopkins Lewis, "Plan Assessment: Making and Using Plans Well", in Randall Crane and Rachel Weber, eds., *The Oxford Handbook of Urban Planning*, New York: Oxford University Press, 2012.

Hopkins Lewis, *Urban Development: The Logic of Making Plans*, Washington, DC: Island Press, 2001.

Houghton Michael, "Performance Indicators in Town Planning: Much Ado about Nothing?", *Local Government Studies*, Vol. 23, No. 2, 1997.

Huang Dingxi and Chan Roger, "On 'Land Finance' in Urban China: Theory and Practice", *Habitat International*, Vol. 75, 2018.

Huang Hao and Yin Li, "Creating Sustainable Urban Built Environments: An Application of Hedonic House Price Models in Wuhan, China", *Journal of Housing and the Built Environment*, Vol. 30, No. 2, 2015.

Huang Zhiji et al., "Do China's Economic Development Zones Improve

Land Use Efficiency? The Effects of Selection, Factor Accumulation and Agglomeration", *Landscape and Urban Planning*, Vol. 162, 2017.

Iacofano Danial and Lewis Nicole, "Maximum Feasible Influence: The New Standard for American Public Participation in Planning", *Journal of Architectural and Planning Research*, Vol. 29, No. 1, 2012.

Jackson John, "Neo-liberal or Third Way? What Planners from Glasgow, Melbourne and Toronto Say", *Urban Policy & Research*, Vol. 27, No. 4, 2009.

Jae Hong Kim, "Linking Land Use Planning and Regulation to Economic Development: A Literature Review", *Journal of Planning Literature*, Vol. 26, No. 1, 2011.

Jaeger Jochen and Schwick Christian, "Improving the Measurement of Urban Sprawl: Weighted Urban Proliferation (WUP) and Its Application to Switzerland", *Ecological Indicators*, Vol. 38, 2014.

Joseph Chris et al., "Implementation of Resource Management Plans: Identifying Keys to Success", *Journal of Environmental Management*, Vol. 88, No. 4, 2008.

Jun Myung-Jin, "The Effects of Portland's Urban Growth Boundary on Urban Development Patterns and Commuting", *Urban Studies*, Vol. 41, No. 7, 2004.

Khakee Abdul, "The Emerging Gap between Evaluation Research and Practice", *Evaluation*, Vol. 9, No. 3, 2003.

Knaap Peter, "Theory-based Evaluation and Learning: Possibilities and Challenges", *Evaluation*, Vol. 10, No. 1, 2004.

Kumar Amit et al., "Evaluation of Urban Sprawl Pattern in the Tribal-dominated Cities of Jharkhand State, India", *International Journal of Remote Sensing*, Vol. 32, No. 22, 2011.

La Rosa Daniele et al., "Agriculture and the City: A Method for Sustainable Planning of New Forms of Agriculture in Urban Contexts", *Land*

Use Policy, Vol. 41, 2014.

Lambin Eric and Meyfroidt Patrick, "Global Land Use Change, Economic Globalization, and the Looming Land Scarcity", *Proceedings of the National Academy of Sciences of the United States of America*, Vol. 109, No. 9, 2011.

Lange Michiel de et al., "Performance of National Policies", *Environment and Planning B: Planning and Design*, Vol. 24, No. 6, 1997.

Lau Stephen Siu Yu et al., "Multiple and Intensive Land Use: Case Studies in Hong Kong", *Habitat International*, Vol. 29, 2005.

Laurian Lucie and Shaw Mary Margaret, "Evaluation of Public Participation: The Practices of Certified Planners", *Journal of Planning Education and Research*, Vol. 28, No. 3, 2009.

Laurian Lucie et al., "What Drives Plan Implementation? Plans, Planning Agencies and Developers", *Journal of Environmental Planning and Management*, Vol. 47, No. 4, 2004a.

Laurian Lucie et al., "Evaluating Plan Implementation—A Conformance-based Methodology", *Journal of the American Planning Association*, Vol. 70, No. 4, 2004b.

Laurian Lucie et al., "Evaluating the Outcomes of Plans: Theory, Practice, and Methodology", *Environment and Planning B: Planning and Design*, Vol. 37, No. 4, 2010.

Lee Douglass, "Requiem for Large-scale Models", *Journal of the American Institute of Planners*, Vol. 39, No. 3, 1973.

Levy John, *Contemporary Urban Planning* (7th edn.), New Jersey: Prentice Hall, 2006.

Li Eric, "Globalization 2.0", *New Perspectives Quarterly*, Vol. 29, No. 1, 2012.

Li Jing, "Land Sale Venue and Economic Growth Path: Evidence from China's Urban Land Market", *Habitat International*, Vol. 41, 2014.

Li Yurui et al., "Community-based Rural Residential Land Consolidation and Allocation Can Help to Revitalize Hollowed Villages in Traditional Agricultural Areas of China: Evidence from Dancheng County, Henan Province", *Land Use Policy*, Vol. 39, 2014.

Liao Yongsong, "China's Food Security", *Chinese Economy*, Vol. 43, No. 3, 2010.

Lichfield Nathaniel, *Community Impact Evaluation: Principles and Practice*, London: UCL Press, 1996.

Lichfield Nathaniel, *Where Do We Go from Here? In Recent Developments in Evaluation*, Groningen, Netherlands: Geopress, 2001.

Lichtenberg Erik and Ding Chengri, "Assessing Farmland Protection Policy in China", *Land Use Policy*, Vol. 25, 2008.

Lin George and Ho Samuel, "The State, Land System, and Land Development Processes in Contemporary China", *Annals of the Association of American Geographers*, Vol. 95, No. 2, 2005.

Lin George and Yi Fangxin, "Urbanization of Capital or Capitalization on Urban Land? Land Development and Local Public Finance in Urbanizing China", *Urban Geography*, Vol. 32, No. 1, 2011.

Lin George and Zhang Amy, "Emerging Spaces of Neoliberal Urbanism in China: Land Commodification, Municipal Finance and Local Economic Growth in Prefecture - level Cities", *Urban Studies*, Vol. 52, No. 15, 2015.

Linovski Orly and Loukaitou-Sideris Anastasia, "Evolution of Urban Design Plans in the United States and Canada: What Do the Plans Tell Us about Urban Design Practice?", *Journal of Planning Education and Research*, Vol. 33, No. 1, 2013.

Liu Ran and Wong Tai-Chee, "Urban Village Redevelopment in Beijing: The State - dominated Formalization of Informal Housing", *Cities*, Vol. 72, 2018.

Liu Tao et al., "Urban Land Marketization in China: Central Policy, Local Initiative, and Market Mechanism", *Land Use Policy*, Vol. 57, 2016.

Logan John and Molotch Harvey, *Urban Fortunes: The Political Economy of Place*, Berkeley, CA: University of California Press, 1987.

Loh Carolyn, "Assessing and Interpreting Non-conformance in Land-use Planning Implementation", *Planning Practice & Research*, Vol. 26, No. 3, 2011.

Long Ying et al., "Evaluating the Effectiveness of Urban Growth Boundaries Using Human Mobility and Activity Records", *Cities*, Vol. 46, 2015.

Long Ying et al., "Spatiotemporal Heterogeneity of Urban Planning Implementation Effectiveness: Evidence from Five Urban Master Plans of Beijing", *Landscape and Urban Planning*, Vol. 108, No. 2-4, 2012.

Lyles Ward et al., "Local Plan Implementation: Assessing Conformance and Influence of Local Plans in the United States", *Environment and Planning B: Planning and Design*, Vol. 43, No. 2, 2016.

Mamat Zulpiya et al., "Oasis Land-use Change and Its Effects on the Eco-environment in Yanqi Basin, Xinjiang, China", *Environmental Monitoring and Assessment*, Vol. 186, No. 1, 2014.

Margerum Richard, "Evaluating Collaborative Planning: Implications from an Empirical Analysis of Growth Management", *Journal of the American Planning Association*, Vol. 68, No. 2, 2002.

Mastop Hans and Faludi Andreas, "Evaluation of Strategic Plans: The Performance Principle", *Environment and Planning B: Planning and Design*, Vol. 24, No. 6, 1997.

Mastop Hans and Needham Barrie, "Performance Studies in Spatial Planning: The State of the Art", *Environment and Planning B: Planning and Design*, Vol. 24, No. 6, 1997.

Mastop Hans, "Performance in Dutch Spatial Planning: An Introduction", *Environment and Planning B: Planning and Design*, Vol. 24, No. 6, 1997.

Mayne John, "Addressing Attribution Through Contribution Analysis: Using Performance Measures Sensibly", *The Canadian Journal of Program Evaluation*, Vol. 16, No. 1, 2001.

Mazmanian Daniel and Sabatier Paul, *Implementation and Public Policy*, Lanham, MD: University Press of America, 1989.

McLoughlin J. Brian, "Centre or Periphery? Town Planning and Spatial Political Economy", *Environment and Planning A*, Vol. 26, No. 7, 1994.

Millard-Ball Adam, "The Limits to Planning: Causal Impacts of City Climate Action Plans", *Journal of Planning Education and Research*, Vol. 33, No. 1, 2013.

Millward Hugh, "Urban Containment Strategies: A Case-study Appraisal of Plans and Policy in Japanese, British, and Canadian Cities", *Land Use Policy*, Vol. 23, 2006.

Moon Katie, "Conditional and Resistant Non-participation in Market-based Land Management Programs in Queensland, Australia", *Land Use Policy*, Vol. 31, 2013.

Morckel Victoria Chaney, "A Call for Stakeholder Participation in Evaluating the Implementation of Plans", *Environment and Planning B: Planning and Design*, Vol. 37, No. 5, 2010.

Morrison Nicky, "A Green Belt under Pressure: The Case of Cambridge, England", *Planning Practice & Research*, Vol. 25, No. 2, 2010.

Morrison Nicola and Pearce Barry, "Developing Indicators for Ealuating the Effectiveness of the UK Land Use Planning System", *Town Planning Review*, Vol. 71, No. 2, 2000.

Nandwa Boaz and Ogura Laudo, "Local Urban Growth Controls and Regional Economic Growth", *The Annals of Regional Science*, Vol. 51, No. 3, 2013.

Needham Barrie et al., "Strategies for Improving the Performance of Planning: Some Empirical Research", *Environment and Planning B: Planning and Design*, Vol. 24, No. 6, 1997.

Nelson Arthur and French Steven, "Plan Quality and Mitigating Damage from Natural Disasters: A Case Study of the Northridge Earthquake with Planning Policy Considerations", *Journal of the American Planning Association*, Vol. 68, No. 2, 2002.

Nelson Arthur and Moore Terry, "Assessing Growth Management Policy Implementation", *Land Use Policy*, Vol. 13, 1996.

Nicola Mprrison and Barry Pearce, "Developing Indicators for Evaluating the Effectiveness of the UK Land Use Planning System", *Town Planning Review*, Vol. 71, No. 2, 2000.

Norton Richard, "Local Commitment to State – mandated Planning in Coastal North Carolina", *Journal of Planning Education and Research*, Vol. 25, No. 2, 2005.

Nutt Paul, "Examining the Link between Plan Evaluation and Implementation", *Technological Forecasting & Social Change*, Vol. 74, No. 8, 2007.

Ohm Brian, "Some Modern Day Musings on the Police Power", *Urban Lawyer*, Vol. 47, No. 4, 2015.

Oliveira Vitor and Pinho Paulo, "Evaluating Plans, Processes and Results", *Planning Theory & Practice*, Vol. 10, No. 1, 2009.

Oliveira Vitor and Pinho Paulo, "Evaluation in Urban Planning: Advances and Prospects", *Journal of Planning Literature*, Vol. 24, No. 4, 2010.

Othengrafen Frank and Reimer Mario, "The Embeddedness of Planning in Cultural Contexts: Theoretical Foundations for the Analysis of Dynamic

Planning Cultures", *Environment and Planning A*, Vol. 45, No. 6, 2013.

Pearce B., "The Effectiveness of the British Land Use Planning System", *Town Planning Review*, Vol. 63, No. 1, 1992.

Pearman A.D., "Uncertainty in Planning: Characterisation, Evaluation, and Feedback", *Environment and Planning B: Planning and Design*, Vol. 12, No. 3, 1985.

Peters Guy, *The Future of Governing*, Lawrence: University of Kansas Press, 1996.

Pinel Sandra Lee, "Regional Planning as Mediation: Inside Minnesota's Metropolitan Twin Cities Regional Plan Implementation", *Journal of Environmental Policy & Planning*, Vol. 13, No. 4, 2011.

Poister Theodore and Streib Gregory, "Performance Measurement in Municipal Government: Assessing the State of the Practice", *Public Administration Review*, Vol. 59, No. 4, 1999.

Pollitt Christopher et al., *Performance or Compliance?: Performance Audit and Public Management in Five Countries*, Oxford: Oxford University Press, 1999.

Preece Roy, "Development Control Studies: Scientific Method and Policy Analysis", *Town Planning Review*, Vol. 61, No. 1, 1990.

Qian Zhu, "Master Plan, Plan Adjustment and Urban Development Reality under China's Market Transition: A Case Study of Nanjing", *Cities*, Vol. 30, 2013.

Rithmire Meg, "Land Politics and Local State Capacities: The Political Economy of Urban Change in China", *China Quarterly*, Vol. 216, No. 216, 2013.

Rosen Sherwin, "Hedonic Prices and Implicit Markets: Product Differentiation in Pure Competition", *Journal of Political Economy*, Vol. 82, No. 1, 1974.

Ruming Kristian, "Urban Consolidation, Strategic Planning and Community

Opposition in Sydney, Australia: Unpacking Policy Knowledge and Public Perceptions", *Land Use Policy*, Vol. 39, 2014.

Sabatier P., "Two Decades of Implementation Research: From Control to Guidance and Learning", in Lane F. ed., *Current Issues in Public Administration* (6th edn), Boston, MA: Bedford/St Martin's, 1999.

Sager Tore, "The Logic of Critical Communicative Planning: Transaction Cost Alteration", *Planning Theory*, Vol. 5, No. 3, 2006.

Schoop E. Jack and Hirfen John, "The San Francisco Bay Plan: Combining Policy with Police Power", *Journal of the American Planning Association*, Vol. 37, No. 1, 1971.

Scott Allen and Storper Michael, "Regions, Globalization, Development", *Regional Studies*, Vol. 67, No. 6-7, 2003.

Searle Glen and Bunker Raymond, "Metropolitan Strategic Planning: An Australian Paradigm?", *Planning Theory*, Vol. 9, No. 3, 2010a.

Searle Glen and Bunker Raymond, "New Century Australian Spatial Planning: Recentralization under Labor", *Planning Practice & Research*, Vol. 25, No. 4, 2010b.

Seasons Mark, "Indicators and Core Area Planning: Applications in Canada's Mid-sized Cities", *Planning Practice & Research*, Vol. 18, No. 1, 2003a.

Seasons Mark, "Monitoring and Evaluation in Municipal Planning—Considering the Realities", *Journal of The American Planning Association*, Vol. 69, No. 4, 2003b.

Shachar Arie, "Reshaping the Map of Israel: A New National Planning Doctrine", *Annals of the American Academy of Political and Social Science*, Vol. 555, No. 1, 1998.

Shefer Daniel and Kaess Lisa, "Evaluation Method in Urban and Regional Planning: Theory and Practice", *Town Planning Review*, Vol. 61, No. 1, 1990.

Shen Xiaoqiang et al., "Evaluating the Effectiveness of Land Use Plans in Containing Urban Expansion: An Integrated View", *Land Use Policy*, Vol. 80, 2019a.

Shen Xiaoqiang et al., "Interpreting Non-conforming Urban Expansion from the Perspective of Stakeholders' Decision-making Behavior", *Habitat International*, Vol. 89, 2019b.

Shen Xiaoqiang et al., "Local Interests or Centralized Targets? How China's Local Government Implements the Farmland Policy of Requisition-Compensation Balance", *Land Use Policy*, Vol. 67, 2017.

Shi Yaqi et al., "Characterizing Growth Types and Analyzing Growth Density Distribution in Response to Urban Growth Patterns in Peri-urban Areas of Lianyungang City", *Landscape and Urban Planning*, Vol. 105, No. 4, 2012.

Slee Bill et al., "The 'Squeezed Middle': Identifying and Addressing Conflicting Demands on Intermediate Quality Farmland in Scotland", *Land Use Policy*, Vol. 41, 2014.

Snyder Bennear Lori and Coglianese Cary, "Measuring Progress: Program Evaluation of Environmental Policies", *Environment: Science and Policy for Sustainable Development*, Vol. 47, No. 3, 2005.

Song Wei et al., "Urban Expansion and Its Consumption of High-quality Farmland in Beijing, China", *Ecological Indicators*, Vol. 54, 2015.

Soria-Lara Julio et al., "European Spatial Planning Observatories and Maps: Merely Spatial Databases or Also Effective Tools for Planning?", *Environment and Planning B: Planning and Design*, Vol. 42, No. 5, 2015.

Stephen Farber et al., "The Value of the World's Ecosystem Services and Natural Capital", *Nature*, Vol. 387, 1997.

Stevens Mark et al., "Public Participation in Local Government Review of Development Proposals in Hazardous Locations: Does It Matter, and

What Do Local Government Planners Have to Do with It?", *Environmental Management*, Vol. 45, No. 2, 2010.

Talen Emily, "After the Plans: Methods to Evaluate the Implementation Success of Plans", *Journal of Planning Education and Research*, Vol. 16, No. 2, 1996a.

Talen Emily, "Do Plans Get Implemented? A Review of Evaluation in Planning", *Journal of Planning Literature*, Vol. 10, No. 3, 1996b.

Talen Emily, "Success, Failure, and Conformance: An Alternative Approach to Planning Evaluation", *Environment and Planning B: Planning and Design*, Vol. 24, No. 4, 1997.

Tan Minghong et al., "Urban Land Expansion and Arable Land Loss in China—A Case Study of Beijing-Tianjin-Hebei Region", *Land Use Policy*, Vol. 22, 2005.

Tan Rong et al., "Governing Farmland Conversion for Urban Development from the Perspective of Transaction Cost Economics", *Urban Studies*, Vol. 49, No. 10, 2012.

Tan Rong et al., "Governing Farmland Conversion: Comparing China with the Netherlands and Germany", *Land Use Policy*, Vol. 26, 2009.

Tang Bo-sin, "Green Belt in a Compact City: A Zone for Conservation or Transition?", *Landscape and Urban Planning*, Vol. 79, No. 3, 2007.

Thompson Aaron and Prokopy Linda Stalker, "Tracking Urban Sprawl: Using Spatial Data to Inform Farmland Preservation Policy", *Land Use Policy*, Vol. 26, 2009.

Tian Li and Shen Tiyan, "Evaluation of Plan Implementation in the Transitional China: A Case of Guangzhou City Master Plan", *Cities*, Vol. 28, 2011.

Tian Li et al., "Impacts of State-led and Bottom-up Urbanization on Land Use Change in the Peri-urban Areas of Shanghai: Planned Growth or Uncontrolled Sprawl?", *Cities*, Vol. 60, 2017.

van der Heijden Jeroen and ten Heuvelhof Ernst, "The Mechanics of Virtue: Lessons on Public Participation from Implementing the Water Framework Directive in the Netherlands", *Environmental Policy and Governance*, Vol. 22, No. 3, 2012.

Victor David and Skolnikoff Eugene, "Translating Intent into Action: Implementing Environmental Commitments", *Environment*, Vol. 41, No. 2, 1999.

Waldner Leora, "Regional Plans, Local Fates? How Spatially Restrictive Regional Policies Influence County Policy and Regulations", *Environment and Planning B: Planning and Design*, Vol. 35, No. 4, 2008.

Waley Paul, "Pencilling Tokyo into the Map of Neoliberal Urbanism", *Cities*, Vol. 32, 2013.

Wang Hui et al., "Farmland Preservation and Land Development Rights Trading in Zhejiang, China", *Habitat International*, Vol. 34, 2010.

Wang Lei, "Forging Growth by Governing the Market in Reform-era Urban China", *Cities*, Vol. 41, 2014.

Wang Li-Guo et al., "Do Plans Contain Urban Sprawl? A Comparison of Beijing and Taipei", *Habitat International*, Vol. 42, 2014.

Wang Shujun et al., "Karst Rocky Desertification in Southwestern China: Geomorphology, Landuse, Impact and Rehabilitation", *Land Degradation & Development*, Vol. 15, No. 2, 2004.

Waterhout Bas and Stead Dominic, "Mixed Messages: How the ESDP's Concepts Have Been Applied in INTERREG IIIB Programmes, Priorities and Projects", *Planning Practice & Research*, Vol. 22, No. 3, 2007.

Wende Wolfgang et al., "Putting the Plan into Practice: Implementation of Proposals for Measures of Local Landscape Plans", *Landscape Research*, Vol. 37, No. 4, 2012.

Wildavsky Aaron, "If Planning Is Everything, Maybe It's Nothing",

Policy Sciences, Vol. 4, No. 2, 1973.

Wildavsky Aaron, *Speaking Truth to Power: The Art and Craft of Policy Analysis* (2nd edn), New Brunswick, NJ: Transaction Publisher, 1987.

Wong Cecilia, "Indicators in Use: Challenges to Urban and Environmental Planning in Britain", *Town Planning Review*, Vol. 71, No. 2, 2000.

Wong Siu Wai, "Land Requisitions and State - Village Power Restructuring in Southern China", *China Quarterly*, Vol. 224, 2015.

Woo Myungje and Guldmann Jean-Michel, "Urban Containment Policies and Urban Growth", *International Journal of Urban Sciences*, Vol. 18, No. 3, 2014.

Wu Qun et al., "The Incentives of China's Urban Land Finance", *Land Use Policy*, Vol. 42, 2015.

Xu Guoliang et al., "Assessment on the Effect of City Arable Land Protection under the Implementation of China's National General Land Use Plan (2006-2020)", *Habitat International*, Vol. 49, 2015.

Xu Jiang et al., "Land Commodification: New Land Development and Politics in China since the Late 1990s", *International Journal of Urban and Regional Research*, Vol. 33, No. 4, 2009.

Yang Hong and Li Xiubin, "Cultivated Land and Food Supply in China", *Land Use Policy*, Vol. 17, 2000.

Yew Chiew Ping, "Pseudo-Urbanization? Competitive Government Behavior and Urban Sprawl in China", *Journal of Contemporary China*, Vol. 21, No. 74, 2012.

You Heyuan, "Quantifying Megacity Growth in Response to Economic Transition: A Case of Shanghai, China", *Habitat International*, Vol. 53, 2016.

Yue Wenze et al., "Measuring Urban Sprawl and Its Drivers in Large Chinese Cities: The Case of Hangzhou", *Land Use Policy*, Vol. 31, 2013.

Zhang Jingxiang and Wu Fulong, "Mega-event Marketing and Urban

Growth Coalitions: A Case Study of Nanjing Olympic New Town", *Town Planning Review*, Vol. 79, No. 2/3, 2008.

Zhang Linlin et al., "Suburban Industrial Land Development in Transitional China: Spatial Restructuring and Determinants", *Cities*, Vol. 78, 2018.

Zhang Ping et al., "Ecosystem Service Value Assessment and Contribution Factor Analysis of Land Use Change in Miyun County, China", *Sustainability*, Vol. 7, No. 6, 2015.

Zhang Qian et al., "Central versus Local States: Which Matters More in Affecting China's Urban Growth?", *Land Use Policy*, Vol. 38, 2014.

Zhang Weiwen et al., "Economic Development and Farmland Protection: An Assessment of Rewarded Land Conversion Quotas Trading in Zhejiang, China", *Land Use Policy*, Vol. 38, 2014.

Zhang Xiaoling et al., "Industrial Land Price between China's Pearl River Delta and Southeast Asian Regions: Competition or Coopetition?", *Land Use Policy*, Vol. 61, 2017.

Zhong Taiyang et al., "Success or Failure: Evaluating the Implementation of China's National General Land Use Plan (1997–2010)", *Habitat International*, Vol. 44, 2014.

索　引

"4E"评价法 35
PPIP 3,35,232,233,234
饱和度 63,97—102,227,237,239,240
层级关系 45,53
成本收益法 41,42
城市蔓延 8,13,20,24,25,28,33,37,46,47,53,57,58,65,124,241
城市增长边界 20,25,33,40,44,57,227
城镇用地集约度 174—176
第二层面规划效能 68,69,78,79,81—85,160,230—232,241,242
第一层面规划效能 68,77,79—81,84,241
多指标综合评价 233
非正规开发 202,207,211—213,215,216,218,219
分区 1,25,28,29,57,73,74,84,92—94,96,97,100,106,107,113,118,126,127,129—131,134,140,141,150,155,159,191,198,199,203,205,214,227,237,241
负向效能 77
耕地保护 9,11,13,14,47,58,74,88,89,92,98,101—103,105—107,113,116,123,125,127,129—136,141,142,146,148,149,151,153,154,157,159—162,166,171,178,179,181,186,189,191,193,202,203,219—221,223,225,227,228,239—241,243

工业郊区化 200,210,215
公共利益 6,26,29,44,45,57,59,60,190,205,215,221,225
公共物品 25,56,57,205
公权力 26,57
公众参与 1,4,27,44,45,53,70
规划次有效 65，111—123，237,240
规划弹性 27,62,65
规划动态监测器 232,233,234
规划方案 32,35,43,55,59,65,73—88，125，136，140—143，145，150，151，159，171，188，189，198，205，206，215，222，224,227,230—232,237—241
规划刚性 59,190,191,240
规划建设许可证 36,37,47,60,61,226
规划目标 3,8,9,13,16,20,24,26,28,34,38,42,43,53,55,60,70,72—78,81—87,89,90,92,102,104,136,140—147,149—157，159，160，188，189，191，223，228，231，232，237—239,241
规划目标的合理性 78,141,151,152,155,232,237,238
规划目标的积极性 151,154
规划平衡表分析法 41,42
规划失效 4,6,65,102,192,221,234,240
规划实施管理 5,21,34,36,82,84,187,189,240
规划实施过程 7,27,30,31,39,42,53,58,69—71,76,85,160,196,198,222—224,232
规划实施结果 20,28,29,33,82,83,88,188,233
规划实施评价 2,5,7,8,20,22,24,32—34,40,42,50,75,83,108,231,233,236,243
规划无效 33,66,74,111—116,118—122,137,237,239,240
规划相关者 47,58
规划效能 2,3,5,6,8—11,13,28—32，38，51—55，60，66—87,124,136,139,141,158,188,226,229—238,240—243
规划效能评价指标 231
规划有效性 2,4—14，17—25，28—33，36，38—41，43，49—56，60—62，65，66，69—71，73—75,77—88,99,100,103,111—113,115,117,119—121,123,124,151,158,159,187—190，192，199，222—224，226，228,230—236,238—243
规划有效性分析框架 5,6,10,

11,54,60,82—85,87,88,123,124,151,224,226,231,232,234—236,238,240—243
规划有效性评价 2,6,8,10,14,17,18,20,28—30,32,36,38—41,50—56,70,71,74,84,187,226,231,233,236,243
规划有效性评价理论 6,10,38,52,54,55,226,231,236
规划约束力 28,35,155,232
规划质量 7,8,21,42—45,52,53,224,232,233
国有土地使用权出让 16
过程理性 31,32,34,35,51—53,69—72,223,232,233
合规城镇用地 94,110,111,113,137,145,147,148,151,185,186,192
合规耕地 93,98,106—108,113,114,116,117,123,143—148,159,171—173,186,228,238,239
合规率 63,64,97—102,107,108,123,188,191,192,227,228,237,239,240
荷兰规划学派 29,66
霍特林模型 57
集权式 124,194,205
集体土地产权人 198,200—202,218,225,241
建设用地管控 9,14,92,151,221
建设用地管制分区 93,94
交易费用 35,36,59,166
结果理性 33,34,51—53,69—72,79,232
禁止建设区 62,145,147,148,191,195,196,206,227
决策参考度 126—129
决策行为机理 214
空间吻合度 8,62,63,95,97—99,188,227,236—238,240
空间吻合度等级 237,240
控制性规划 1,20,25—29,32,44,51,55,56,60,84
理性主义 40,70
良性循环 192
逻辑斯蒂(Logistic)模型 11
农地非农化 28,149,192,214
评价方法 2,3,6,8,9,11,19,22,34,36,38,40—42,52,53,55,62,72,86,88,111,112,226,227,229—231,235—237,240,243
评价理论 2,5,6,10,31—35,38,40,51,52,54,55,100,226,227,229,231—236
强失效 63—65,100,102—111,113—116,237,240

强有效　63—65,100—102,105—111,113—117,237,240
区位条件　11,56,110,116,157,194,210,212,218,222
容余率　63,97—100,191,192,227,237,239,240
弱失效　63—65,100,104—107,110,111,143,237,240
弱有效　63,64,100,102,103,105—108,110,143,237,240
生态服务价值　164,166,173,223
实际偏离规划　2,6,28
实用主义　40,41,50
市场机制　11,50,129,198,200,225,240
市场失灵　56,194
事后效益　33,51,55,60,71,72,78,79,81—87,137,160,161,163,165,167,169,171,173,175,177,179,181,183,185,186,231—234,237—239,241,242
图则　1,28,72—74,88,94,107,123,144,159,227,236,238,241
土地利用类型　64,102,105,139,204
土地利用效益　43,181
土地利用总体规划　7,9,11,13—18,26,39,59—62,64,71—74,76,88—90,92—94,97,101,102,107,108,110,123—126,129—131,134—136,140,141,145,146,153,155,156,159—161,163,164,180,189,191,192,194,198,205,214,220,221,223,225,227,231,234,239—243
土地市场　25,26,33,50,56,198,199,221,225
土地用途区　93,104,227
外部影响因素　7,48
违规城镇用地　94,100,108—111,113,123,137,138,144,145,147—151,159,181,185,186,188,194,196—198,200,202—206,211,212,215,216,218,224,225,228,239—241
违规耕地　93,97,98,101,102,106,107,111,114,116,123,143—148,159,171—174,186,228,239
无效能　77
新规划综合征　3,4,28
一致性　2,3,5,6,8—11,13,28—30,33,35—38,43,51,52,54,55,60,62—65,71,75,79—84,86—88,92—95,100,104,105,108,113,123,124,129,133,

137, 140, 168, 188, 189, 191, 192, 203, 226—228, 231—241,243
一致性等级 105,108,235,237,240
引导性规划 6,20,27,30,44,51,55,56,60,72,76,84
有条件建设区 93,94,126,141,152,154,156,158,227
有限理性 2,6,27,35,222
预期性指标 90
约束性指标 38,90,92,124,135,136,191,221
允许建设区 2,8,15,24,37,43,60—62,65,94,126,226,227
占补平衡 13,131,132,142,153,160,161,164,170,221
正规开发 205, 207, 208, 212, 213,216
正向效能 77
治理结构 222,225
专项规划 72,76,124,125,130,136,230,231
自上而下 188, 194, 197, 199, 203,205,214,219,227
自下而上 188,194

后　记

本书是在我的博士学位论文的基础上修改而成的。2012 年 6 月，我本科毕业，选择继续留在浙江大学土地资源管理系直接攻读博士学位，并于 2017 年 6 月毕业。攻读博士学位的五年期间，我参与了导师吴次芳教授主持的众多科研课题和政府委托项目。不知道是机缘巧合还是某种注定的成分，这五年间，我在 2013 年暑期第一次参与的项目就是土地利用总体规划实施评估，于 2017 年暑期参与的最后一个项目还是土地利用总体规划实施评估。所不同的是，参与的项目从开始的基层县级规划的中期实施评估，到最后变为《全国土地利用总体规划纲要（2006—2020 年）》的实施评估。如何进行空间规划实施评估，以反映规划的实际影响与作用？我从刚开始的茫然无措、照猫画虎，到后来逐步产生了一些较为深刻的思考与体悟。与此同时，对这一问题的困惑却同步增长，对实务操作方式也日益不满。比如在实践中，对土地利用总体规划的实施评估过分强调和聚焦于规划控制指标的实施情况，基本不关注规划有关空间方案与目标的落实情况及其作用和效应；利用一些宏观性的经济、社会、人口、环境和土地利用节约集约度数据来反映规划实施的效益与规划目标的实现状况，但这些指标与规划之间的因果关联是十分模糊的。

这种实践中的困惑和不满来自有关理论研究的不足和争议。当前，空间规划已经在世界范围内被广泛用作保护耕地与生态环境、治理城市蔓延、优化土地开发利用时空格局和促进可持续发展的基本工具，并日益成为我国公共治理能力现代化建设的重要载体。此外，我国乃至世界上很多国家和地区的空间规划制度正面临深刻调整或变革。改革是以问题为导向的。对现行空间规划制度的改革应当首先建立在充分了解现行空间规划制度的实施成效、不足与问题及其影响因素的基础上。规划实施有效性评价是一个评估、认知、学习、反省、提高的过程，目的在于了解规划实施进度与实际作用，发现问题及其原因，并据此采取措施，最终服务于提高空间规划的治理绩效。因此，规划实施有效性理论研究的滞后无疑将会对规划理论与实践的发展产生妨碍作用。

空间规划实施有效性的评价标准问题一直是困扰这一研究领域的核心理论难题。当前，针对这一问题的争论焦点主要集中于采用一致性理论的标准还是规划效能理论的标准。前者将规划视为控制性蓝图，强调规划的严格落实，以规划实施结果与规划的一致性作为规划实施有效性的评价标准。后者认为，规划的目的在于为决策提供指导框架，规划的有效性体现于对有关决策行为所产生的影响和作用；只要规划能够成为决策的一部分并为决策提供某种帮助，即便决策违背规划、结果与规划不一致，规划也被认为是有效的。这两种理论各具优势和不足，也面临共同的不足：均未回答“规划实施结果是否令人满意”“规划目标是否最终得以实现”等重要问题。而这些问题对于规划实施评价来讲是不该被回避的。

在上述背景下，本书致力于空间规划有效性的评价理论及其具体测度方法研究，主要思路是：通过整合一致性理论与规划效能理论、引入对规划实施结果的事后效益分析建立综合性的空间规划实施有效性分析框架，并对一致性和规划效能的评价方法进行创新和改进；继而，通过案例研究验证所构建的空间规划有效性分析框架及其评价方法的适用性和可行性。

正如前文所述，本书脱胎于笔者的博士学位论文。能够成文成书，离不开导师吴次芳教授的悉心指导和帮助。依托吴老师的平台，我才有机会进入、关注和选择这一领域，并锻炼了研究能力、提升了科研素养。论文的选题、写作过程凝聚了吴老师的心血和关怀。吴老师渊博的知识、勤奋严谨的治学态度和宽容大度的作风为我提供了精神动力。另外，我真诚地感谢全国哲学社会科学工作办公室的资助和部门老师的指导；感谢国家社会科学基金后期资助项目评审专家，他们提供了十分宝贵的专业意见；感谢中国社会科学出版社给予的出版机会和出版社谢欣露老师为本书的编辑出版工作所做的辛勤付出。我特别要感谢我的家人。他们的无私奉献和无限支持是我坚持与前行的不竭动力来源。

理论的研究颇具挑战性。本书的选题具有显著的研究价值，但笔者自知能力不足，书中谬误和纰漏在所难免。本书既不是这一研究领域的开端，更不是这一研究领域的终结，而只是这一领域有关研究的发展前进过程中笔者所做的一些努力和尝试。笔者真诚期待来自各方的意见和建议，希望在交流讨论中共同促进规划实施评价理论与实践的发展。

沈孝强

2020年2月于兰州大学